本教材第1版曾获首届全国教材建设奖全国优秀教材二等奖

"十四五"职业教育国家规划教材

国家职业教育工业机器人技术专业教学资源库配套教材

高等职业教育电类课程新形态一体化教材

工业机器人离线编程（ABB）

（第2版）

▶主　编　朱洪雷　代　慧

▶副主编　林雁飞　叶　晖

中国教育出版传媒集团

高等教育出版社·北京

内容提要

本教材第 1 版曾获首届全国教材建设奖全国优秀教材二等奖。本教材是“十四五”职业教育国家规划教材，由“十三五”职业教育国家规划教材修订而成，也是国家职业教育工业机器人技术专业教学资源库配套教材。本教材共 5 个项目，包括工业机器人离线编程概述、工业机器人基本仿真工作站的创建、工业机器人工作站模型的创建、工业机器人激光切割工作站、工业机器人搬运码垛工作站等内容。

本教材以“纸质教材 + 数字课程”的方式，配有数字课程与教、学、做一体化设计的专业教学资源库，内容丰富，功能完善。教材中的知识点与相应学习资源直接对应，扫描二维码即可观看微课和延伸阅读内容，激发学生的主动性，提高学习效率。线上学习资源大幅扩展教材容量，并可根据实际需要及时更新，体现新技术、新方法，巩固教材内容的先进性。此外，本教材提供课件、习题答案、工作站素材、课程标准、教案、试卷、企业案例等，授课教师可联系编辑邮箱 gzdz@pub.hep.cn 获取。数字课程的使用方式详见书中“智慧职教”服务指南。

本教材适合作为高等职业院校工业机器人技术专业、机电一体化技术专业、电气自动化技术专业以及装备制造大类其他相关专业的教材，也可作为工程技术人员的参考资料和培训用书。

图书在版编目（CIP）数据

工业机器人离线编程：ABB / 朱洪雷，代慧主编
. --2 版 . -- 北京：高等教育出版社，2024.4
ISBN 978-7-04-060201-2

Ⅰ. ①工… Ⅱ. ①朱…②代… Ⅲ. ①工业机器人 - 程序设计 - 高等职业教育 - 教材 Ⅳ. ① TP242.2

中国国家版本馆 CIP 数据核字（2023）第 040392 号

工业机器人离线编程（ABB）（第 2 版）
GONGYE JIQIREN LIXIAN BIANCHENG (ABB)

策划编辑 郭 晶　责任编辑 郭 晶　封面设计 王 琰　版式设计 童 丹
责任绘图 马天驰　责任校对 刘娟娟　责任印制 赵 振

出版发行	高等教育出版社	网 址	http://www.hep.edu.cn
社 址	北京市西城区德外大街4号		http://www.hep.com.cn
邮政编码	100120	网上订购	http://www.hepmall.com.cn
印 刷	北京利丰雅高长城印刷有限公司		http://www.hepmall.com
开 本	850mm×1168mm 1/16		http://www.hepmall.cn
印 张	14.75	版 次	2018 年 4 月第 1 版
字 数	370千字		2024 年 4 月第 2 版
购书热线	010-58581118	印 次	2024 年 4 月第 1 次印刷
咨询电话	400-810-0598	定 价	42.00 元

物 料 号 60201-00

“智慧职教”服务指南

“智慧职教”(www.icve.com.cn)是由高等教育出版社建设和运营的职业教育数字教学资源共建共享平台和在线课程教学服务平台,与教材配套课程相关的部分包括资源库平台、职教云平台和App等。用户通过平台注册,登录即可使用该平台。

● 资源库平台:为学习者提供本教材配套课程及资源的浏览服务。

登录“智慧职教”平台,在首页搜索框中搜索“工业机器人离线编程(ABB)”,找到对应作者主持的课程,加入课程参加学习,即可浏览课程资源。

● 职教云平台:帮助任课教师对本教材配套课程进行引用、修改,再发布为个性化课程(SPOC)。

1. 登录职教云平台,在首页单击“新增课程”按钮,根据提示设置要构建的个性化课程的基本信息。

2. 进入课程编辑页面设置教学班级后,在“教学管理”的“教学设计”中“导入”教材配套课程,可根据教学需要进行修改,再发布为个性化课程。

● App:帮助任课教师和学生基于新构建的个性化课程开展线上线下混合式、智能化教与学。

1. 在应用市场搜索“智慧职教 icve”App,下载安装。

2. 登录App,任课教师指导学生加入个性化课程,并利用App提供的各类功能,开展课前、课中、课后的教学互动,构建智慧课堂。

“智慧职教”使用帮助及常见问题解答请访问 help.icve.com.cn。

序

《中国制造2025》明确提出，重点发展“高档数控机床和机器人等十大产业”。预计到2025年，我国工业机器人应用技术人才需求将达到30万人。工业机器人技术专业面向工业机器人本体制造企业、工业机器人系统集成企业、工业机器人应用企业需要，培养工业机器人系统安装、调试、集成、运行、维护等工业机器人应用技术技能型人才。

国家职业教育工业机器人技术专业教学资源库项目建设工作于2014年正式启动。项目主持单位常州机电职业技术学院，联合成都航空职业技术学院、湖南铁道职业技术学院、南宁职业技术学院、宁波职业技术学院、青岛职业技术学院、长沙民政职业技术学院、安徽职业技术学院、金华职业技术学院、柳州职业技术学院、温州职业技术学院、浙江机电职业技术学院、安徽机电职业技术学院、广东交通职业技术学院、黄冈职业技术学院、秦皇岛职业技术学院、常州纺织服装职业技术学院、常州轻工职业技术学院、广州工程技术职业学院、湖南汽车工程职业学院、苏州工业职业技术学院、四川信息职业技术学院这21所国内知名院校和上海ABB工程有限公司等16家行业企业共同开展建设工作。

工业机器人技术专业教学资源库项目组按照教育部“一体化设计、结构化课程、颗粒化资源”的资源库建设理念，系统规划专业知识技能树，设计每个知识技能点的教学资源，开展资源库的建设工作。项目启动以来，项目组广泛调研了行业动态、人才培养、专业建设、课程改革、校企合作等方面的情况，多次开展全国各地院校参与的研讨工作，反复论证并制订工业机器人技术专业建设整体方案，不断优化资源库结构，持续投入项目建设。资源建设工作历时两年，建成了以一个平台（图1）、三级资源（图2）、五个模块（图3）为核心内容的工业机器人技术专业教学资源库。

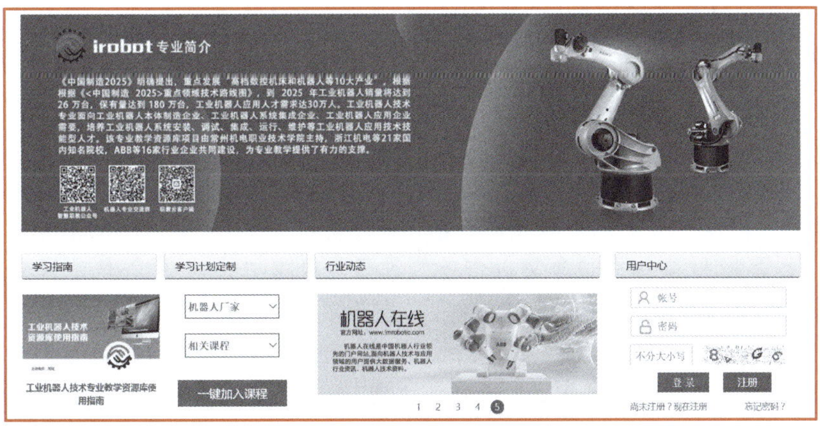

图1　工业机器人技术专业教学资源库首页

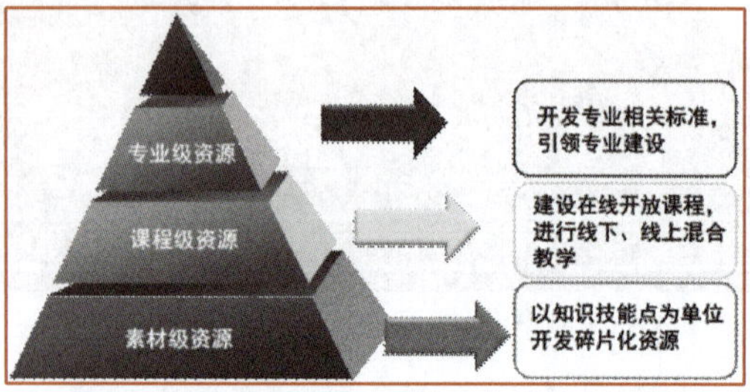

图2 资源库三级资源

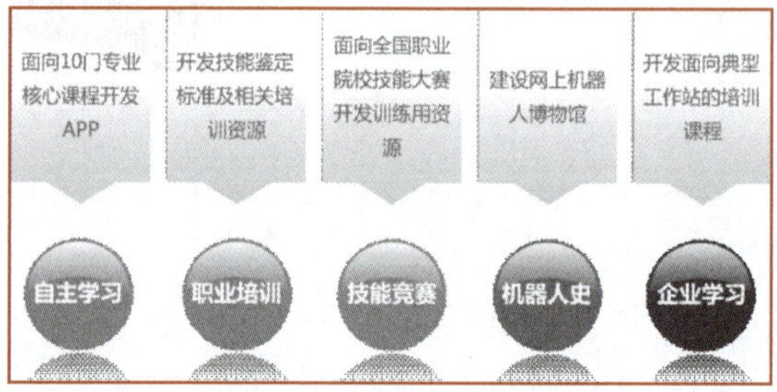

图3 资源库五个模块

本套教材是资源库项目建设重要成果之一。为贯彻《国务院关于加快发展现代职业教育的决定》,在"互联网+"时代背景下,以线上线下混合教学模式推动信息技术与教育教学深度融合,助力专业人才培养目标的实现,项目主持院校与联合建设院校深入调研企业人才需求,研究专业课程体系,梳理知识技能点,充分结合资源库数字化内容,编写了这套新形态一体化教材,形成了以下鲜明特色。

第一,从工业机器人应用相关核心岗位出发,根据典型技术构建专业教材体系。项目组根据专业建设核心需求,选取了10门专业课程进行建设,同时建设了4门拓展课程。与工业机器人载体密切相关的课程,针对不同工业机器人品牌分别建设课程内容。例如,"工业机器人现场编程"课程分别以ABB、安川电机、发那科、库卡、川崎等品牌工业机器人的应用为内容,同时开发多门课程的资源。与课程教学内容配套的教材内容,符合最新专业标准,紧密贴合行业先进技术和发展趋势。

第二,从各门课程的核心能力培养目标出发,设计先进的编排结构。在梳理出教材的各级知识技能点,系统地构建知识技能树后,充分发挥"学生主体,任务载体"的教学理念,将知识技能点融入相应的教学任务,符合学生的认知规律,实现以兴趣激发学生,以任务驱动教学。

第三,配套丰富的课程级、单元级、知识点级数字化学习资源,以资源与相应二维码链接来配合知识技能点讲解,展开教材内容,将现代信息技术充分运用到教材中。围绕不同知识技能点配套开发的素材类型包括微课、动画、实训录像、教学课件、虚拟实训、讲解练习、高清图片、技术资料等。配套资源不仅类型丰富,而且数量高,覆盖面广,可以满足本专业与装备制造大类相关专业的教学需要。

第四,本套教材以"数字课程+纸质教材"的方式,借助资源库从建设内容、共享平台等多方面实施的系统化设计,将教材的运用融入整个教学过程,充分满足学习者自学、教师实施翻转课堂、校内课堂学习等不同读者及场合的使用需求。教材配套的数字课程基于资源库共享平台("智慧职教",http://www.icve.com.cn/irobot)。

第五,本套教材版式设计先进,并采用双色印刷,包含大量精美插图。版式设计方面突出书中的核心知识技能点,方便读者阅读。书中配备的大量数字化学习资源,分门别类地标记在书中相应知识技能点处的侧边栏内,大量微课、实训录像等可以借助二维码实现随扫随学,弥补传统课堂形式对授课时间和教学环境的制约,并辅以要点提示、笔记栏等,具有新颖、实用的特点。

专业课程建设和教材建设是一项需要持续投入和不断完善的工作。项目组将致力于工业机器人技术专业教学资源库的持续优化和更新,力促先进专业方案、精品资源和优秀教材早入校园,更好地服务于现代职教体系建设,更好地服务于青年成才。

工业机器人技术专业教学资源库项目组

第2版前言

《工业机器人离线编程(ABB)》第1版曾获首届全国教材建设奖全国优秀教材二等奖，是"十四五"职业教育国家规划教材，由"十三五"职业教育国家规划教材复核而成，也是国家职业教育工业机器人技术专业教学资源库配套教材。为贯彻落实党的二十大报告关于推进教育数字化的精神，加强数字化教学资源建设，更好地培养适应新时代要求的机器人领域高素质技术技能人才，本教材第2版在软件版本、教学案例、教学资源等方面进行了修订，基本情况如下。

1. 更新软件

由于技术发展日新月异，原有离线编程软件 RobotStudio 6.01 版已无法良好满足教学及技术开发需求。经过对国内职业院校及行业、企业的广泛调研，更新了教材中软件版本，使用 RobotStudio 6.08 版。

2. 更新内容

更新全书插图，插图中使用数字进行标注，更清晰地表示插图涉及操作的具体步骤。

重新梳理了项目1对国内外通用离线编程软件的介绍，删除了部分非主流离线编程软件的介绍，新增了集工艺布局和设计、工艺模拟和验证、产品制造和执行于一体的西门子 Tecnomatix 的介绍；调整了项目2的案例，精简了相关操作流程；为使读者更深入地了解和掌握 RobotStudio 6.08 Smart 组件的功能和创建方法，项目3优化了部分模型的创建过程，新增了"创建组件组""创建 Smart 组件"等内容，使读者能够用创建的机械装置进一步生成往复型 Smart 组件。同时，为了更贴近企业生产实际，更新了旋转机械装置案例并由此生成旋转型 Smart 组件；根据新版本软件的特性，更新了项目4中的机器人路径验证、TCP 碰撞检测等相关操作方法；项目5保留原有工业机器人搬运码垛工作站，为便于读者理解工作站中的夹具、输送链等 Smart 组件工作原理，优化了创建过程并新增了 Smart 组件 I/O 逻辑关系图及验证环节。同时，对机器人程序重新编写及调试。

3. 更新资源

(1) 全面更新课件、微课，并附项目2至项目5中工业机器人典型应用工作站素材。此外，配套提供课程标准、教案、试卷、企业案例等教学资源。

(2) 为贯彻课程思政相关要求，在部分知识点处增加了相关的延伸阅读内容，介绍我国机器人产业已取得的显著成就，以提升读者对民族产业的信心和对专业知识的学习热情，树牢科技报国信念。

(3) 全书修订及新增大量习题，内容涵盖了轨迹编程、创建机械装置、创建工具、图形化编程以及工业机器人综合应用等内容，并附参考答案。其中，设计题能够较好地巩固读者已学知识和技能，进一步提升工业机器人离线编程能力。

4. 新增提示

为便于读者学习和使用 RobotStudio，教材侧边栏新增了大量提示内容，包括操作流程、注意事项和拓展内容。

本教材由广州工程技术职业学院教师和ABB(中国)有限公司技术专家组成的校企“双元”团队编写。朱洪雷和代慧任主编,林雁飞、叶晖任副主编。林雁飞、叶晖编写项目1,代慧、林雁飞编写项目2,朱洪雷、代慧编写项目3~5,朱洪雷完成统稿。广州番禺职业技术学院卢飞跃教授担任本书主审。

由于技术发展日新月异,加之编者水平有限,书中不妥之处在所难免,恳请广大师生批评指正。

编　者

2024年1月

第1版前言

一、起因

2015年5月19日，国务院正式印发了《中国制造2025》。这是党中央、国务院总揽国际国内发展大势，站在增强我国综合国力、提升国际竞争力、保障国家安全的战略高度做出的重大战略部署，其核心是加快推进制造业创新发展、提质增效，实现从制造大国向制造强国转变。智能制造是中国制造2025的重要目标之一，机器人则是智能制造的重要环节。机器人是"制造业皇冠顶端的明珠"，其研发、制造、应用是衡量一个国家科技创新和高端制造业水平的重要标志。ABB机器人作为工业机器人"四大家族"的成员，其IRB系列工业机器人功能强大，应用范围广泛，拥有非常高的市场占有率；此外ABB配套的离线编程软件RobotStudio易于操作、上手快，能够轻松实现工业机器人虚拟仿真和离线编程，特别适合初学者。因此，本书以ABB RobotStudio 6.01为例介绍机器人离线编程的基本方法。

本书贯彻落实党的二十大报告关于推进教育数字化的精神，加强数字化教学资源建设。本书采用项目任务展开内容，让读者在任务的驱动下完成相应的项目，通过项目式学习提高读者解决实际问题的能力。为了使读者能更好地掌握相关知识，我们在总结长期的教学经验和工程实践的基础上，联合相关企业人员，共同编写了这本新形态一体化教材，力争使读者通过"看书"就能学会工业机器人虚拟仿真和离线编程技术。

二、本书的编排结构

本书根据当前高职院校的教学需要而精心编排，共有五个项目，内容包括工业机器人离线编程概述、工业机器人基本仿真工作站的创建、工业机器人工作站模型的创建、工业机器人激光切割工作站、工业机器人搬运码垛工作站。

每个项目由学习目标、若干工作任务、项目总结、习题等内容组成，每个任务包含"任务分析""相关知识""任务实施""任务拓展"等部分。

"学习目标"阐明了通过本项目的教学，学生应能达成的知识目标、技能目标。

"任务分析"从生产中的实际应用场景入手，引入项目工作任务并对项目工作任务进行简要分析。

"相关知识"给出了要解决实际任务需要学习和掌握的系统的应用知识。

"任务实施"引导教师和学生分步完成任务，并将专业能力、自主学习等方法能力、与人合作等社会能力融入其中。

"任务拓展"列举了与任务相关的其他知识，拓展学生知识面。

三、内容特点

1. 遵循"任务驱动、项目导向"，突出"学习工具"作用

本书遵循"任务驱动、项目导向"，以"从完成简单工作任务到完成复杂工作任务"的能力发展过

程为指导，按照工作复杂度“由浅入深”的原则设置一系列学习单元，引领技术知识、实验实训，并嵌入职业核心能力知识点，改变知识与实践脱离的传统教材组织形式，在完成工作任务的过程中为学生提供学习相关知识、发展综合职业能力的学习工具。

2. 任务的选择突出“典型性”，兼顾“普适性”

本书以工业机器人离线编程概述、工业机器人基本仿真工作站、工业机器人工作站模型、工业机器人激光切割工作站、工业机器人搬运码垛工作站等典型工业机器人应用案例组织学习任务，通过一系列任务实施，实现对工业机器人离线编程系统、全面的学习，既突出了对工作站创建和工业机器人编程能力等核心职业技能的训练，又可以使学生在学习的过程中根据自身的需求进行工业机器人应用拓展，兼顾了“普适性”，发掘了课程的创新应用潜力。

3. 丰富的课程资源，辅助自主学习

网络时代，学习的场地不再限定在教室或实训室内，自主学习将成为一种重要的学习形式，而丰富的教学资源是自主学习必不可少的条件。本书是国家职业教育工业机器人技术专业教学资源库课程的配套教材，建有教学视频、微课、仿真素材、高清实物图片等丰富的学习资源，为读者提供了自主学习的基础条件，能够有效辅助读者自主学习。

四、配套的数字化教学资源

本书得益于现代信息技术的飞速发展，在使用彩色印刷的同时，配备了大量的教学视频、微课、仿真素材、高清实物图片等新形态一体化学习资源，并全书配套提供学习指导、习题详解、演示文稿等详尽资料。

读者在学习的过程中可登录本书配套数字化课程网站 http://www.icve.com.cn（国家职业教育专业教学资源库网站）获取数字化学习资源，具体登录方法见书中“智慧职教”服务指南；对于微课等可以直接观看的学习资源，可以通过扫描书中丰富的二维码链接来使用。

五、教学建议

本书适合作为高等职业院校工业机器人技术专业以及装备制造大类其他相关专业的教材，也可作为工程技术人员的参考资料和培训用书。

教师通过对每个项目基本知识的讲解和基本操作的演示，让学生掌握相应的基本观念和基本操作，学生再操作练习每个项目后的项目实训，可进一步巩固和加强这些基本观念和基本操作。一般情况下，教师可用34学时讲解本书的各个项目内容，学生可用46学时练习项目实训，一共需要80学时。具体学时分配建议见下表。

序号	内容	分配建议/学时	
		理论	实践
1	项目1　工业机器人离线编程概述	2	2
2	项目2　工业机器人基本仿真工作站的创建	8	8
3	项目3　工业机器人工作站模型的创建	8	8
4	项目4　工业机器人激光切割工作站	8	12
5	项目5　工业机器人搬运码垛工作站	8	16
合计		34	46

六、致谢

本书由朱洪雷和代慧任主编，杨薇、林雁飞任副主编。第 1 章由杨薇编写；第 2 章由林雁飞编写；第 3 章由常辉、丁瑞昕编写；第 4 章由代慧、林雁飞编写；第 5 章由朱洪雷编写。上海 ABB 工程有限公司叶晖任主审。

在本书的编写过程中，上海 ABB 工程有限公司、常州机电职业技术学院、广州番禺职业技术学院、安徽职业技术学院、宁波职业技术学院等行业企业、兄弟院校提供了许多宝贵的建议和意见，并给予大力支持、鼓励及指导，在此一并致谢。

由于技术发展日新月异，加之编者水平有限，对于书中不妥之处，恳请广大读者批评指正。

编　者

目 录

项目 1　工业机器人离线编程概述 …… 1

任务 1　初识离线编程 …… 3

任务分析 …… 3

相关知识 …… 3

1.1.1　工业机器人编程方法 …… 3

1.1.2　离线编程与在线示教编程的比较 …… 3

1.1.3　离线编程系统结构 …… 4

1.1.4　工业机器人离线编程系统的应用 …… 5

任务 2　认识常用离线编程软件 …… 6

任务分析 …… 6

相关知识 …… 6

1.2.1　国外通用离线编程软件 …… 6

1.2.2　国外专用离线编程软件 …… 8

1.2.3　自主品牌离线编程软件 …… 10

任务实施 …… 13

1.2.4　安装 ABB RobotStudio 6.08 软件 …… 13

任务拓展 …… 15

1.2.5　RobotStudio 6.08 软件授权管理 …… 15

总结 …… 18

习题 …… 18

项目 2　工业机器人基本仿真工作站的创建 …… 21

任务 1　工业机器人模型的选择和导入 …… 23

任务分析 …… 23

相关知识 …… 23

2.1.1　RobotStudio 软件的基本介绍 …… 23

2.1.2　RobotStudio 默认界面的恢复 …… 30

任务实施 …… 32

2.1.3　工业机器人模型的选择和导入 …… 32

任务拓展 …… 34

2.1.4　工业机器人工具的安装与拆除 …… 34

任务 2　工业机器人周边模型的放置 …… 36

任务分析 …… 36

相关知识 …… 36

2.2.1　导入工业机器人周边模型 …… 36

2.2.2　利用 Freehand 工具操作周边模型 …… 37

任务实施 …… 40

2.2.3　工业机器人周边模型的放置 …… 40

任务拓展 …… 42

2.2.4　周边模型的放置方式 …… 42

任务 3　工业机器人系统创建与手动操作 …… 44

任务分析 …… 44

相关知识 …… 45

2.3.1　工业机器人系统创建 …… 45

任务实施 …… 47

2.3.2　工业机器人手动操作 …… 47

任务拓展 …… 49

2.3.3　工业机器人手动精确操作 …… 49

任务 4　工件坐标与路径程序创建 …… 51

任务分析 …… 51

相关知识 …… 51

2.4.1　工件坐标的创建 …… 51

任务实施 …… 52

2.4.2　路径程序的创建 …… 52

任务拓展 …… 60

2.4.3　位置法创建工件坐标 …… 60

任务 5　工作站仿真运行与视频录制 …… 62

任务分析 …… 62

相关知识 …… 62

2.5.1　工作站仿真运行 …… 62

任务实施 …… 64

2.5.2　工作站仿真视频录制 …… 64

任务拓展 …… 67

2.5.3 工作站工程文件录制 …… 67
总结 …… 68
习题 …… 68

项目 3 工业机器人工作站模型的创建 …… 73

任务 1 建模功能的使用 …… 75
任务分析 …… 75
相关知识 …… 75
3.1.1 RobotStudio 建模功能基本介绍 …… 75
任务实施 …… 75
3.1.2 创建三维模型 …… 75
3.1.3 设置三维模型相关参数 …… 78
任务拓展 …… 79
3.1.4 创建组件组 …… 79
3.1.5 导出三维模型 …… 80
3.1.6 导入第三方模型 …… 80

任务 2 测量工具的使用 …… 82
任务分析 …… 82
相关知识 …… 82
3.2.1 测量功能 …… 82
任务实施 …… 83
3.2.2 使用测量工具 …… 83
任务拓展 …… 85
3.2.3 测量技巧 …… 85

任务 3 创建机械装置 …… 86
任务分析 …… 86
相关知识 …… 86
3.3.1 机械装置 …… 86
任务实施 …… 87
3.3.2 创建机械装置模型 …… 87
3.3.3 创建机械装置运动特性 …… 89
3.3.4 创建 Smart 组件 …… 91
任务拓展 …… 102
3.3.5 创建旋转机械装置 …… 102
3.3.6 创建齿轮传动 Smart 组件 …… 105

任务 4 创建工具 …… 108
任务分析 …… 108
相关知识 …… 108
3.4.1 用户工具安装原理 …… 108
任务实施 …… 109
3.4.2 创建用户工具 …… 109
总结 …… 117
习题 …… 117

项目 4 工业机器人激光切割工作站 …… 123

任务 1 激光切割工作站曲线及离线路径创建 …… 125
任务分析 …… 125
任务实施 …… 125
4.1.1 创建激光切割工作站曲线 …… 125
4.1.2 生成激光切割工作站离线路径 …… 126

任务 2 工业机器人离线路径目标点调整及轴参数配置 …… 130
任务分析 …… 130
任务实施 …… 131
4.2.1 离线路径目标点调整 …… 131
4.2.2 轴参数配置与调整 …… 132

任务 3 优化离线路径程序及仿真运行 …… 134
任务分析 …… 134
任务实施 …… 135
4.3.1 优化离线路径程序 …… 135
4.3.2 激光切割工作站仿真运行 …… 137

任务 4 工作站碰撞监控与 TCP 跟踪 …… 141
任务分析 …… 141
任务实施 …… 141
4.4.1 碰撞监控功能的使用 …… 141
4.4.2 TCP 跟踪功能的使用 …… 143
总结 …… 145
习题 …… 145

项目 5 工业机器人搬运码垛工作站 …… 149

任务 1 创建工业机器人搬运码垛工作站 …… 151
任务分析 …… 151
任务实施 …… 151
5.1.1 解压工作站压缩包 …… 151
5.1.2 导入并放置工作站三维模型 …… 153
5.1.3 创建工业机器人所用夹具 …… 158

任务 2　创建工作站 Smart 组件……164
任务分析……164
任务实施……164
5.2.1　创建 SC_ 夹爪 Smart 组件……164
5.2.2　创建 SC_ 输送链 1 Smart 组件……175
5.2.3　创建 SC_ 输送链 2 Smart 组件……186
5.2.4　SC_ 输送链 Smart 组件的仿真验证……186
任务 3　工作站离线编程……188
任务分析……188
任务实施……189
5.3.1　创建工业机器人系统备份……189
5.3.2　工作站 I/O 配置……190
5.3.3　工具坐标系标定……193
5.3.4　编写工业机器人离线程序……194
5.3.5　示教工作站目标点……206
任务 4　工作站运行调试……211
任务分析……211
任务实施……211
5.4.1　创建工作站逻辑……211
5.4.2　工作站运行调试……213
总结……214
习题……215
参考文献……219

项目 1
工业机器人离线编程概述

工业机器人的编程主要有在线示教编程、离线编程和机器人语言编程三种方式。由于工业机器人的应用范围日益广泛，工作任务复杂程度不断增加，在线示教编程已经难以满足生产需求。离线编程可以弥补在线示教编程的某些不足，因此受到越来越多的重视。

学习目标

知识目标

- 了解工业机器人常用编程方法。
- 了解工业机器人离线编程系统的构架。
- 了解常用的工业机器人离线编程软件。
- 学会下载和正确安装 RobotStudio 软件。
- 掌握 RobotStudio 的授权操作。

技能目标

- 了解工业机器人离线编程与在线示教编程的优点和缺点。
- 掌握工业机器人离线编程系统的应用。

技能树

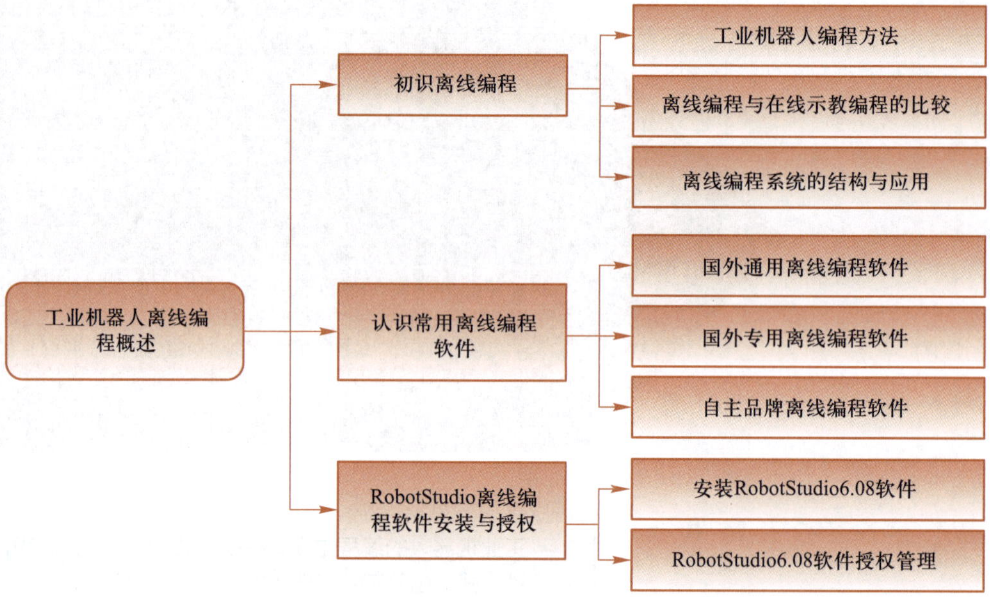
工业机器人离线编程概述
初识离线编程
工业机器人编程方法
离线编程与在线示教编程的比较
离线编程系统的结构与应用
认识常用离线编程软件
国外通用离线编程软件
国外专用离线编程软件
自主品牌离线编程软件
RobotStudio离线编程软件安装与授权
安装RobotStudio6.08软件
RobotStudio6.08软件授权管理

任务 1　初识离线编程

任务分析

工业机器人离线编程是利用计算机图形学，在专门的软件环境下建立机器人及其工作环境的几何模型，然后通过一些规划算法对图形进行控制和操作，在离线的情况下进行轨迹规划。

相关知识

1.1.1　工业机器人编程方法

目前，应用于工业机器人的编程方法主要有以下三种。

1. 示教编程

示教编程是一项成熟的技术，它是目前大多数工业机器人的编程方式。示教编程是在现场直接使用机器人进行示教编程，因此示教编程也称为在线示教编程。

目前，已有企业推出了拖拽式编程。但从实际情况来看，拖拽式编程只是解决了示教编程时机器人的繁琐操作问题，并没有革新编程技术，因此仍属于在线示教编程方法。

2. 机器人语言编程

机器人语言编程是指采用专用的机器人语言来描述机器人的运动轨迹（又称运动路径）。目前应用于工业中的机器人语言是动作级和对象级语言。

3. 离线编程

离线编程是在专门的软件环境下，用专用或通用软件在离线情况下进行机器人轨迹规划编程的一种方法。离线程序通过软件的解释或编译产生目标程序代码，最后生成机器人路径规划数据。一些离线编程系统带有仿真功能，可以在不接触实际机器人的工作环境下，通过三维软件提供一个与机器人进行交互作用的虚拟仿真环境。

1.1.2　离线编程与在线示教编程的比较

工业机器人离线编程与在线示教编程各具特色，见表 1-1。

表 1-1　工业机器人离线编程与在线示教编程的比较

示教编程	离线编程
需要实际机器人系统和工作环境	需要机器人系统和工作环境的图形模型
编程时机器人停止工作	编程时不影响机器人工作
在实际系统上试验程序	通过仿真试验程序
编程的质量取决于编程者的经验	可用 CAD 方法进行最佳轨迹规划
难以实现复杂的机器人运行轨迹	可实现复杂运行轨迹的编程

课件

项目 1

延伸阅读

机器人的“前世今生”

通过对比，可以发现离线编程具有如下独特优势。

(1) 减少机器人不工作时间。当对机器人下一个任务进行编程时，机器人仍可在生产线上工作，不占用机器人的工作时间。

(2) 使用范围广，离线编程系统可对机器人的各种工作对象进行编程。

(3) 便于和 CAD/CAM 系统结合，实现 CAD/CAM/Robotics 一体化。

(4) 可使用高级计算机编程语言对复杂任务进行编程。

(5) 离线编程系统中修改机器人程序更方便。

(6) 使编程者远离危险的编程环境。

1.1.3 离线编程系统结构

离线编程系统是当前机器人实际应用的一个必要手段，也是开发和研究任务级规划方式的有力工具。离线编程系统主要由用户接口、机器人系统几何构型、运动学计算、轨迹规划、三维图形动态仿真、通信接口和误差校正等部分组成，系统结构如图 1-1 所示。

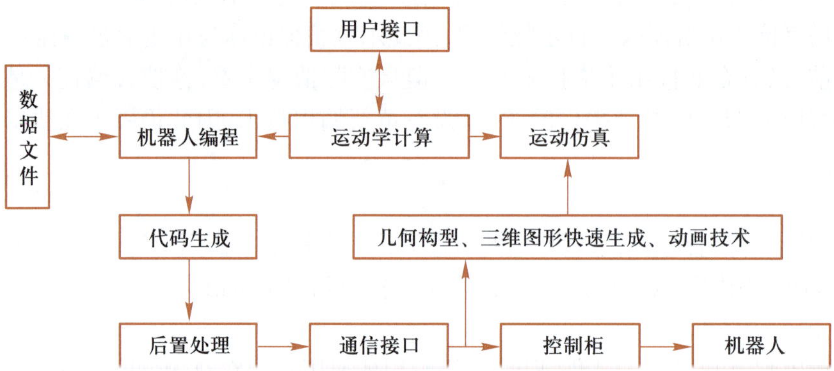

图 1-1 工业机器人离线编程系统结构

1. 用户接口

工业机器人一般提供两个用户接口，一个用于示教编程，另一个用于语言编程。示教编程是用示教器直接编制机器人程序。语言编程则是用机器人语言编制程序，使机器人完成给定的任务。

2. 机器人系统几何构型

离线编程系统中的一个基本功能是利用图形描述对机器人和工作单元进行仿真，这就要求对工作单元中的机器人所有的夹具、零件和刀具等进行三维实体几何构型。目前，机器人系统几何构型主要有结构的立体几何表示、扫描变换表示和边界表示三种。

3. 运动学计算

运动学计算就是利用运动学方法在给出机器人运动参数和关节变量的情况下，计算出机器人的末端位姿，即正运动学计算；或在给定末端位姿的情况下计算出机器人的关节变量值，即逆运动学计算。

4. 轨迹规划

在离线编程系统中，除需要对机器人的静态位置进行运动学计算之外，还需要对机器人的空间运动轨迹进行仿真。

5. 三维图形动态仿真

机器人三维图形动态仿真是离线编程系统的重要组成部分，它能逼真地模拟机器人的实际工作过程，为编程者提供直观的可视图形，进而可以检验编程的正确性和合理性。

6. 通信接口

在离线编程系统中，通信接口起着连接软件系统和机器人控制柜的桥梁作用。

7. 误差校正

离线编程系统中的仿真模型和实际的机器人模型之间存在误差。产生误差的原因主要是机器人本身结构上有误差，工作空间内难以确定物体（机器人、工件等）的相对位置，离线编程系统的数字精度不够等。

1.1.4　工业机器人离线编程系统的应用

工业自动化市场竞争压力日益加剧，企业在生产中要求进一步提高效率以降低成本。在新产品生产之前花费时间检测或试运行机器人是行不通的，因为这样就要停止现有的生产以对新的或修改的部件进行重新编程。冒险新建或改造生产线（装置），而不事先验证机器人到达距离及工作区域已不再是首选方法，企业往往会在设计阶段就会对新部件的可制造性进行检查。

在产品制造之前对机器人系统进行编程，可提早开始生产产品的时间，缩短产品的上市时间。离线编程是在实际机器人安装前，通过可视化解决方案来降低风险，并通过创建更加精确的路径来获得更高的产品质量。

早期的机器人只具有简单的动作功能，采用固定的程序进行控制，动作适应性较差。随着机器人技术的发展及对机器人功能要求的提高，机器人已可以通过相应的程序完成各种工作，并具有较好的通用性。图 1-2 和图 1-3 是 ABB 机器人离线编程系统的应用案例。

延伸阅读

“十四五”规划——深入实施制造强国战略

图 1-2　ABB 机器人综合实训台离线编程应用案例

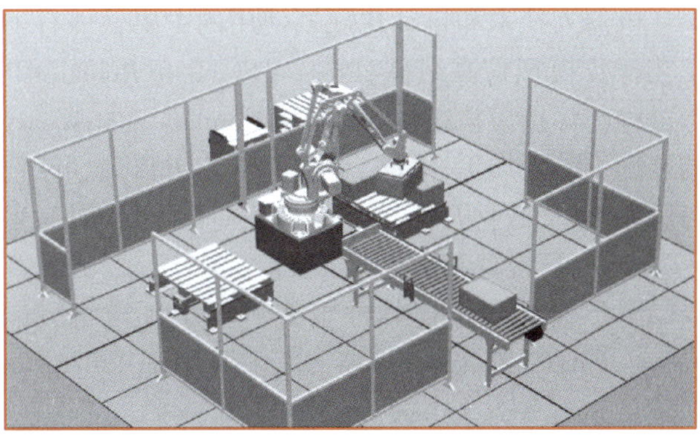

图 1-3　ABB 机器人搬运码垛离线编程应用案例

任务2 认识常用离线编程软件

任务分析

常用离线编程软件分为通用型和专用型。专用型是机器人公司针对自身产品开发的离线编程软件，如ABB的RobotStudio、发那科（FANUC）的RoboGuide、安川（YASKAWA）的MotoSim EG、美的库卡（KUKA）的KUKA Sim等。通用型离线编程软件可以兼容市场主流品牌的机器人，如Tecnomatix、RobotMaster、RobotoWorks、Robotmove等。国内也有企业推出了具有自主知识产权的离线编程软件，如北京华航唯实的PQArt、江苏汇博的RoboDK、华数机器人的iNC Robot等。

相关知识

1.2.1 国外通用离线编程软件

1. Tecnomatix

Tecnomatix是德国西门子公司推出的一款集工艺布局和设计、工艺模拟和验证、产品制造与执行于一体的数字制造解决平台。Tecnomatix设计基础是开放式产品生命周期管理（PLM）技术。

Tecnomatix软件系统是PLM技术的重要组成部分，它包含了一套产品生命周期管理不可或缺的软件工具，相关软件及其功能主要包含以下几个方面。

（1）零件规划和验证

零件规划和验证包含零件制造计划、加工线规划、冲压线模拟与虚拟机床等相关的工具软件。

（2）装配规划和验证

通过一系列工具来实现装配规划和验证的应用软件开发，主要涉及资源分配、布局与工艺规划、装配过程控制组件、人体工程学组件等模块。

（3）机器人技术和自动化规划

机器人技术和自动化规划使用的主要软件有工艺设计（Process Designer）、机器人工艺操作模拟仿真组件（Process Simulate Robotics\Process Simulate Robcad）、机器人生产过程与焊接模拟组件（Process Simulate Spot Weld）等。这些组件可用于工业机器人的装配、搬运、加工、喷涂、焊接等工艺仿真，也可用于工装夹具、自动化设备等的设计与仿真，以及工业机器人、自动化设备的工位布局、生产节拍等的规划与仿真验证。

（4）工厂设计和优化

工厂设计和优化软件主要包括工厂模拟（Plant Simulation）以及相关功能组件Factory CAD、Factory FLOW等，主要用于工厂计算机辅助设计、工厂流程优化与模拟等。

（5）质量和生产管理

质量和生产管理软件包含尺寸计划和验证（DPV）、误差分析（VSA）、检测规划

(CMM)、制造执行系统(MES)、数据采集及人机交互(HIM/SCADA)等。

2. RobotMaster

RobotMaster 是目前市面上流行的通用型机器人离线编程仿真软件，由加拿大软件公司 Jabez 开发研制，能够兼容主流多种品牌机器人。Robotmaster 在 MasterCAM 中无缝集成了机器人编程、仿真和代码生成等功能，大大提高了机器人编程速度。RobotMaster 主要具有以下功能。

(1) 良好的动态交互

Robotmaster 新颖独特的环境使用户能够轻松、直观地控制机器人，用户只要点击拖拽机器人的手臂、轴、工具或工件，就能以手动或自动方式轻松修改机器人的位置和轨迹。

(2) 过渡动作编辑

Robotmaster 全新的仿真环境为用户提供了管理不同操作间过渡动作的各种选择。用户能通过关节单独操纵机器人，在工件或工具框架上移动机器人，轻松改变底座、肘部或手腕配置。

(3) 简化交互方式

Robotmaster 机器人编程软件以直观的点击拖拽界面以及用户所需的大量增强功能彻底创新了用户体验。增强功能包括点编辑、过程设置、命令和触发器。另外，新的操作列表具有范围和错误状态图标、缩短分析时间的“快速验证”选项、动态和自动范围限制显示、自定义工作坐标系统参考等功能。

(4) 工作空间分析

Robotmaster 集成了强大、直观的工作空间分析功能，帮助用户迅速确定工件的最佳位置。操作简单的机器人范围限制图形化功能结合动态重算功能清晰地显示变化对所有操作产生的全部影响。工作空间分析和图形化环境还支持导轨和回转台。

(5) 定制过程定义

新的参数窗口简化了用户过程(焊接、切割等)参数的集成。用户可以修改参数，定义应用的具体界面、术语和控制设置。用户能创建、修改、全面控制整个程序、特定操作或选定点的过程参数。

优点：可以按照产品数模，生成程序，适用于切割、铣削、焊接、喷涂等。具有独家的优化功能，运动学规划和碰撞检测非常精确，支持外部轴(直线导轨系统、旋转系统)，并支持复合外部轴组合系统。

缺点：暂时不支持多台机器人同时模拟仿真，基于 MasterCAM 做的二次开发价格昂贵。

3. RobotoWorks

RobotWorks 是以色列企业开发的机器人离线编程仿真软件，与 RobotMaster 类似，是基于 Solidworks 做的二次开发。RobotoWorks 离线编程软件主要功能如下。

(1) 全面的数据接口

可以通过 IGES、DXF、DWG、PrarSolid、Step、VDA、SAT 等标准接口进行数据转换。

(2) 强大的编程能力

编程能力强大，从输入 CAD 数据到输出机器人加工代码只需轻松几步就能完成。

(3) 强大的工业机器人数据库

系统支持市场上主流的大多数的工业机器人，提供各大工业机器人各个型号的三维数模。

(4) 独特的仿真模拟

独特的机器人加工仿真系统可对机器人手臂、工具与工件之间的运动进行自动碰撞检查，轴超限检查，自动删除不合格路径并调整，还可以自动优化路径，减少空跑时间。

(5) 开放的工艺库定义

系统提供了完全开放的加工工艺指令文件库。用户可以按照自己的实际需求自行定义独特工艺，添加的任何指令都能输出到机器人加工数据里面。

4. Robotmove

Robotmove 是意大利企业开发的离线编程软件，支持市面上大多数品牌的机器人，机器人加工轨迹由外部 CAM 导入。与其他软件不同的是，Robomove 走的是私人定制路线，根据实际项目定制。

1.2.2 国外专用离线编程软件

1. ABB RobotStudio

为实现真正的离线编程，ABB 机器人的离线编程软件 RobotStudio 采用了 ABB VirtualRobot 技术。RobotStudio 是市场上离线编程领域的先进产品。RobotStudio 可以实现以下主要功能。

① CAD 导入。RobotStudio 可轻易地以各种主要的 CAD 格式导入数据，包括 IGES、STEP、VRML、VDAFS、ACIS、CATIA。通过使用此类非常精确的 3D 模型数据，机器人程序设计员可以生成更为精确的机器人程序，从而提高产品质量。

② 自动路径生成。这是 RobotStudio 中最节省时间的功能之一。通过使用待加工部件的 CAD 模型，可在短短几分钟内自动生成跟踪曲线所需机器人位置，如果人工执行此项任务，则可能需要数小时或数天。

③ 自动分析伸展能力。此便捷功能可灵活移动机器人或工件，直至所有位置均可达到。这可在短短几分钟内验证和优化工作单元布局。

④ 碰撞检测。在 RobotStudio 中，可以对机器人在运动过程中是否可能与周边设备发生碰撞进行验证，以确保机器人的离线编程得出的程序可用性。

⑤ 在线作业。使用 RobotStudio 与真实的机器人进行连接通信，对机器人进行便捷的监控、程序修改、参数设定、文件传送及备份恢复的操作，使得调试与维护工作更轻松。

⑥ 模拟仿真。根据设计 RobotStudio 进行工业机器人工作站的动作模拟仿真以及周期节拍规划，为工程的实施提供非常接近真实的验证。

⑦ 应用功能包。针对不同的应用推出工艺功能包，将机器人更好地与工艺应用进行有效的融合。

⑧ 二次开发。提供多功能的二次开发平台，使得机器人能实现更多的应用。

2. FANUC RoboGuide

RoboGuide 是发那科(FANUC)公司提供的一个离线编程工具,它是围绕一个离线的三维世界进行模拟,在这个三维世界中模拟现实中的机器人和周边设备的布局,通过其中的 TP 示教,进一步来模拟它的运动轨迹。RoboGuide 是一款核心应用软件,此外还有搬运、弧焊、喷涂等其他模块。通过模拟可以验证方案的可行性,同时获得准确的周期时间。

RoboGuide 主要特点如下。

(1) 机器人系统动画工具

RoboGuide 是一个离线工具,作用是设置和维护机器人系统,也是一个可以在工作场地使用的在线工具。

(2) 使用简单的建模函数对环境建模

RoboGuide 为次要的设备和机器的环境建模节省精力,不需要特别的离线系统技巧。

(3) 准确的周期仿真

RoboGuide 可实现很高精度的周期仿真,可以仿真所有 FANUC 机器人函数。

(4) 便利的动画工具

RoboGuide 在工作场地很容易连接到真实的机器人,其使用动画确保真实机器人中的程序已更新,也可以估计真实机器人的周期。

3. YASKAWA MotoSim EG

MotoSim EG 是安川(YASKAWA)公司开发的离线编程软件,它包含所有 MotoSim 中的功能,并以 Hoops 3D 为制图引擎。由于将 Hoops 3D 制图引擎加入 MotoSim EG,因此可以使用与主要的 CAD、CAD/CAM 产品一样的内核引擎,能够读取 HOOPS(.sf)格式的文件,而不需要额外的转化或转换。MotoSim EG 具有离线编程功能,可以在 PC 上修改机器人路径、速度和其他参数(工具中心点、用户帧、I/O 监视器)。用户可以移动虚拟机器人,输入数据来编制机器人程序,并且将其下载到机器人控制器。

(1) MotoSim EG 配置

MotoSim EG 软件除了包含所有简化包的效果,还有 PDE 和 INVOATE,是 3D 概念设计和针对 2D 或 3D 的协作工具,同完整版包含同样的软件简化包、采样系统单元、定位器及相关附件。

(2) MotoSim EG 功能

① 模型的建立。MotoSim EG 模型建立过程中,对于安全围栏、PLC 柜、点焊控制器等外形比较简单的模型,可以使用其本身的建模功能来制作;对于合作方提供的夹具、焊枪等数模文件则可利用 CATIA 的文件转换功能将其转化为 HSF 格式后导入。

② 模型的运动。在 MotoSim EG 中,对于只有一条动臂的焊枪,其提供了带附加轴的机器人模型,可将焊枪的动臂设置为机器人的附加轴,通过控制附加轴来实现焊枪开闭的各种状态。对于不止一条动臂的焊枪和夹具气缸状态,可以在 CAD 软件中分别制作出它们在不同状态的模型,然后将其导入到模拟软件中,并放置在同一位置,然后利用 MotoSim EG 的模型显示 / 隐藏功能来间接地模拟工件的运动。

③ 焊点定位。利用 MotoSim EG 所带的 OLP 功能,可以直接在工件上点取焊点位

置,焊枪电极头将自动到焊点处。利用 OLP 的 Vertical 功能可实现焊枪电极头精确垂直于工件表面,这是在线示教编程无法实现的。将焊点定位后,通过模拟软件可以观测到机器人各关节的脉冲值及图示。

④ 冲突检测。MotoSim EG 中,可以将焊枪和夹具设为目标体,然后运行冲突检测程序,软件会自动检测机器人运行过程中焊枪与夹具的干涉情况。

⑤ 轨迹的调整与优化。在 MotoSim EG 中,当一个工位的所有焊点焊接过程模拟完毕后,通过其提供的 Playerback 功能,可以通过动画的形式直观地看到机器人在实际焊接过程中的情况,而且程序运行结束后会提供整个焊接过程所需要的时间。

4. KUKA.Sim

KUKA.Sim 是美的库卡(KUKA)机器人公司推出的一款集成了离线仿真、周期时间分析、机器人程序编辑等功能的综合应用软件。KUKA.Sim 可以实现修整、焊接、喷涂、油漆、抛光、去毛刺 / 修边、调配等机器人应用。

KUKA.Sim 主要由最佳显示(Sim Viewer)、机器人系统布局(Sim Layout)、离线编程(Sim Pro)、虚拟机器人控制器(OfficeLite)等部分组成。

KUKA.Sim 主要功能如下。

① 调整。可以使用过滤器将 CAD 数据从其他系统载入,或者借助 KUKA.Sim Pro 的 CAD 工具自己创建部件。

KUKA.Sim Pro 可生成夹持器、焊钳以及其他运动结构。还可以使用与 KUKA.Sim Pro 一起提供的大量电子目录组件或者从网上下载模型。它还为客户提供了网络空间,这样客户之间就可以相互分享组件。

② 仿真。可以为机器人编制动作程序并移动模拟机器人。这样就可以清楚地掌握机器人程序的进程和相应的设计方案。配合碰撞探测器,可以确保机器人运动目标的可到达性,检查可能出现的碰撞,以生成最优的机器人程序和布局图。

③ 通信。如果完成了布局图设计,可将其发给客户,用 KUKA.Sim Viewer 浏览。

④ 离线编程。借助库卡虚拟机器人控制系统 KUKA.OfficeLite 在 KRL 内直接编写机器人程序,这样就省去了后处理程序。在“现场”生成的机器人程序可一比一导入 KUKA.OfficeLite,这样就可以在 KUKA.Sim Pro 中验证程序。

KUKA.Sim Pro 与库卡虚拟控制系统 KUKA.OfficeLite 实时连接。该程序与真正在库卡机器人控制系统中运行的软件几乎完全相同。

延伸阅读

自主品牌机器人及离线编程软件

1.2.3 自主品牌离线编程软件

1. PQArt

PQArt 是北京华航唯实机器人科技股份有限公司推出的自主品牌离线编程软件,其界面如图 1-4 所示。该软件推出后彻底打破了国外软件垄断的局面,大大降低了国内机器人应用的成本,同时为国内机器人应用提供了更好的服务。

PQArt 离线编程软件的基本原理是根据几何数模的拓扑信息生成机器人运动轨迹,将轨迹仿真、路径优化和后置代码处理集成处理,同时集碰撞检测、场景渲染、动画输出于一体,可快速生成效果逼真的模拟动画。目前,PQArt 在打磨、去毛刺、焊接、激光切割、数控加工等领域拥有广泛的应用。

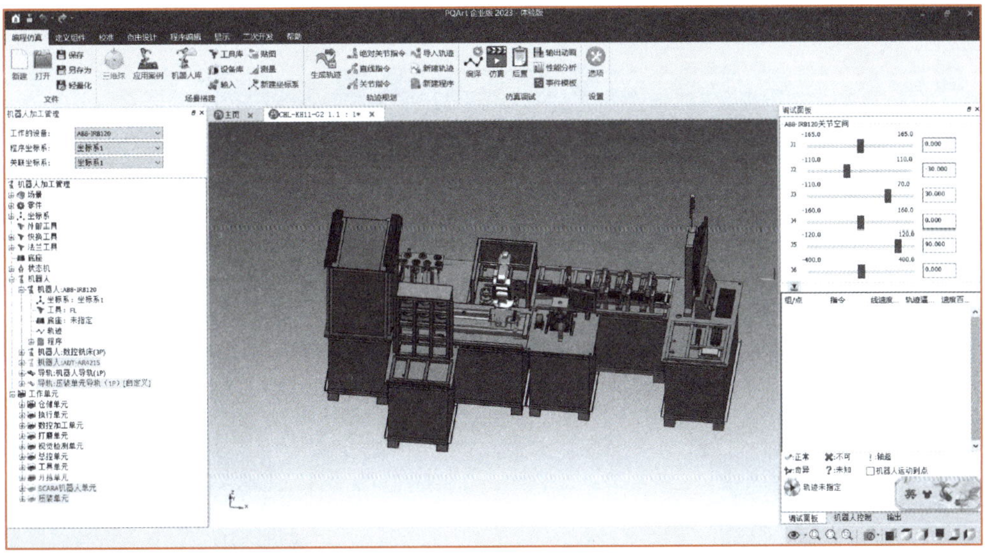

图 1-4　PQArt 离线编程软件界面

PQArt 离线编程软件的主要功能如下。

① 支持多种格式的三维 CAD 模型，可导入扩展名为 step、igs、stl、x_t、prt（UG）、prt（ProE）、CATPart、sldpart 等的文件。

② 支持多种品牌工业机器人离线编程操作，如新时达、广数、ABB、KUKA、FANUC、YASKAWA、Staubli、KEBA 等。

③ 自动识别与搜索 CAD 模型的点、线、面信息，生成轨迹。

④ 轨迹与 CAD 模型特征关联，模型移动或变形，轨迹自动变化。

⑤ 一键优化轨迹与几何级别的碰撞检测。

⑥ 支持多种工艺包，如切割、焊接、喷涂、去毛刺、数控加工。

⑦ 支持将整个工作站仿真动画发布到网页、手机端。

2. RoboDK

RoboDK 是江苏汇博机器人技术股份有限公司推出的自主品牌离线编程软件，其界面如图 1-5 所示。RoboDK 能够兼容多品牌机器人，主要具有以下功能。

（1）支持多种品牌机器人

RoboDK 支持汇博机器人、埃伏特、广州数控、ABB、KUKA、FANUC、安川、川崎、史陶比尔、UR、柯马等多种品牌机器人的离线仿真，同时也支持 Delta、Scara 类型的机器人离线仿真，现在正在不断更新模型库中的机器人模型。RoboDK 具有可扩展机器人关节的外部轴模型和不同品牌的机器人工具模型。

（2）离线仿真功能

RoboDK 最主要的功能是离线仿真。仿真人员可以导入精确的工作站三维模型数据，根据工作站的工作流程，创建和编辑仿真程序，主要包括坐标系和目标点的创建、程序轨迹规划。运行仿真程序，在虚拟环境中真实模拟实际工作站的工作流程，进而可以判断工作站布局是否合理，节拍是否能达到要求等。

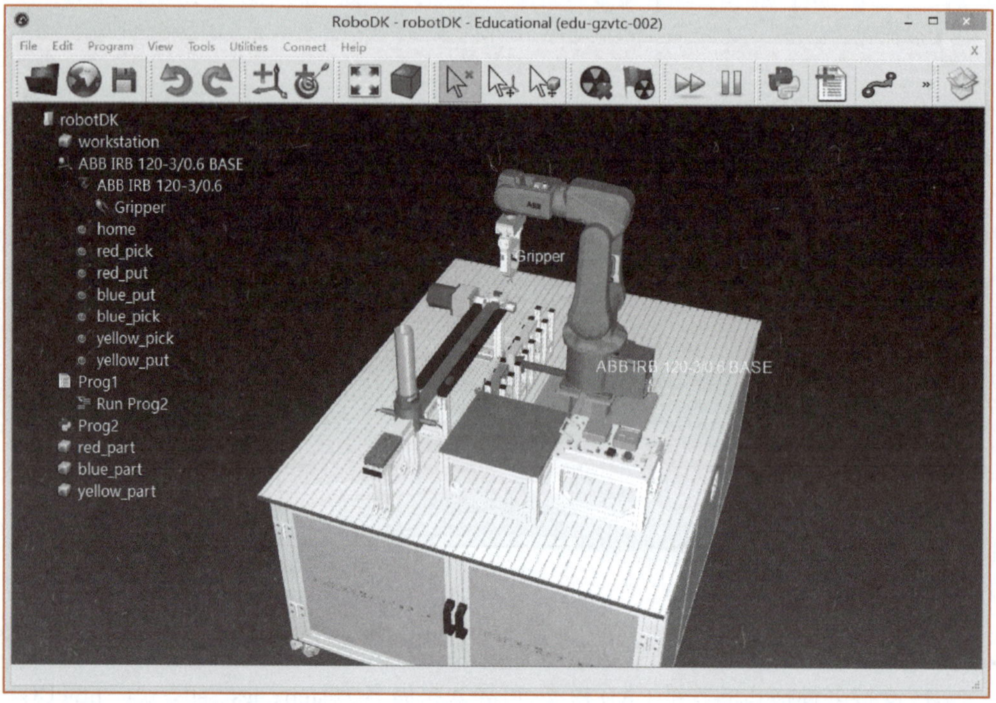

图 1-5 RoboDK 离线编程软件界面

(3) 碰撞检测功能

RoboDK 能够对机器人及其外部设备进行碰撞检测，判断机器人程序运行轨迹是否合理，进而减少实际工作过程中发生碰撞的可能性。

(4) 生成离线程序功能

RoboDK 通过 Python API 扩展后处理器，可以直接生成对应品牌机器人的离线程序，同时可以支持扩展。

(5) 基于 Python API 的 RoboDK 离线仿真功能

RoboDK 具有 Python 扩展 API 功能。RoboDK 可以通过 Python 实现机器人的离线仿真功能。基于 Python API 的 RoboDK 离线仿真具有更强大的功能，能够针对更多更复杂的应用进行机器人离线仿真。同时，Python 是一种非常容易上手的编程语言，且功能强大。

(6) 机器人运动学建模功能

RoboDK 提供机器人运动学建模功能。在相应机器人三维模型数据基础上，可以通过 RoboDK 实现机器人的运动学建模。

(7) 机器人参数标定功能

RoboDK 可以通过激光跟踪传感器或立体摄像机，获得机器人的相关数据，得到机器人的性能精度报告，且能够对机器人参数进行标定。支持 ISO9283 标准下的位置精度、重复精度、轨迹精度等测试。

(8) 丰富的实例库

RoboDK 具有丰富的实例库，可以为教学和工业领域的应用提供案例和教程。

任务实施

1.2.4　安装 ABB RobotStudio 6.08 软件

1. 下载 ABB RobotStudio 6.08

① 登录 ABB 官方网址。

② 进入相关下载页面。

③ 下载 RobotStudio 6.08。

2. 安装 ABB RobotStudio 6.08

(1) 为了确保 RobotStudio 能够正确地安装，需要注意以下事项。

① 计算机的系统基本配置，见表 1-2。

表 1-2　安装 RobotStudio 6.08 软件计算机的系统基本配置

硬件	要求
CPU	i5 及以上
内存	4 G 及以上
硬盘	空闲 20 GB 以上
显卡	独立显卡 2 GB 以上
操作系统	Windows 7 或以上

② 操作系统中的防火墙可能会造成 RobotStudio 的不正常运行，如无法连接虚拟控制器，所以建议关闭防火墙或对防火墙的参数进行恰当的设定。

(2) 安装 RobotStudio 6.08

① 下载完成后，对压缩包解压缩。

② 解压缩完成后，打开文件夹。

③ 双击打开 setup.exe 文件。

④ 在“ABB RobotStudio 6.08-InstallShield Wizard”对话框中，选择“中文(简体)”，然后点击“确定”按钮，如图 1-6 所示。

⑤ 按照“ABB RobotStudio 6.08-InstallShield Wizard”提示，点击“下一步”按钮，勾选“许可证协议”中的“我接受该许可证协议中的条款(A)”，然后点击“下一步”按钮，如图 1-7 所示。

⑥ 阅读隐私声明，并点击“接受”按钮，如图 1-8 所示。

⑦ 根据实际情况，设置 RobotStudio 6.08 的安装路径，如图 1-9 所示，然后点击“下一步”按钮。

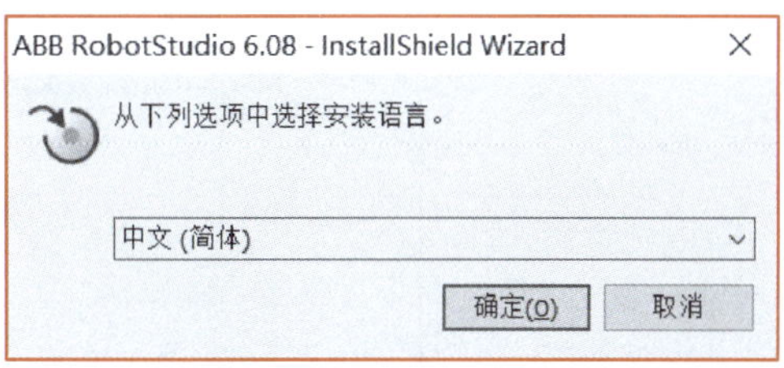

图 1-6　选择 RobotStudio 6.08 安装语言

微课
RobotStudio 6.08 软件安装

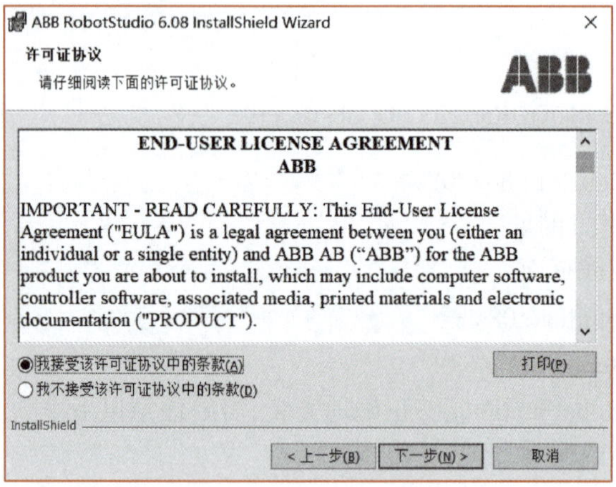

图 1-7 接受许可证协议

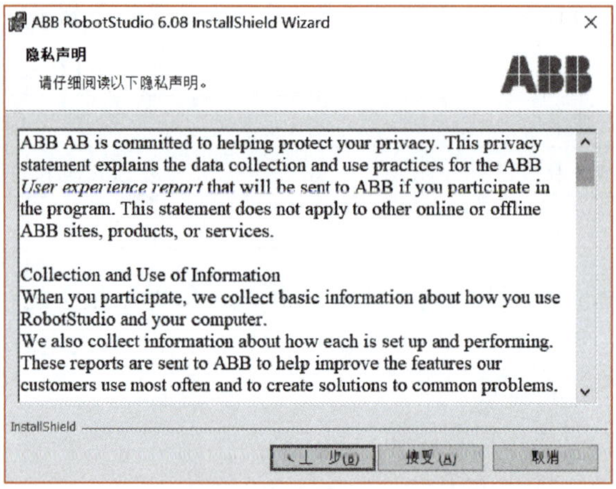

图 1-8 接受隐私声明

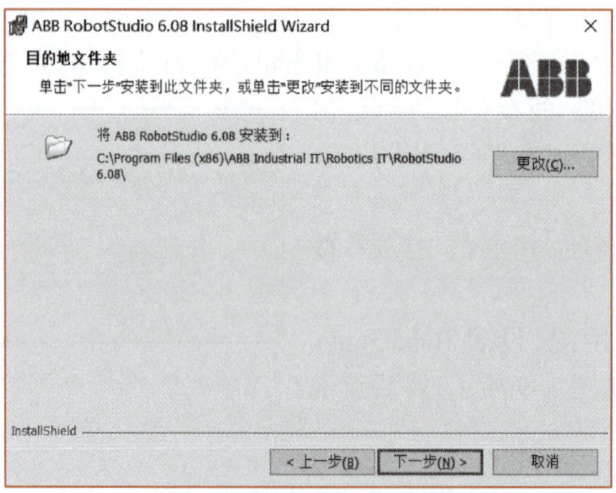

图 1-9 设置软件安装路径

⑧ 根据实际情况，选择最适合自己需要的安装类型，如图 1-10 所示，然后点击“下一步”按钮。

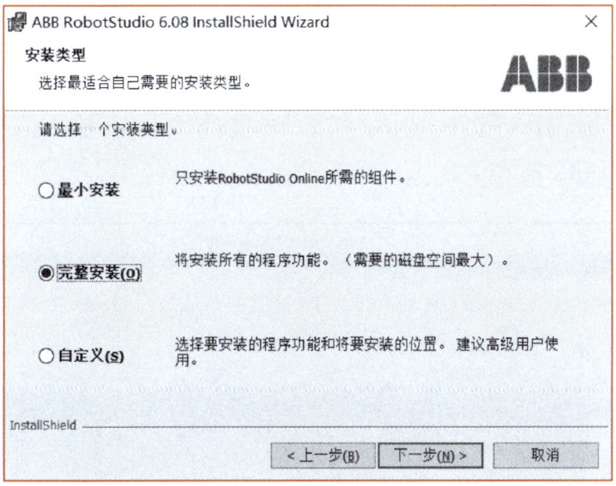

图 1-10　选择安装类型

⑨ 等待软件安装完成，然后点击“完成”按钮，如图 1-11 所示。

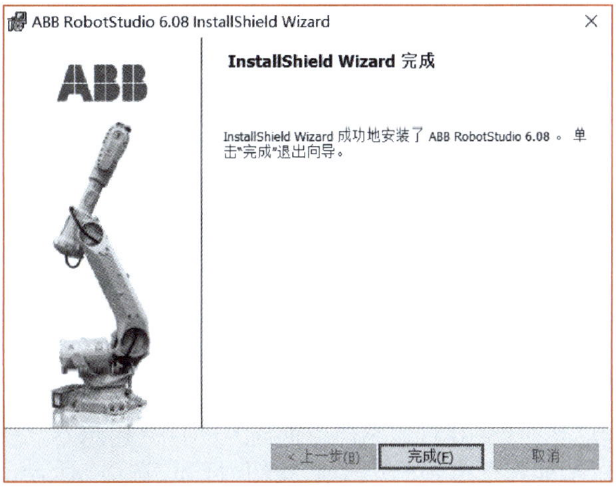

图 1-11　软件安装完成

任务拓展

1.2.5　RobotStudio 6.08 软件授权管理

正确安装以后，RobotStudio 提供 30 天全功能高级版免费试用。30 天以后，如果还未进行授权操作，则只能使用基本版的功能。

RobotStudio 基本版：提供所选的 RobotStudio 功能，如配置、编程和运行虚拟控制器。还可以通过以太网对实际控制器进行编程、配置和监控等在线操作。

RobotStudio 高级版：提供 RobotStudio 所有的离线编程功能和多机器人仿真功能。高级版中包含基本版中的所有功能。如需使用高级版则需进行激活。RobotStudio 软件的授权可与 ABB 公司联系购买。

1. 查看 RobotStudio 6.08 授权有效期

首次正确安装 RobotStduio 6.08 后，可以查看软件的有效期。双击桌面上的 RobotStudio 6.08 图标，打开软件，选择“基本”功能选项卡，在输出信息窗口可查看授权的有效日期，如图 1-12 所示。

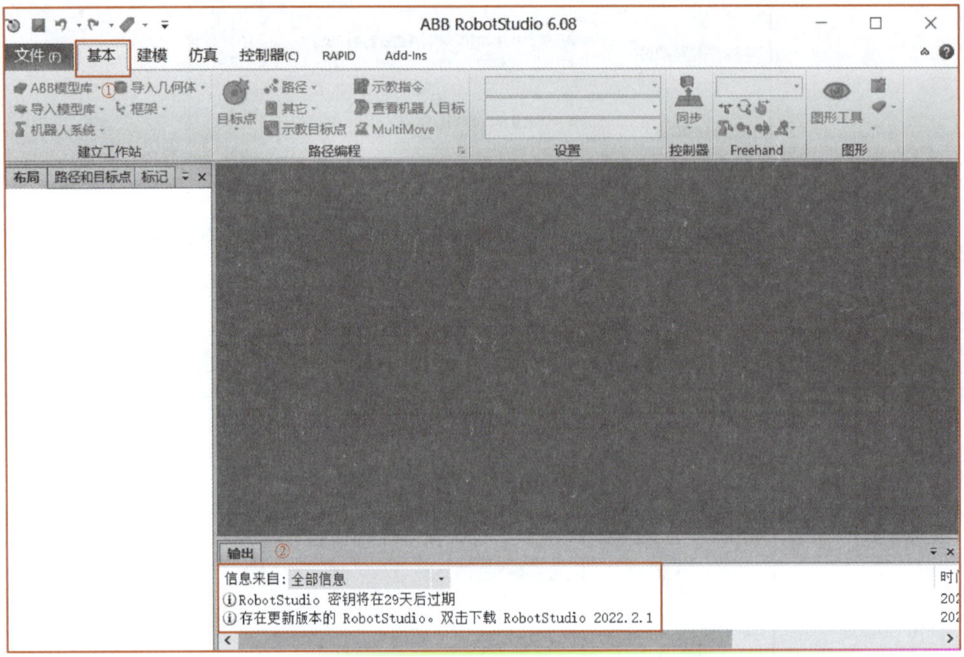

图 1-12 查看软件授权信息

2. 激活 RobotStudio 6.08 的授权

如果已经从 ABB 公司获得 RobotStduio 的授权许可证，可以激活 RobotStudio 软件。RobotStudio 可以通过互联网激活，在激活之前需要将计算机接入互联网。

① 点击“文件”功能选项卡中的“选项”按钮，打开“选项”对话框，如图 1-13 所示。

② 选择“授权”，点击“激活向导”，如图 1-14 所示。

③ 在“激活 RobotStudio”对话框中，根据授权许可证选择“单机许可证”或“网络许可证”，如图 1-15 所示，然后点击“下一个”按钮。

④ 选择“自动激活”，通过互联网激活 RobotStudio 6.08 软件，如图 1-16 所示。然后按照提示输入 25 位激活秘钥，完成软件激活。

“单机许可证”只能激活一台计算机的 RobotStudio 软件，而“网络许可证”可在一个局域网内建立一台网络许可证服务器，向局域网内的 RobotStudio 客户端进行授权许可，客户端的数量由“网络许可证”决定。

微课

RobotStudio 6.08 授权操作

提示

授权激活后，如果计算机系统出现问题并重新安装 RobotStudio，则会造成授权失效，需要再次进行激活。

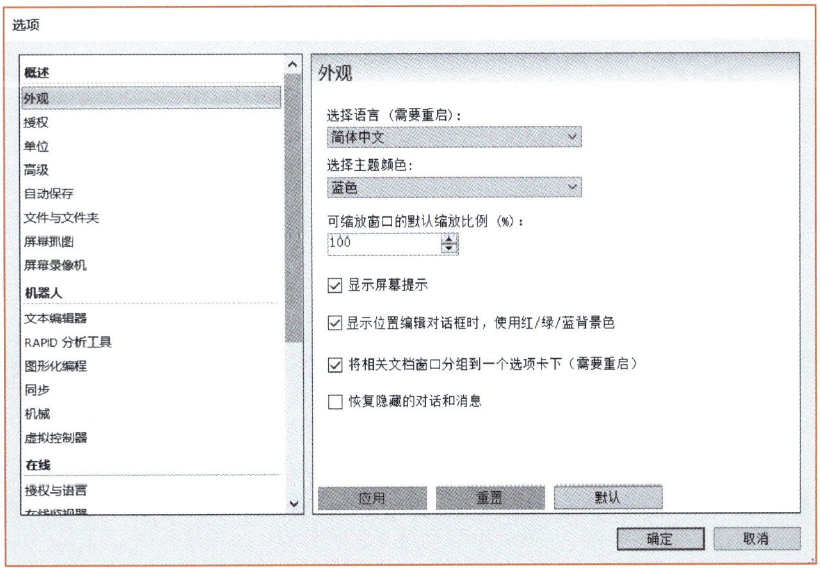

图 1-13 “选项”对话框

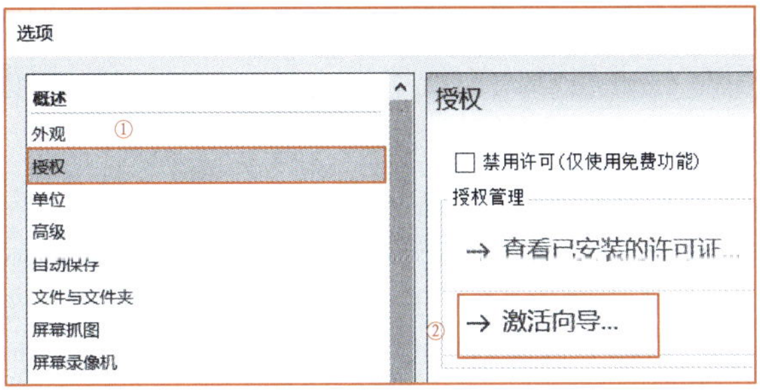

图 1-14 激活向导

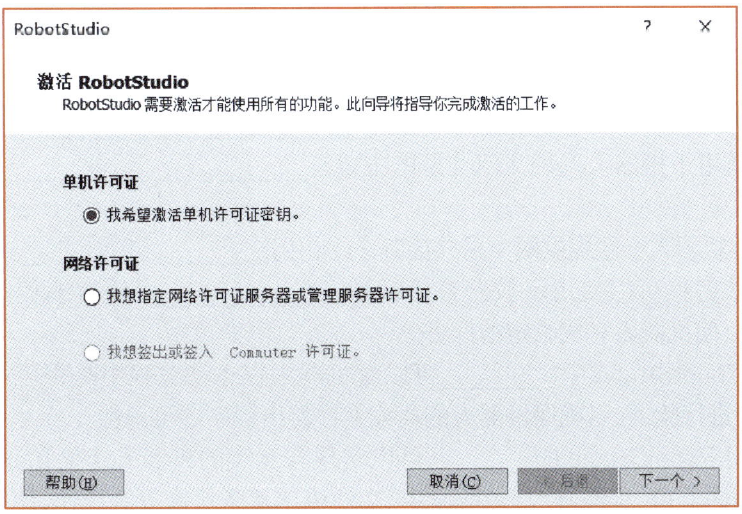

图 1-15 选择激活方式

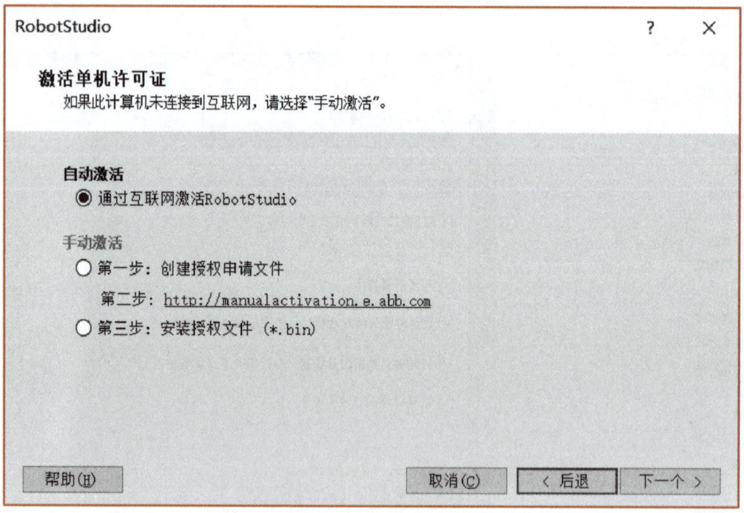

图 1-16　通过互联网激活

总　结

本项目主要介绍了工业机器人离线编程的基本知识、离线编程系统结构、常用离线编程软件、ABB RobotStudio 安装及授权管理基本方法等。

ABB RobotStudio、FANUC RoboGuide、YASKAWA MotoSim EG、KUKA.Sim、SIEMENS Tecnomatix 是国际品牌机器人的离线编程软件，它们拥有较高的市场占有率。国内的北京华航唯实 PQArt、江苏汇博 RoboDK、华数机器人 iNC Robot 等离线编程软件近年来逐步发展起来，并且能够兼容主流多品牌机器人。用户可根据自身的实际需求，结合工业机器人本体，选择合适的离线编程软件。

习　题

一、填空题

1. 工业机器人常用的编程方法主要有________、________、________三种。

2. 目前用于机器人系统几何构型的主要有________、________、________三种基本方法。

3. 工业机器人一般提供两个用户接口，分别用于________和________。

4. 示教编程可以使用示教器直接编制____________。语言编程则是用机器人________，使机器人完成给定的任务。

5. 在 RobotStudio 中，________可以对机器人在运动过程中是否可能与周边设备发生碰撞进行验证，以确保机器人的离线编程得出程序的可用性。

6. 使用 RobotStudio 的________可以实现与真实的机器人连接和通信，对机器人进行便捷的监控、程序修改、参数设定、文件传送及备份恢复等操作，使得调试与维护工作更轻松。

7. 根据设计 RobotStudio 进行工业机器人工作站的动作________以及________规划，为工程的实施提供非常接近真实的验证。

8. RobotStudio 针对不同的应用推出功能强大的________，将机器人更好地与工艺应用有效地融合。

9. RobotStudio 提供功能强大的________的平台，使得机器人可以实现更多的应用，满足机器人科研的需要。

10. RoboGuide 是一个离线工具，作用是设置和维护机器人系统，也是一个可以在工作场地使用的________工具。

二、判断题

(　　)1. 机器人离线编程可以减少机器人不工作时间，当对机器人下一个任务进行编程时，机器人仍可在生产线上工作，编程不占用机器人的工作时间。

(　　)2. 机器人离线编程不需要机器人系统和工作环境的图形模型。

(　　)3. 运动学计算就是利用运动学方法在给出机器人运动参数和关节变量的情况下，计算出机器人的末端位姿；或者是在给定末端位姿的情况下，计算出机器人的关节变量值。

(　　)4. 在离线编程系统中，只需要对机器人的静态位置进行运动学计算，不需要对机器人的空间运动轨迹进行仿真。

(　　)5. 离线编程系统中的一个基本功能是利用图形描述对机器人和工作单元进行仿真，这就要求对工作单元中的机器人所有的夹具、零件和刀具等进行三维实体几何构型。

(　　)6. RobotStudio 6.08 及其以后的版本中 RobotWare 与 RobotStudio 是集成在一起的，因此在安装的时候可以不连网。

(　　)7. RobotStudio 6.08 在安装的时候可以不连网。

(　　)8. 安装 RobotStudio 6.08 的计算机操作系统不能低于 Windows 10，否则无法正常安装。

(　　)9. RobotStudio 6.08 必需安装在系统默认的 C 盘中才能正常使用。

(　　)10. 操作系统中的防火墙不会造成 RobotStudio 的不正常运行，因此安装过程中不用理会防火墙。

(　　)11. 正确安装 RobotStudio 以后，软件提供 60 天的全功能高级版免费试用。60 天以后，如果还未进行授权操作的话，则只能使用基本版的功能。

(　　)12. 正确安装 RobotStudio 以后，软件提供 30 天的全功能高级版免费试用。30 天以后，如果还未进行授权操作的话，则只能使用基本版的功能。

(　　)13. 高级版提供 RobotStudio 所有的离线编程功能和多机器人仿真功能。高级版中包含基本版中的所有功能。

(　　)14. RobotStudio 软件包含所有的离线编程功能和多机器人仿真功能，其中高级版中包含基本版中的所有功能，不用授权也可以使用。

(　　)15. “单机许可证”只能激活一台计算机的 RobotStudio 软件，而“网络许可证”可在一个局域网内建立一台网络许可证服务器，向局域网内的 RobotStudio 客户端进行授权许可，客户端的数量由网络许可证决定。

三、选择题

1. RobotStudio 是由(　　)公司推出的离线编程软件。

A. ABB　　B. FUNUC　　C. KUKA　　D. KAWASAKI

2. 工业机器人常用的编程方法主要有示教编程、离线编程、(　　)三种。

A. 拖拽编程　　B. 现实复制编程　　C. 在线编程　　D. 机器人语言编程

3. 目前用于机器人系统几何构型的主要有(　　)法等多种基本方法(多选题)。

A. 立体几何　　B. 扫描变换　　C. 边界　　D. 人工智能

4. 国内自主品牌的机器人离线编程软件主要有(　　)等多个产品(多选题)。

A. RobotMaster　　B. RobotDK　　C. PQArt　　D. iNC Robot

5. 德国西门子公司推出的一款集工艺布局和设计、工艺模拟和验证、产品制造与执行于一体的数字制造解决平台是(　　)。

A. RobotMaster　　B. RobotDK　　C. PQArt　　D. Tecnomatix

6. 目前市场上通用的离线编程软件主要有(　　)(多选题)。

A. RobotMaster　　B. SolidWorks　　C. PQArt　　D. Tecnomatix

7. 机器人离线编程软件能够兼容多种品牌的机器人，RobotStudio 6.08 中可以使用的机器人主要有(　　)。

A. FUNUC 系列　　B. ABB 系列　　C. KUKA 系列　　D. YASKAWA 系列

8. RobotStudio 6.08 的激活许可方式主要有(　　)等(多选题)。

A. 电话许可　　B. 单机许可　　C. 网络许可　　D. 遥控许可

9. RobotStudio 6.08 授权激活后，如果计算机系统出现问题并重新安装 RobotStudio，需要再次(　　)。

A. 购买　　B. 投诉　　C. 激活　　D. 试用并购买

10. 正确安装 RobotStudio 以后，软件提供(　　)天的全功能高级版免费试用。

A. 20　　B. 30　　C. 60　　D. 180

参考答案

项目 1 习题

项目2

工业机器人基本仿真工作站的创建

工业机器人基本仿真工作站的创建主要包括工业机器人模型的选择和导入、工业机器人周边模型的放置、工业机器人系统创建与手动操作、工件坐标与路径程序创建、工作站仿真运行与视频录制。工业机器人典型应用工作站与基本工作站的创建流程是一样的，但比基本工作站要复杂一些，通过本项目的学习读者可以掌握基本工作站的创建方法，并有助于后续典型应用工作站的创建。

学习目标

知识目标

- 了解 RobotStudio 6.08 离线编程软件的界面和各菜单功能。
- 掌握工业机器人模型的选择和导入方法。
- 掌握工业机器人周边模型放置的方法。
- 掌握工业机器人系统创建的方法。
- 掌握工业机器人手动操作的方法。
- 掌握创建工件坐标与路径程序的方法。
- 掌握工作站仿真运行与视频录制方法。

技能目标

- 掌握 RobotStudio 离线编程软件的基本使用方法。
- 掌握创建工业机器人基本工作站的方法。

技能树

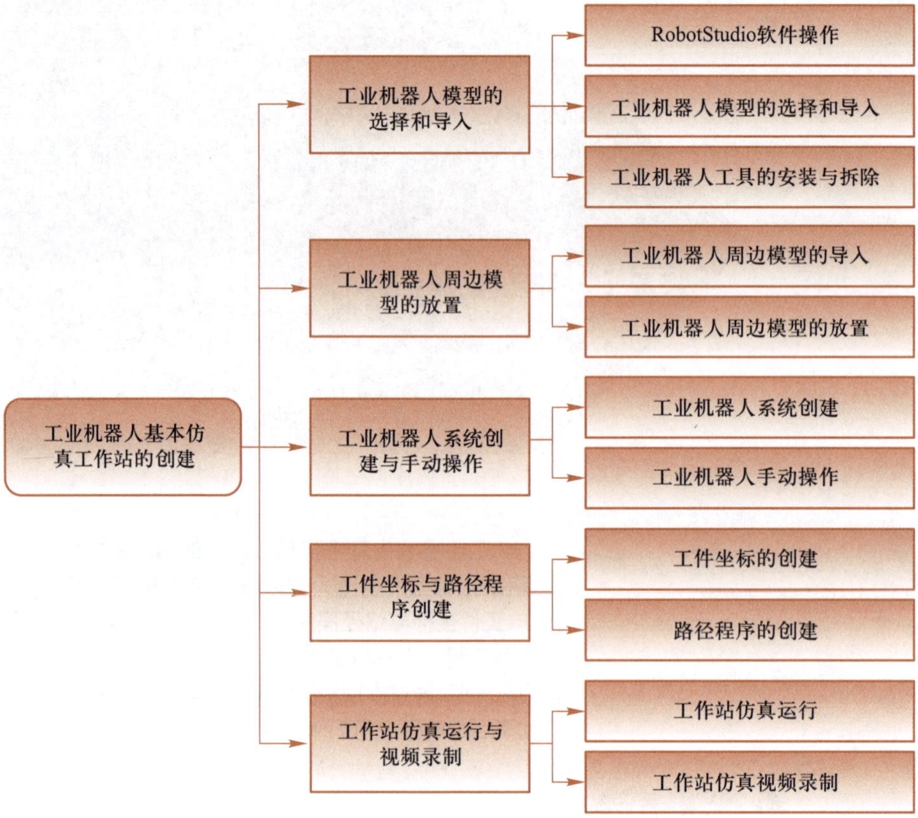
工业机器人基本仿真工作站的创建
工业机器人模型的选择和导入
RobotStudio软件操作
工业机器人模型的选择和导入
工业机器人工具的安装与拆除
工业机器人周边模型的放置
工业机器人周边模型的导入
工业机器人周边模型的放置
工业机器人系统创建与手动操作
工业机器人系统创建
工业机器人手动操作
工件坐标与路径程序创建
工件坐标的创建
路径程序的创建
工作站仿真运行与视频录制
工作站仿真运行
工作站仿真视频录制

任务 1　工业机器人模型的选择和导入

任务分析

在实际应用中，要根据机器人载荷、工作环境、安全防护等级等方面的具体要求，选定机器人型号、承重能力及到达距离等。机器人的具体参数可以参考随机光盘。本项目所使用的机器人为 ABB IRB 2600 型，后续内容均依此型机器人模型开展。

相关知识

2.1.1　RobotStudio 软件的基本介绍

RobotStudio 是 ABB 公司推出的工业机器人离线编程软件，该软件采用了 ABB VirtualRobot 技术，是市场上离线编程的先进产品。本项目所用离线编程软件版本为 RobotStudio 6.08，本书中的案例在 6.08 以下版本中可能无法正常打开或使用，若软件版本低，则需更新软件。

RobotStudio 6.08 主界面如图 2-1 所示，其中① 区是功能选项卡区，包含“文件”“基本”“建模”“仿真”“控制器”“RAPID”“Add-Ins”7 项；② 区是布局窗口区，包含“布局”“路径和目标点”“标记”3 项；③ 区是工作主窗口区，在此区可以查看工作站，包含“查看工作站视图”“选择方式”“捕捉模式”“测量方式”“仿真”4 组快捷

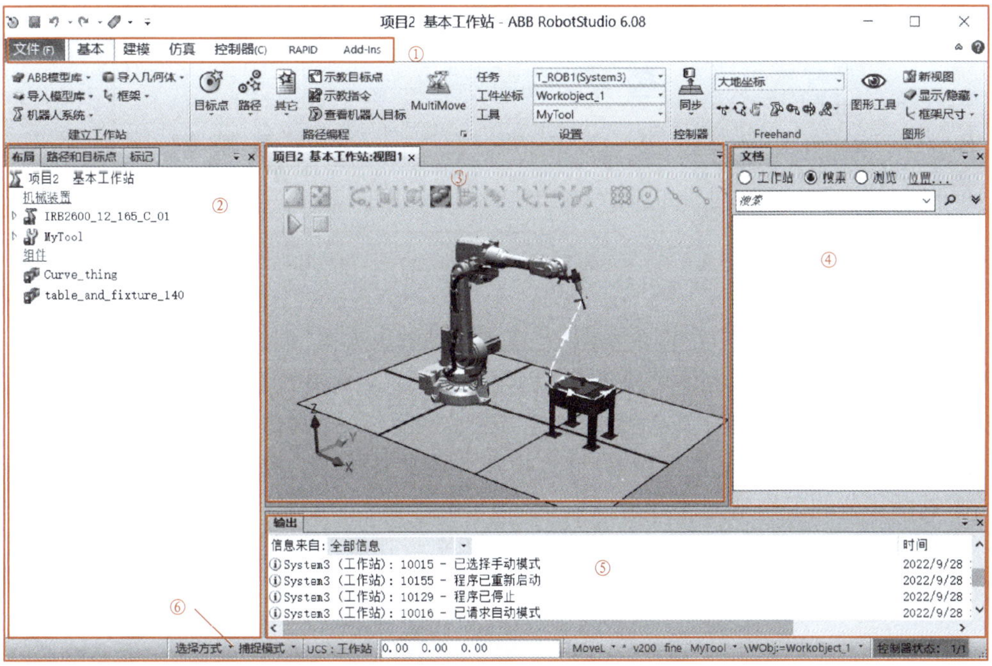

图 2-1　RobotStudio 6.08 主界面

微课
RobotStudio 6.08 基本认知

课件
项目 2

图标；④ 区是文档区，在此区可以查看工作站相关文档；⑤ 区是信息输出区，在此可以查看对工作站的所有操作信息及报警、故障信息等；⑥ 区是状态栏区，包含“选择方式”“捕捉模式”“UCS”“指令”“控制器状态”等信息。

RobotStudio 6.08 主菜单包括“文件”“基本”“建模”“仿真”“控制器(C)”“RAPID”“Add-Ins”7 个功能选项卡。

1. “文件”功能选项卡

“文件”功能选项卡主要用于文件级别操作，主要包含保存、打开、新建、信息、最近、打印、共享等选项，如图 2-2 所示。

① “文件”功能选项卡中的“新建”选项包含“空工作站解决方案”“工作站和机器人控制器解决方案”“空工作站”3 个功能，如图 2-3 所示。

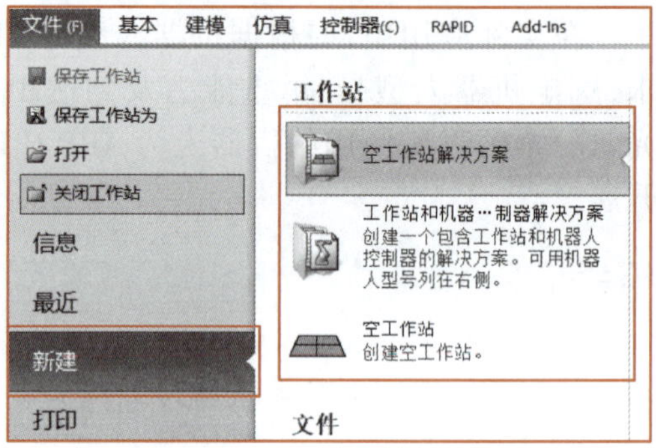

图 2-2 “文件”功能选项卡

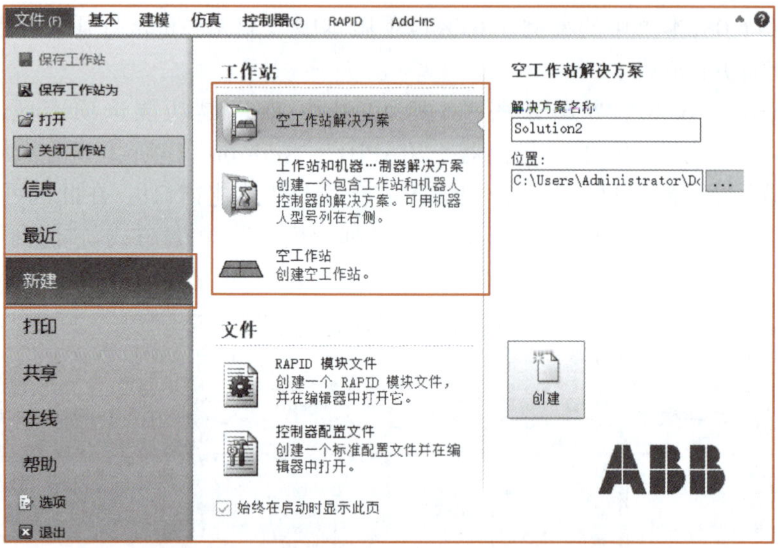

图 2-3 “文件”功能选项卡中的“新建”选项

工作站素材

项目 2

3 种新建工作站的方法侧重不同。“空工作站解决方案”创建具有默认名称的工作站；“工作站和机器人控制器解决方案”创建具有默认名称并配置控制器、RobotWare、机器人型号的工作站，是比较完备的创建方法；“空工作站”则是创建空白工作站，需要用户进行工作站命名、配置控制器、导入机器人等必要操作。实践过程中，可根据具体需求选择相应的工作站创建方案。

延伸阅读

“中国机器人之父”蒋新松

② “文件”功能选项卡中的“共享”选项用来与其他人共享工作站数据，包含共享数据、会议两部分功能，如图 2-4 所示。

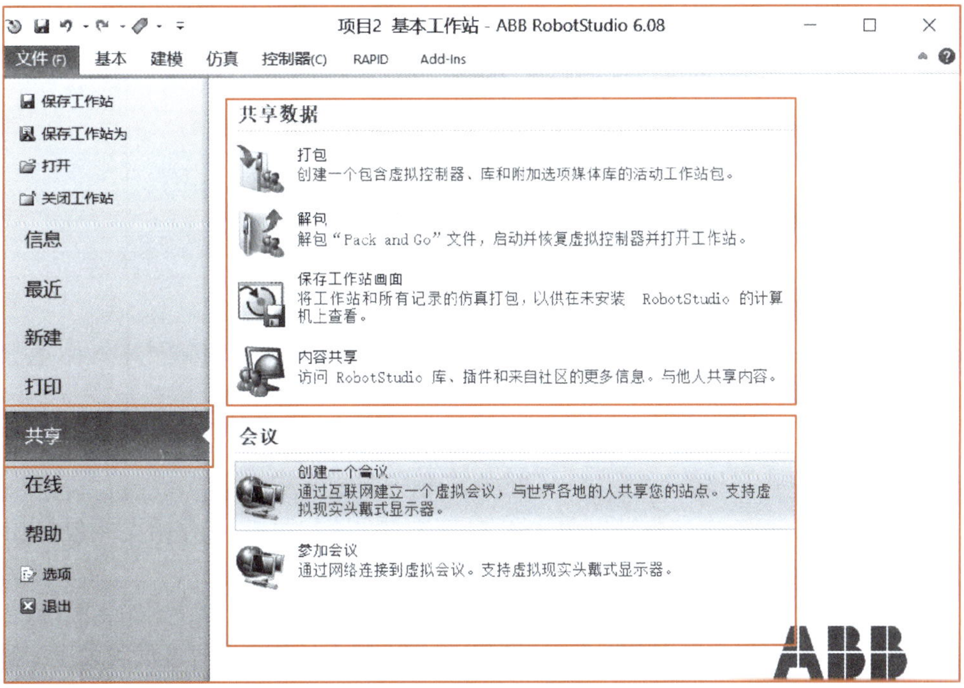

图 2-4 "文件"功能选项卡中的"共享"选项

"打包"功能是将工作站数据压缩成数据包，以便与他人共享工作站或将工作站移植到其他设备上。

点击"打包"，弹出"打包"对话框，根据实际需要设置工作站压缩包名字、保存位置。若需提高压缩包保护等级，可启用并设置相应的密码，如图 2-5 所示。

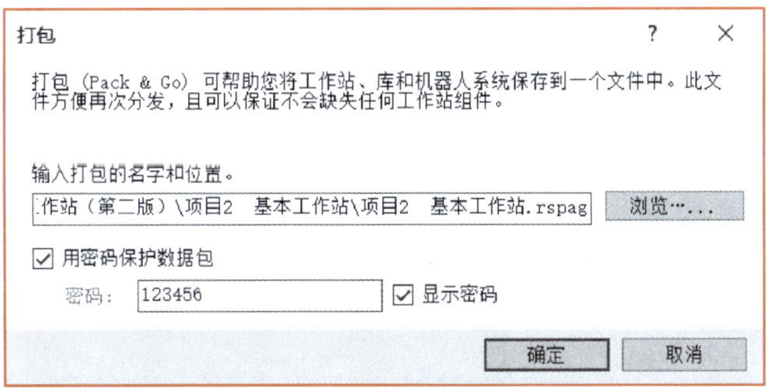

图 2-5 "共享"选项中的"打包"功能

"解包"功能是将压缩包解压成工作站，以便用户使用或对工作站进行再次编辑。

点击"解包"，弹出"解包"对话框，根据提示点击"下一个"按钮，选择要解包的文件和解包路径，然后根据提示完成压缩包的解压，如图 2-6 所示。

微课
"文件"功能选项卡

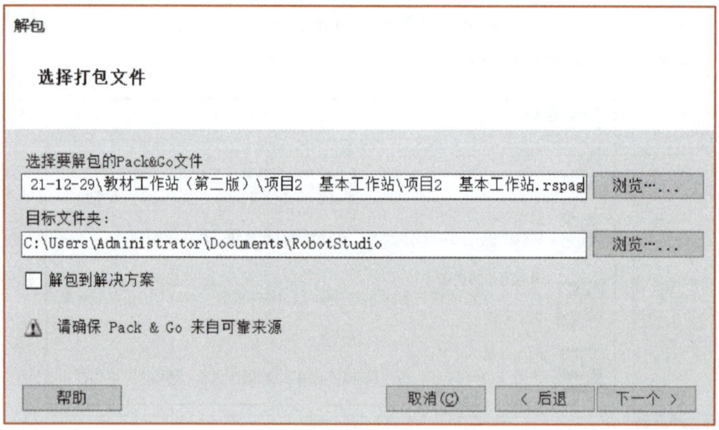

图 2-6 “共享”选项中的“解包”功能

因软件兼容问题，若工作站以中文命名，压缩打包再解包后，工作站文件名会出现乱码字符，但不影响使用。

若工作站打包时设置了密码保护，解包时需输入相应的保护密码才能完成解压工作。使用低版本软件无法打开高版本压缩包，使用高版本软件可以打开低版本压缩包。

“保存工作站画面”功能是将工作站和所有记录的仿真打包，以供在未安装 RobotStudio 的计算机上查看。点击“保存工作站画面”，会弹出“另存为”对话框，可根据需要设置文件名、保存路径和保存类型。为便于查看文件内容，一般选择保存为可执行文件(*.exe)。

本项目执行“保存工作站画面”功能后，保存为一个可执行文件，打开后其界面如图 2-7 所示，可对该文件进行基本的操作。

提示

① 可执行文件(*.exe)有可能会引起计算机杀毒软件提示，请根据需要进行操作。

② “保存工作站画面”生成的可执行文件(*.exe)只能进行查看、缩放等基本操作，无法进行仿真。

③ “内容共享”选项是访问 RobotStudio 库、插件和社区信息的链接，点击后会打开相应的网站。

④ “会议”选项是创建或参加某个会议，通过网络连接到虚拟会议与世界各地的人共享站点，同时支持虚拟现实头戴式显示器。

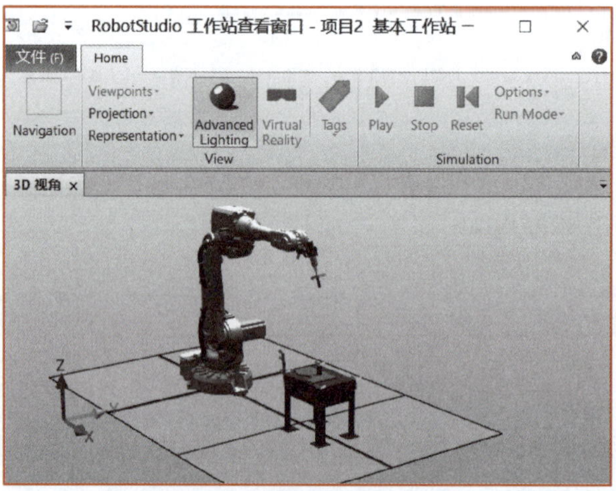

图 2-7 查看可执行文件

③ “文件”功能选项卡中的“在线”选项是将计算机连接到控制器进行在线操作，包括“连接到控制器”“创建并使用控制器列表”“创建并制作机器人系统”3 个功能，如图 2-8 所示。

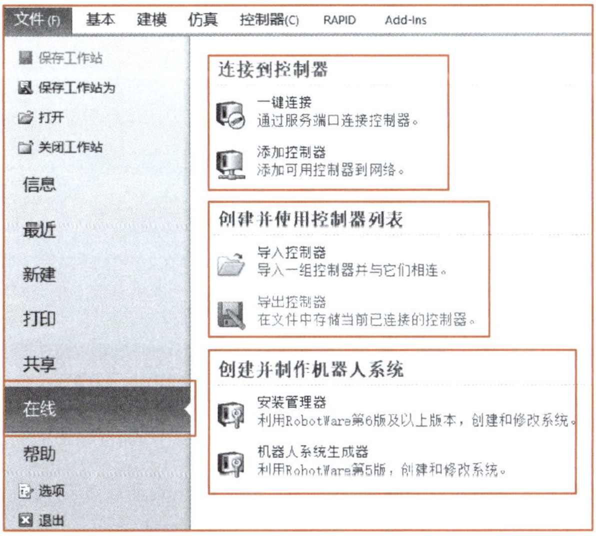

图 2-8　“文件”功能选项卡中的“在线”选项

“一键连接”功能是将计算机通过服务端口连接到控制器，执行该操作时计算机要设置正确的 IP 地址，不能与机器人控制器 IP 地址（192.168.125.1）冲突。

“添加控制器”功能是添加可用控制器到网络，执行该操作时根据需要选择相应的控制器，然后根据提示添加到网络中。若控制器未显示在列表中，可在远程控制器的 IP 地址框中输入相应的 IP 地址，然后点击“刷新”按钮，完成添加。

“导入控制器”和“导出控制器”功能是导入、导出一组控制器。

④ “文件”功能选项卡中的“帮助”选项为使用者提供在线（在线社区、开发者中心、管理授权）、文档（帮助文档）、RobotStudio 新闻等支持。

⑤ “文件”功能选项卡中的“选项”包含概述、机器人、在线、图形、仿真等选项，如图 2-9 所示，主要是对 RobotStudio 6.08 进行相应的设置，详情可参阅使用手册。

2. “基本”功能选项卡

“基本”功能选项卡主要用于创建工作站系统，即建立工作站、编程路径、设置等，包括“建立工作站”“路径编程”“设置”“控制器”“Freehand”“图形”选项组，如图 2-10 所示。

3. “建模”功能选项卡

“建模”功能选项卡主要用于创建部件、Smart 组件、测量部件、创建机械装置等，包括“创建”“CAD 操作”“测量”“Freehand”“机械”选项组，如图 2-11 所示。

4. “仿真”功能选项卡

“仿真”功能选项卡主要用于仿真控制、监控系统等，包括“碰撞监控”“配置”“仿真控制”“监控”“信号分析器”“录制短片”选项组，如图 2-12 所示。

5. “控制器”功能选项卡

“控制器”功能选项卡主要用于管理控制器、配置系统等，包括“进入”“控制器工具”“配置”“虚拟控制器”“传送”选项组，如图 2-13 所示。

微课
“基本”功能选项卡及其他功能选项卡

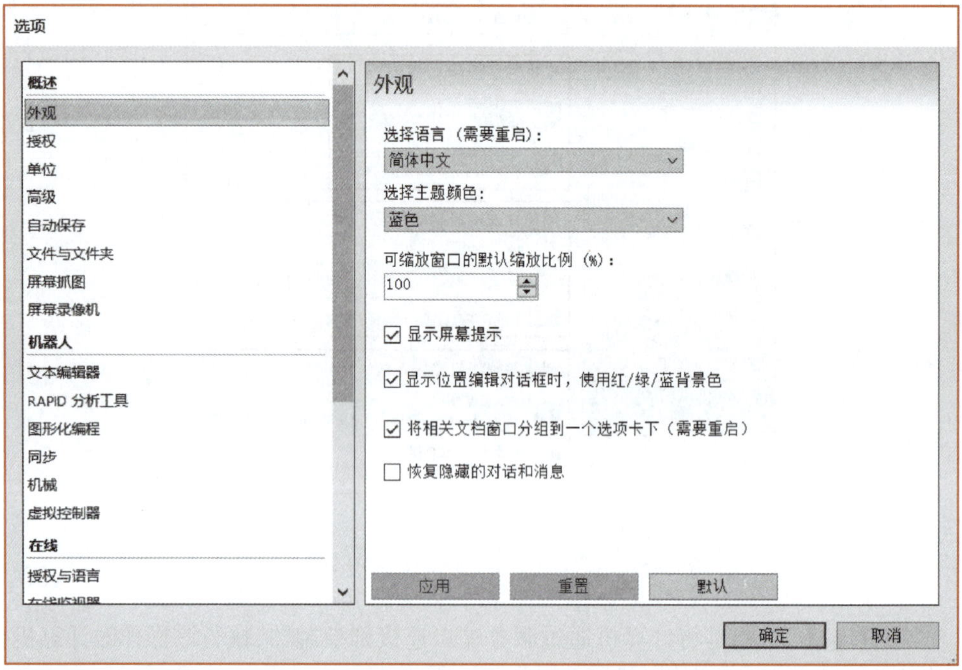

图 2-9　“选项”对话框

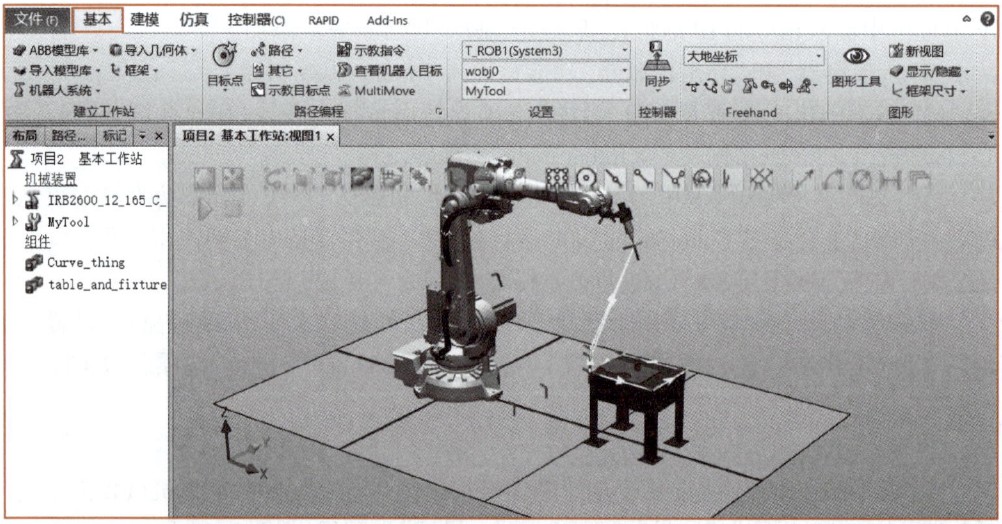

图 2-10　“基本”功能选项卡

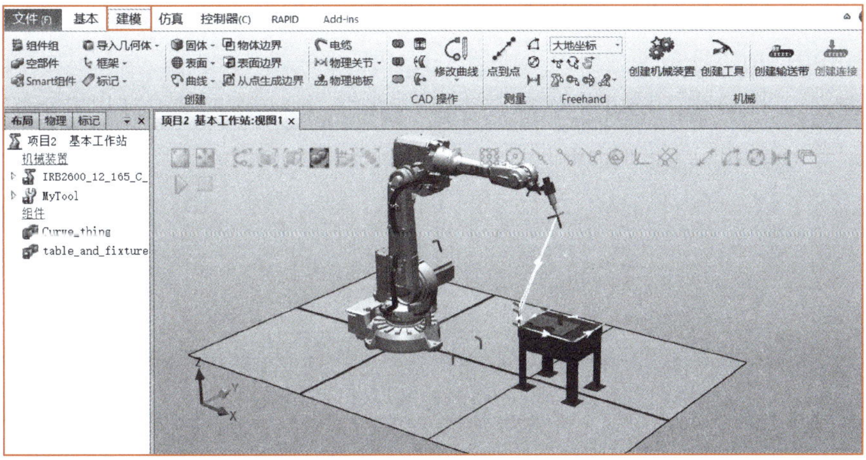

图 2-11　“建模”功能选项卡

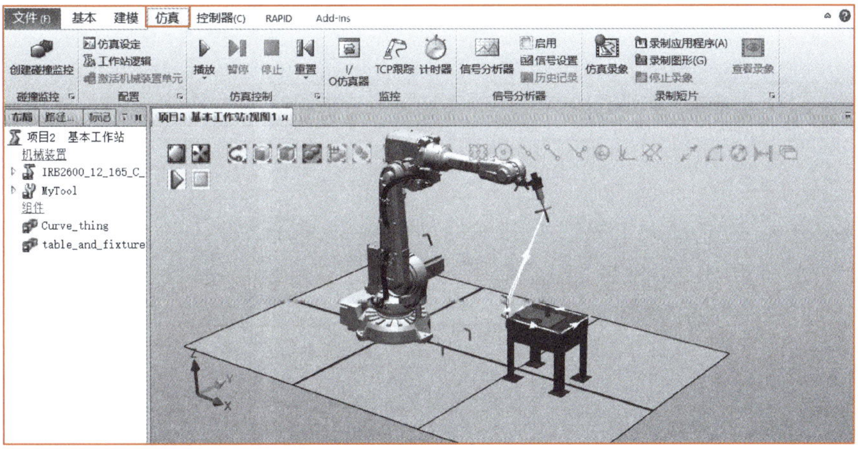

图 2-12　“仿真”功能选项卡

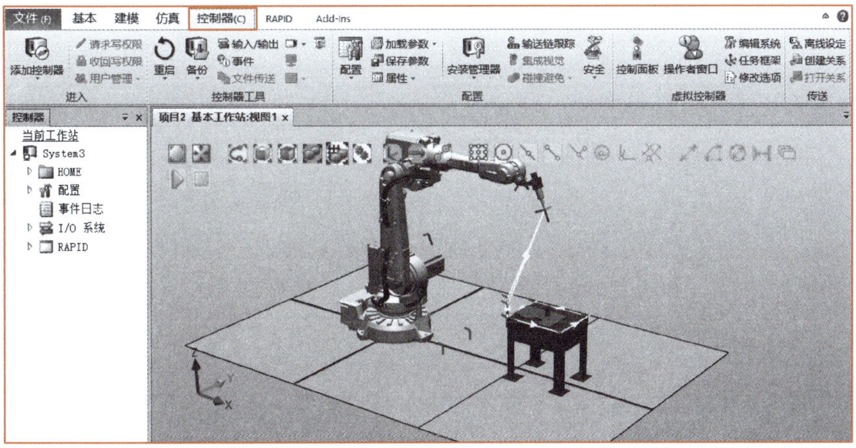

图 2-13　“控制器”功能选项卡

6. “RAPID”功能选项卡

“RAPID”功能选项卡主要用于机器人 RAPID 程序操作，包括“进入”“编辑”“插入”“查找”“控制器”“测试和调试”“路径编辑器”选项组，如图 2–14 所示。

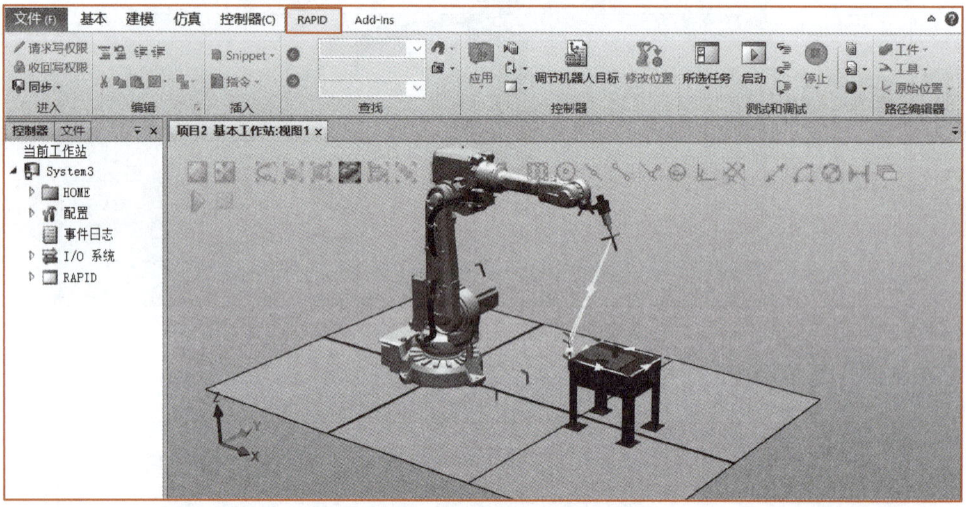

图 2–14 “RAPID”功能选项卡

7. “Add–Ins”功能选项卡

“Add–Ins”功能选项卡是二次开发插件的接口，包括“社区”“RobotWare”“齿轮箱热量预测”选项组，如图 2–15 所示。

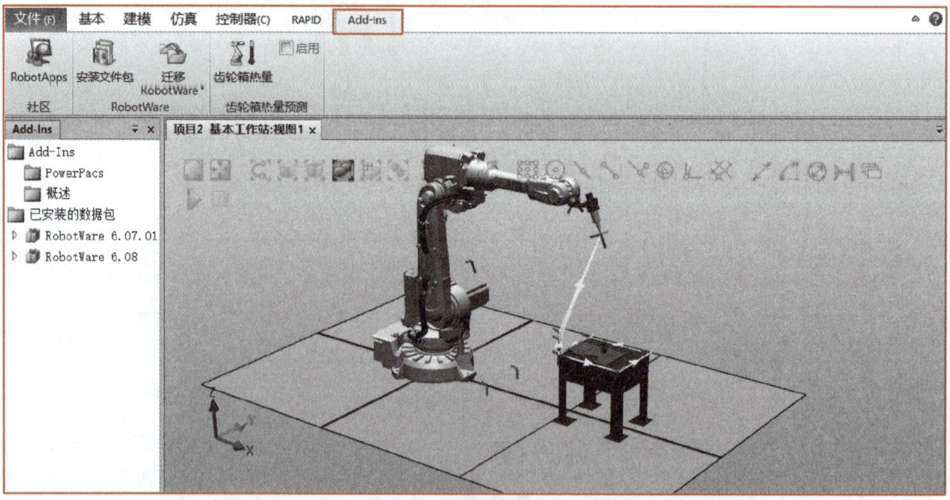

图 2–15 “Add–Ins”功能选项卡

2.1.2 RobotStudio 默认界面的恢复

初学 RobotStudio 时，经常会遇到因误操作而关闭软件默认布局和窗口的情况，从而无法找到对应的操作对象和查看相关的信息，给使用带来诸多不便。默认布局关闭时的情况如图 2–16 所示。

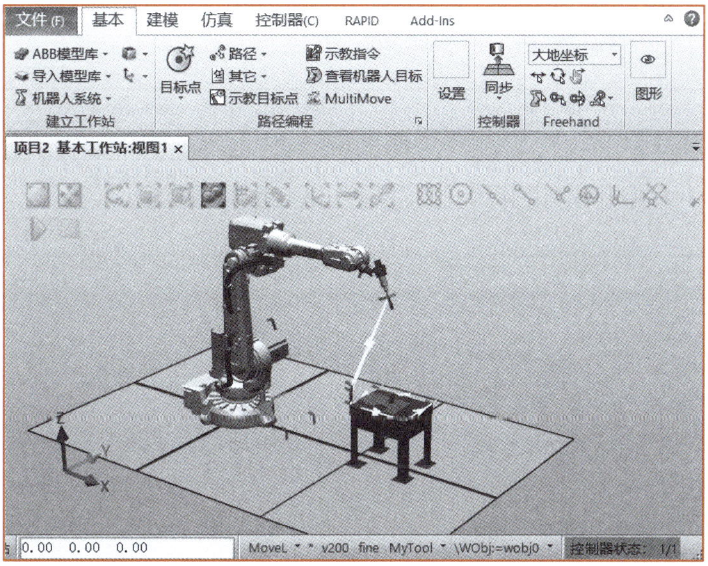

图 2–16　默认布局关闭时的情况

1. 恢复默认布局的操作方法

在标题栏点击自定义快捷工具栏，在弹出的下拉菜单中选择“窗口布局”中的“默认布局”命令，如图 2–17 所示，完成默认布局的恢复。

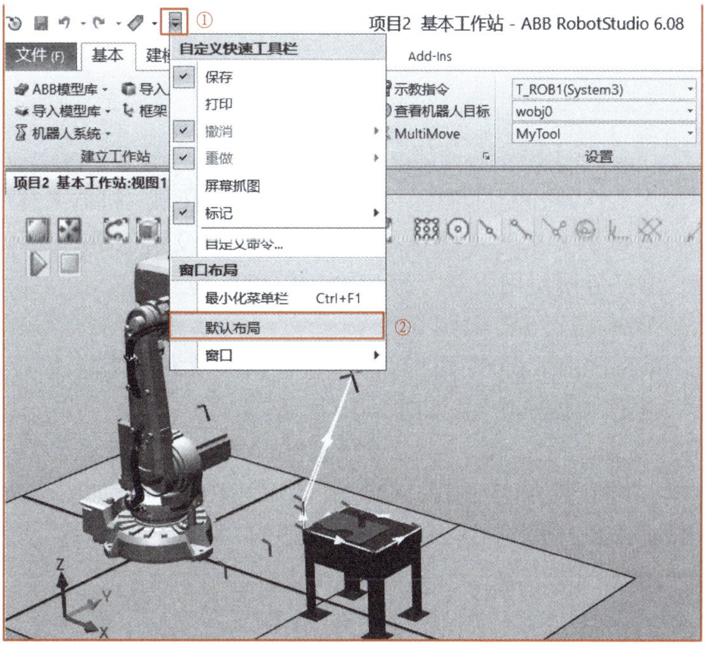

图 2–17　恢复默认布局时的情况

微课
默认布局和窗口的恢复

2. 恢复窗口的操作方法

在标题栏点击自定义快捷工具栏，在弹出的下拉菜单中选择“窗口布局”中的“窗口”命令，如图 2-18 所示，完成窗口布局恢复。

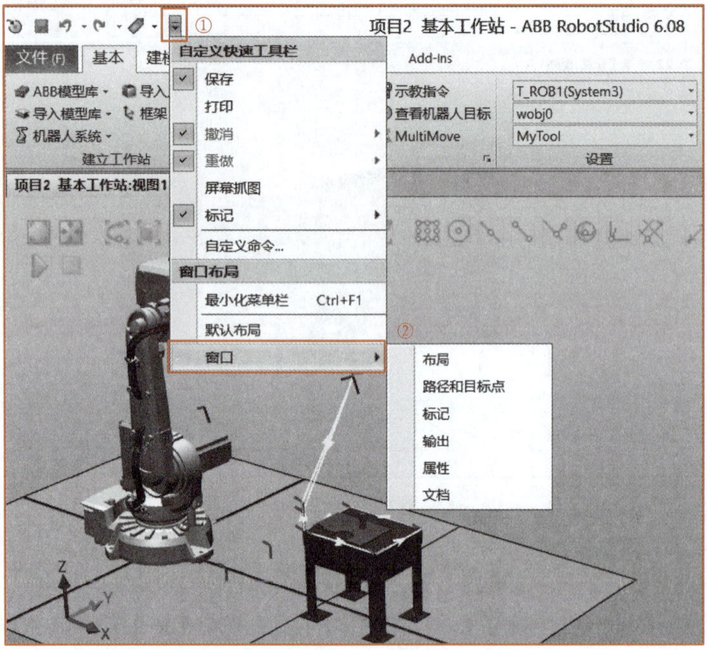

图 2-18 恢复窗口布局时的情况

任务实施

2.1.3 工业机器人模型的选择和导入

在工业机器人工作站开发过程中，要根据工作对象(负载)、机器人载荷、工作环境、安全防护等级等方面的要求选定机器人型号、承重能力及到达距离，机器人的参数可参考随机光盘。本任务所使用机器人为 ABB IRB 2600 型。

1. 创建新工作站

双击桌面“RobotStudio 6.08”图标，打开软件，在“文件”功能选项卡中选择“新建→空工作站”，点击“创建”按钮，如图 2-19 所示。

> 提示
> ① 为便于后续操作和使用，可将工作站保存为“项目 2 基本工作站”。
> ② 为防止出现意外情况，建议每隔 5 min 就保存一次工作站。

2. 导入机器人模型

① 在“基本”功能选项卡中选择“ABB 模型库→ IRB2600”，如图 2-20 所示。

② 在弹出的“IRB 2600”对话框中，选择合适的“容量”和“到达”参数，如图 2-21 所示，然后点击“确定”按钮。

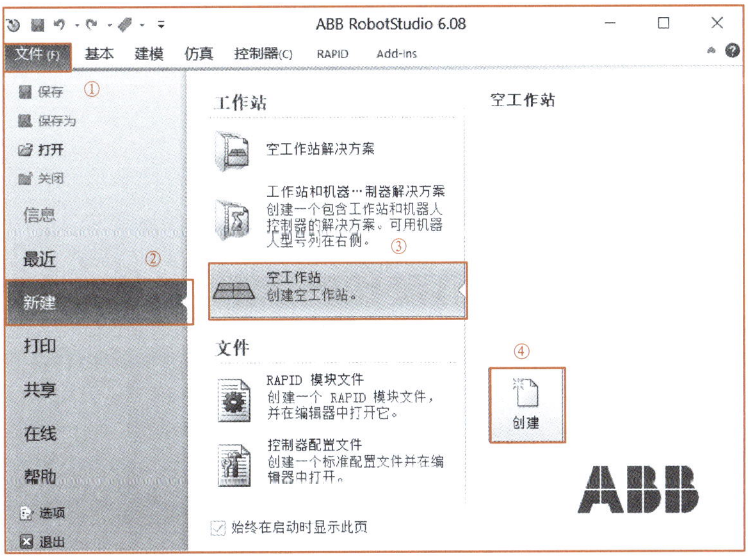

图 2-19　新建空工作站

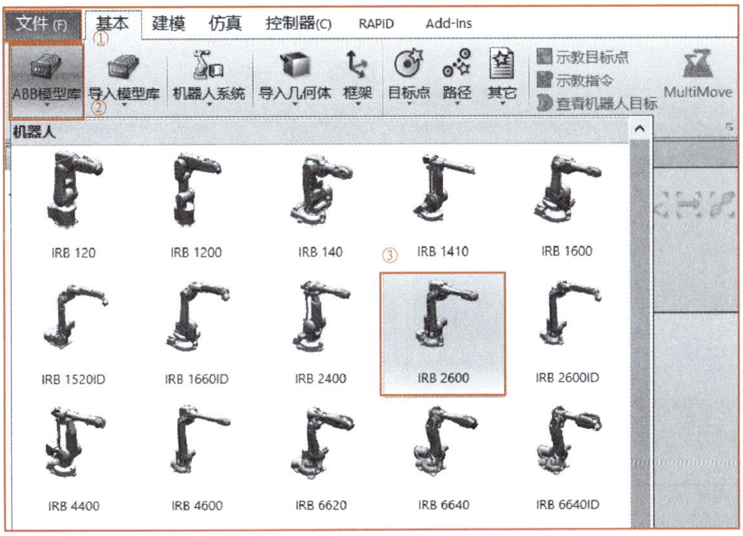

图 2-20　选择 IRB 2600 机器人模型

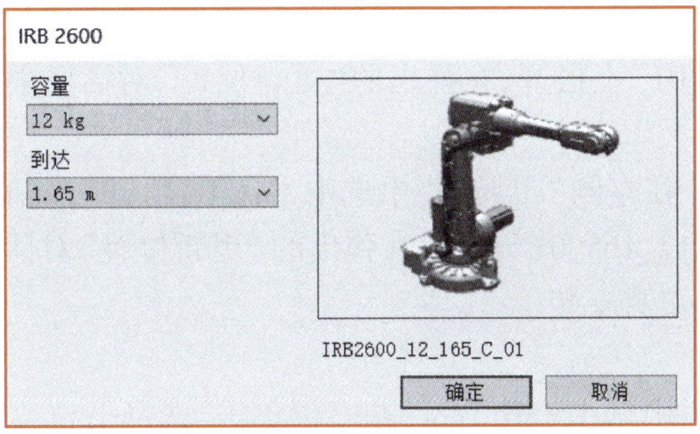

图 2-21　设置 IRB 2600 的参数

微课

工业机器人模型的选择和导入

任务拓展

2.1.4 工业机器人工具的安装与拆除

1. 导入工具

在“基本”功能选项卡中选择“导入模型库→设备”，即选择要导入的工具，本任务中的工具可以选用“My Tool”，如图 2-22 所示。

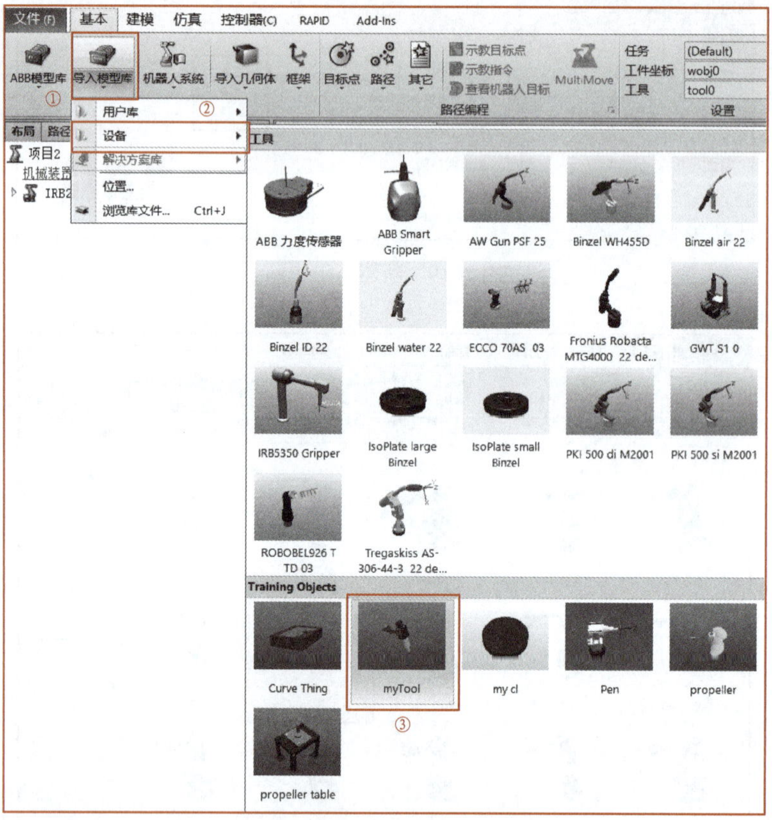

图 2-22 导入机器人所用工具“My Tool”

2. 安装工具

① 拖移安装法。在左侧“布局”栏中选中“My Tool”并按住鼠标左键，将其拖到“IRB2600_12_165_C_01”上松开，在弹出的“更新位置”对话框中点击“是”按钮，完成工具安装。

② 右键安装法。在左侧“布局”栏中选中“My Tool”并右键单击，选择下拉菜单中的“安装到 IRB2600_12_165_01”命令，在弹出的“更新位置”对话框中点击“是”按钮，如图 2-23 所示，完成工具安装。

3. 拆除工具

在左侧“布局”栏中选中“My Tool”并右键单击，选择下拉菜单中的“拆除”命令，在弹出的“更新位置”对话框中点击“是”按钮，如图 2-24 所示，完成工具的拆除。

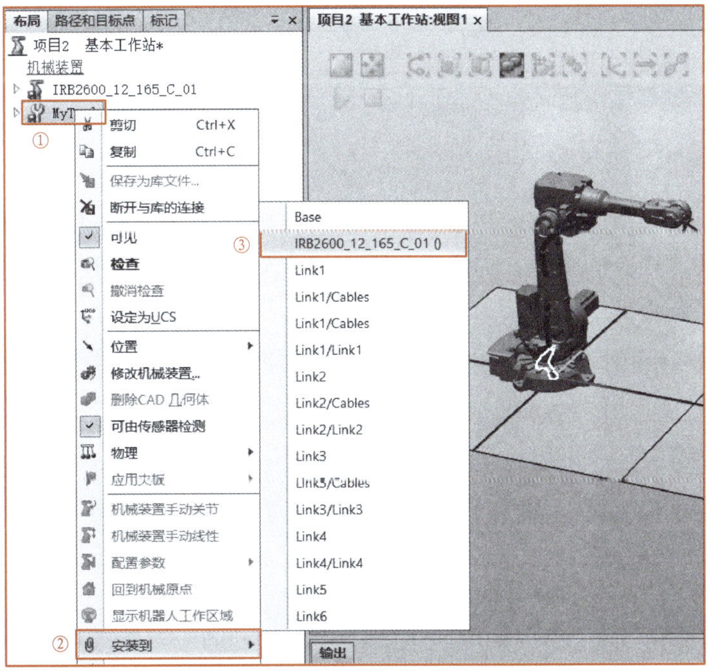

图 2-23　右键法安装工具“MyTool”

拆除后的工具自动复原到导入位置。如果需要删除该工具，在左侧“布局栏”中选择并右键单击该工具，选择下拉菜单中的“删除”命令即可。

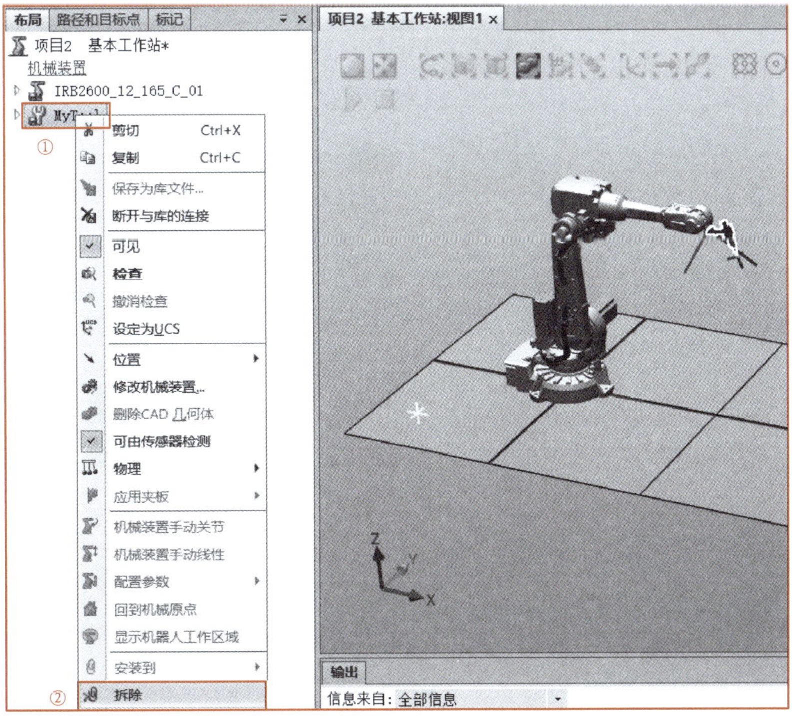

图 2-24　拆除工具“My Tool”

任务 2 工业机器人周边模型的放置

任务分析

RobotStudio 提供了丰富的工业机器人周边模型,在创建工作站的过程中可以直接从模型库中调入相应的模型。本任务介绍如何导入工业机器人周边模型。

相关知识

2.2.1 导入工业机器人周边模型

打开项目 2 任务 1 的工作站,在“基本”功能选项卡中选择“导入模型库→设备”,选择设备“propeller table”,如图 2–25 所示。

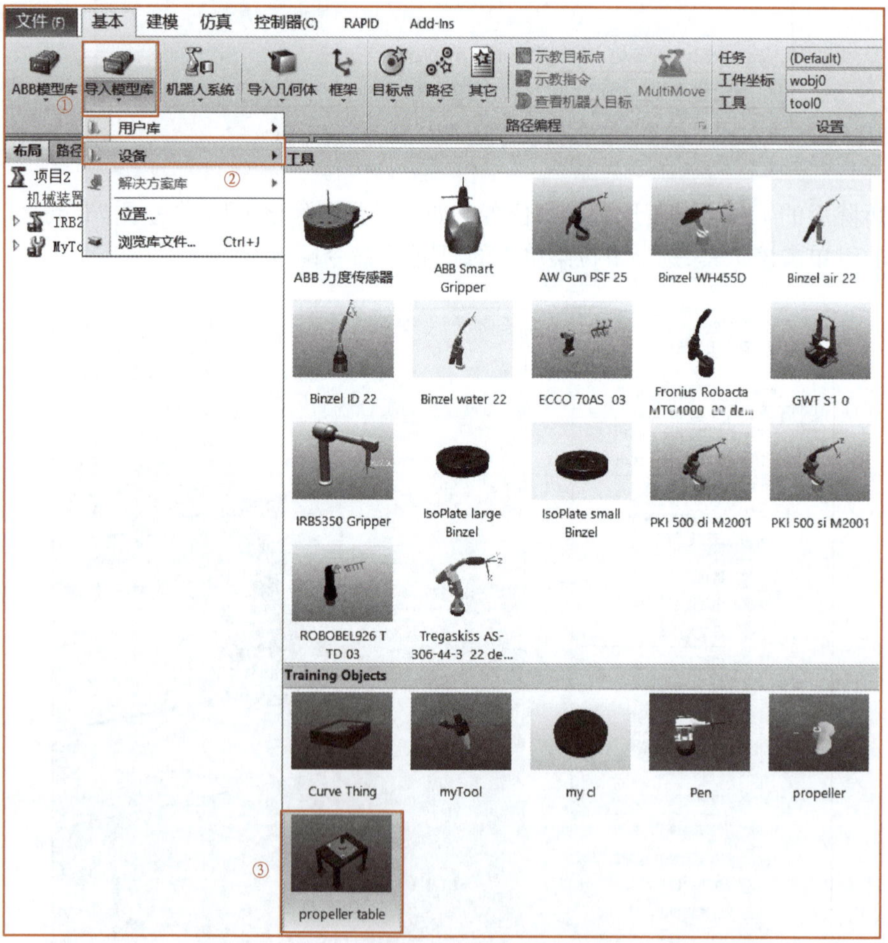

图 2–25 导入机器人周边设备“propeller table”

微课

工业机器人周边模型的导入

2.2.2　利用 Freehand 工具操作周边模型

工业机器人周边模型导入完成后，其位置不一定符合要求，因此还需要进一步的调整，将其放置在工业机器人的工作区域范围之内。

1. 显示机器人工作区域

① 在左侧“布局”栏中右键单击“IRB2600”，在下拉列表中选择“显示机器人工作区域”命令，如图 2–26 所示。

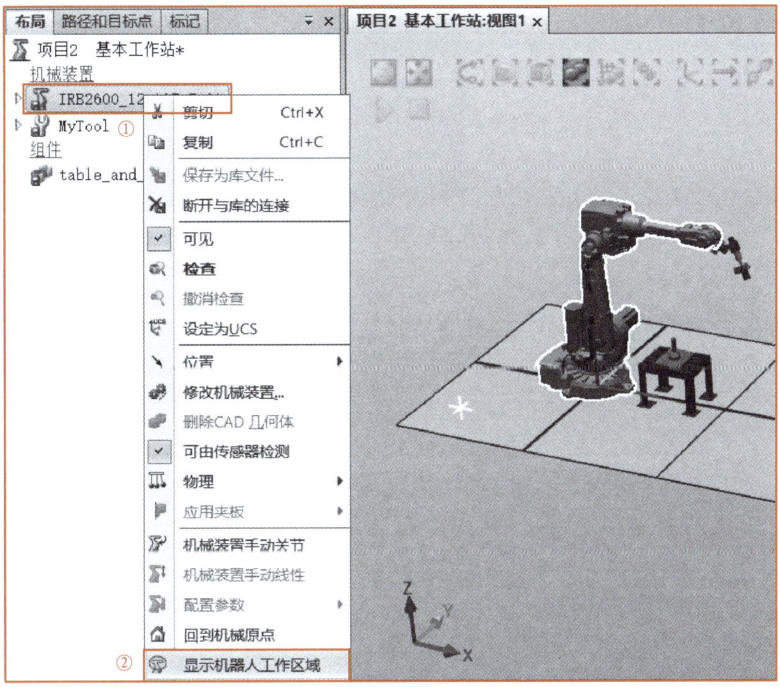

图 2–26　显示机器人工作区域

② 在“工作空间:IRB2600_12_C_01”栏中，可以设置需要显示的工作空间和显示形式。图 2–27 所示为机器人工作空间的 2D 轮廓。为使机器人能顺畅工作，工作对象应调整到机器人的最佳工作范围内。

2. 利用 Freehand 工具操作模型

(1) Freehand 操作模式

RobotStudio 6.08 中 Freehand 操作有移动、旋转、拖拽、手动关节、手动线性、手动重定位、多个机器人手动操作（后三种运动形式需建机器人立系统，在此先介绍其他运动模式）等多种模式，如图 2–28 所示。

(2) Freehand 移动

Freehand 移动的功能是在当前坐标系统中拖放对象。

选择“大地坐标”，选择方式设为“选择部件”，点击“Freehand 移动”，在左侧“布局”栏中选取要移动的部件 propeller table（出现移动坐标系，X 轴为红色、Y 轴为绿色、Z 轴为蓝色），如图 2–29 所示，此时拖动箭头即可移动部件。

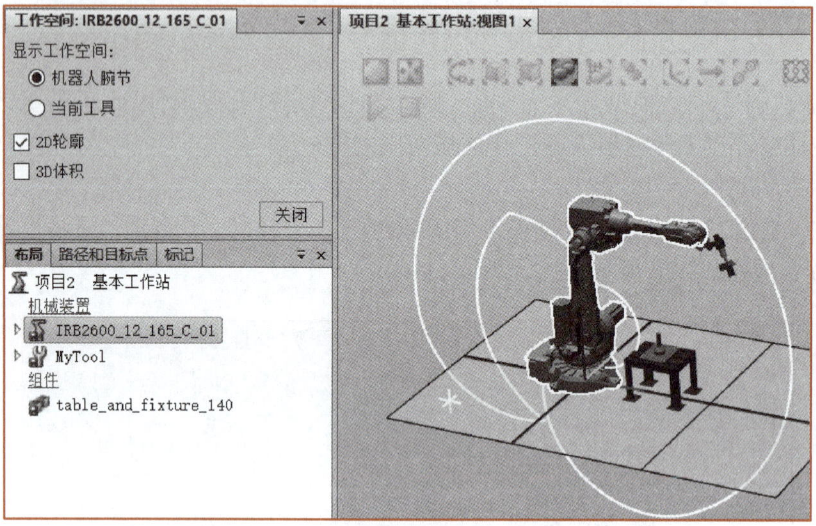

图 2–27　机器人工作空间的 2D 轮廓

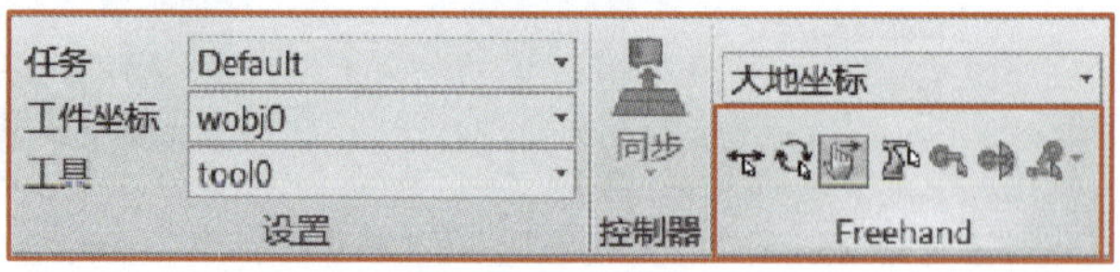

图 2–28　Freehand 操作模式

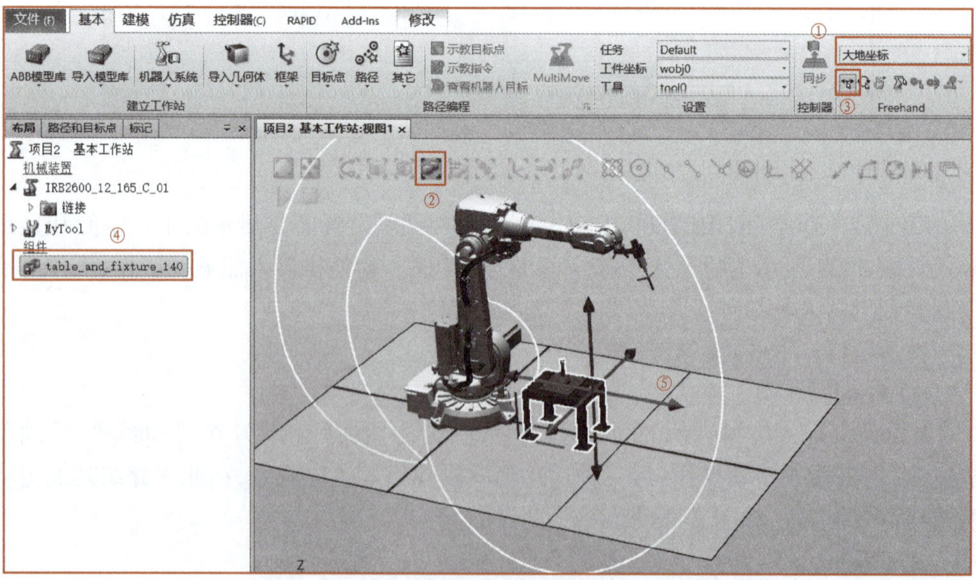

图 2–29　Freehand 移动操作

（3）Freehand 旋转

Freehand 旋转的功能是在当前坐标系统中沿操作对象的各个轴旋转。

选择“大地坐标”，选择方式设为“选择部件”，点击“Freehand 旋转”，在左侧“布局”栏中选取要旋转的部件 propeller table（出现旋转坐标系，X 轴为红色、Y 轴为绿色、Z 轴为蓝色），如图 2-30 所示，此时拖动箭头即可旋转部件。

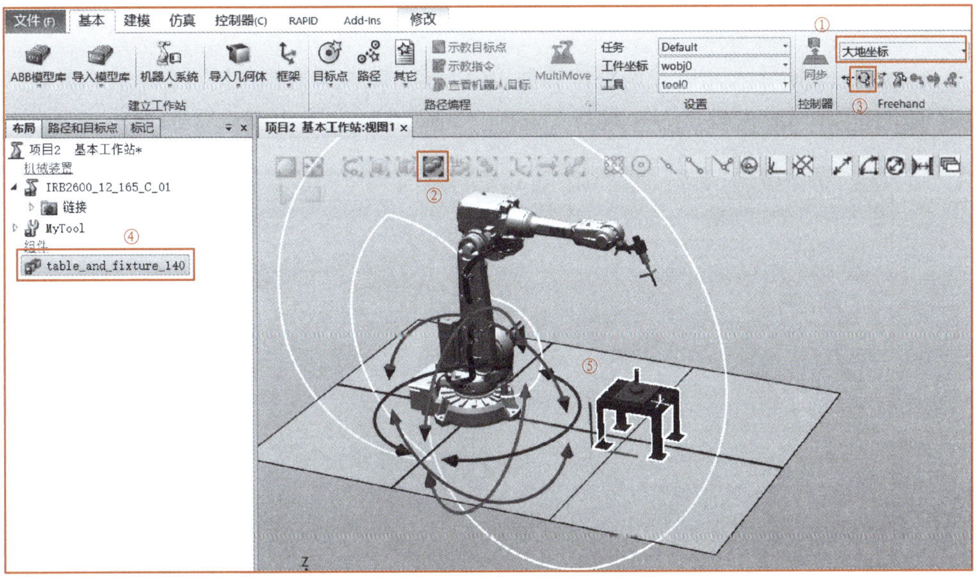

图 2-30　Freehand 旋转操作

（4）Freehand 拖拽

Freehand 拖拽的功能是拖拽取得物理支持的部件。

选择“大地坐标”，选择方式设为“选择部件”，点击“Freehand 拖拽”，在左侧“布局”栏中选取要拖拽的部件 Physics Cable，在主窗口中将光标指向该部件，按住左键即可拖拽该部件，如图 2-31 所示。

提示

为便于展示 Freehand 拖拽操作模式，事先在“建模”功能选项卡中创建了 Physics Cable 电缆部件。

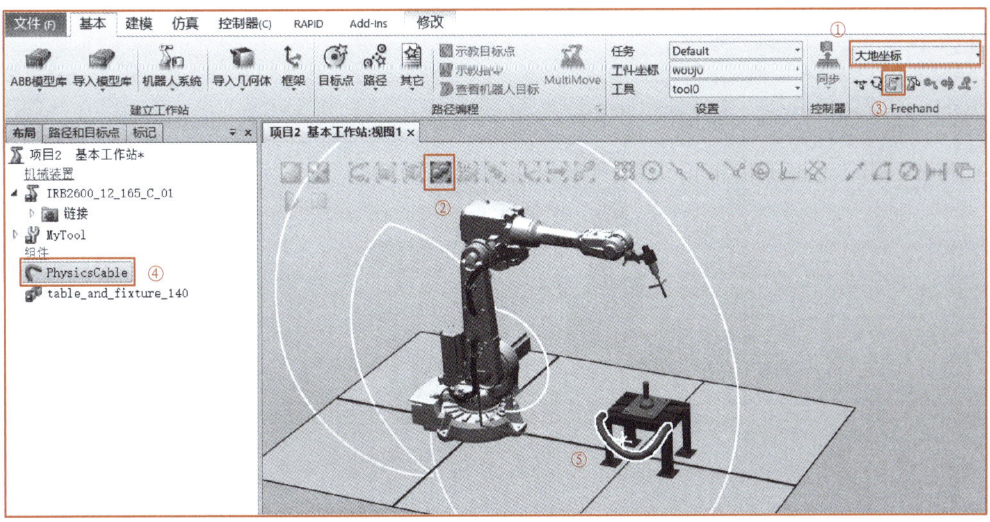

图 2-31　Freehand 拖拽操作

任务实施

2.2.3 工业机器人周边模型的放置

1. 导入其他部件

propeller table 导入完成并调整位置后，可以继续导入其他相关的部件。在“基本”功能选项卡中选择“导入模型库→设备”，选择“Curve_thing”，导入完成后如图 2-32 所示。

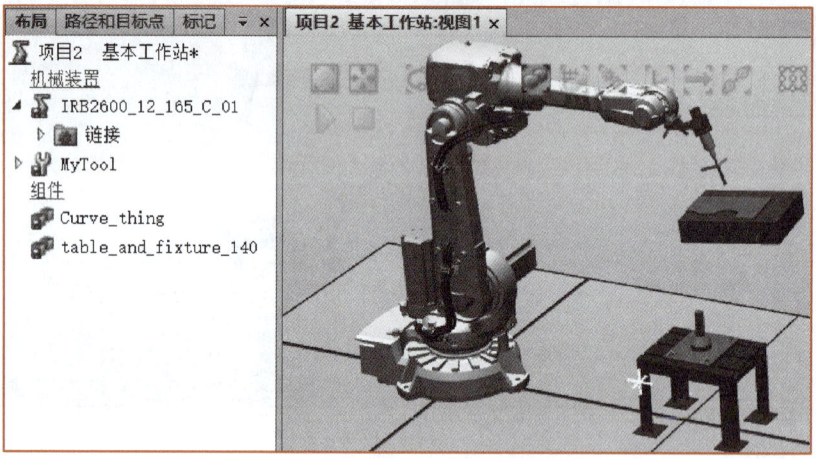

图 2-32 Curve_thing 导入完成

2. 放置周边模型

为便于创建机器人轨迹，需将部件 Curve_thing 放置在部件 propeller table 上。RobotStudio 中放置部件的方法有一点法、两点法、三点法、框架法、两个框架法，本任务主要介绍两点法。

① 在工作区主窗口中设置选择方式为“选择部件”，捕捉方式为“捕捉末端”，如图 2-33 所示。

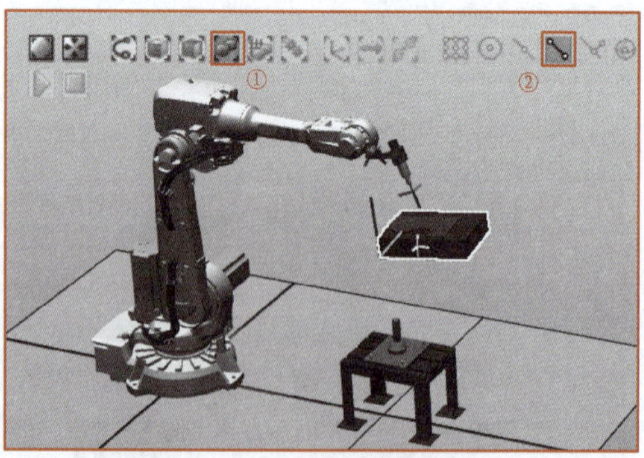

图 2-33 设置选择方式和捕捉方式

② 在左侧“布局”栏中选择并右键单击“Curve_thing”，选择下拉菜单中的“位置→放置→两点”命令，如图 2-34 所示。

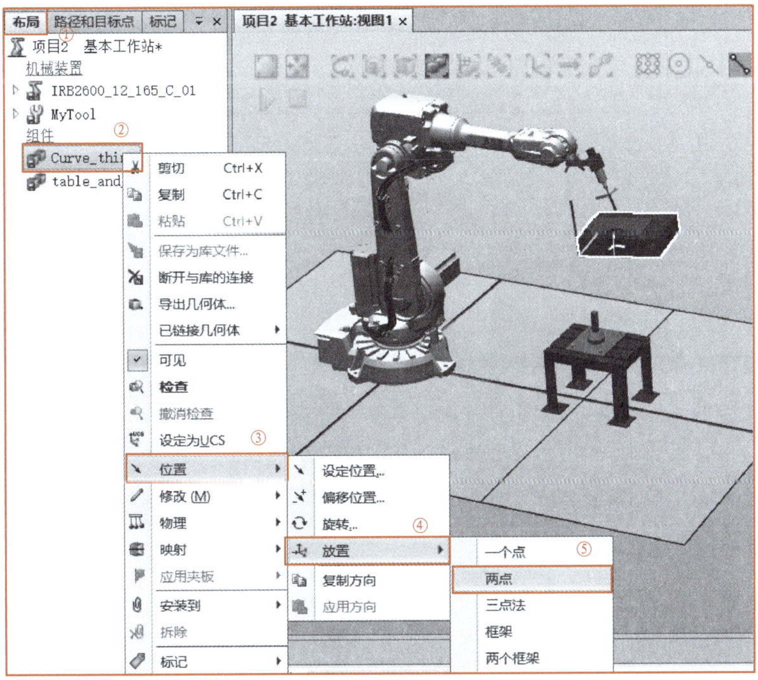

图 2-34　两点法放置部件 Curve_thing

③ 在“放置对象:Curve_thing”对话框中点击第 1 个输入框“主点—从”,设置第 1 点;点击第 2 个输入框“主点—到”,设置第 2 个点;点击第 3 个输入框“X 轴上的点—从”,设置第 3 点;点击第 4 个输入框“X 轴上的点—到”,设置第 4 点,完成 4 个点的坐标值输入,如图 2-35 所示。

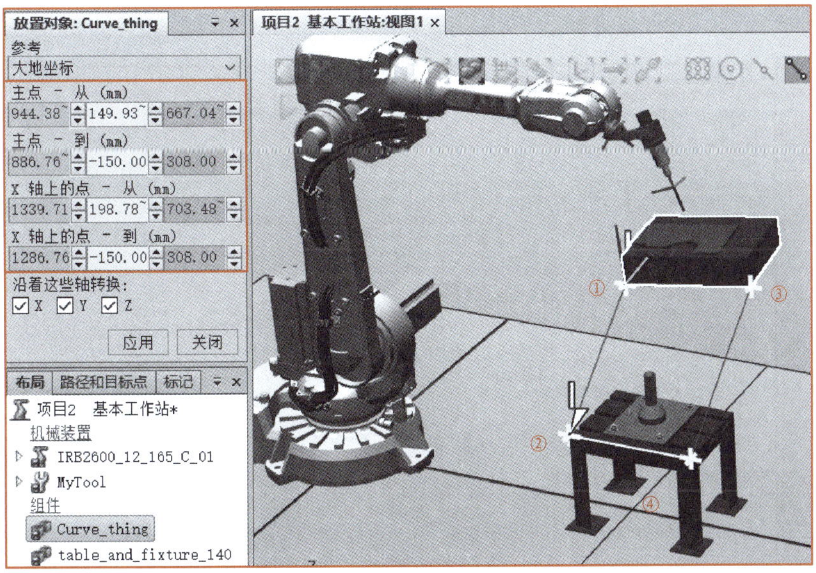

图 2-35　设置两点法放置部件时的坐标值

微课

工业机器人周边模型的放置

④ 四个坐标值输入完成后，点击“应用”按钮，部件 Curve_thing 的放置完成，如图 2-36 所示。

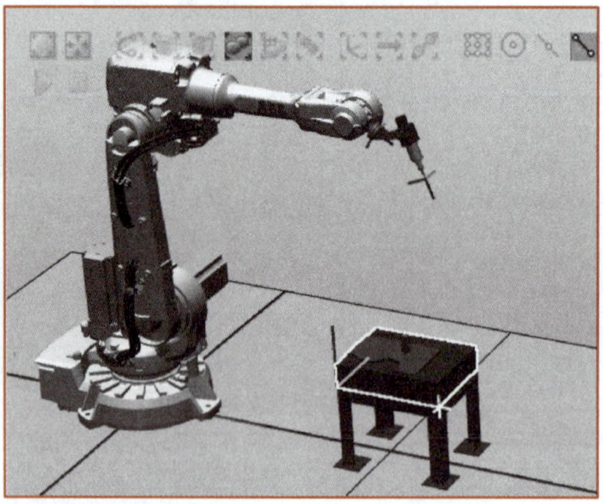

图 2-36 部件 Curve_thing 的放置完成

任务拓展

2.2.4 周边模型的放置方式

在创建工作站时，可以根据所导入模型的结构、类型等选择合适的放置方法，本节介绍“框架法”放置模型。

1. 创建框架

① 在“基本”功能选项卡中，点击“框架”，在弹出的下拉菜单中选择“创建框架”命令，如图 2-37 所示。

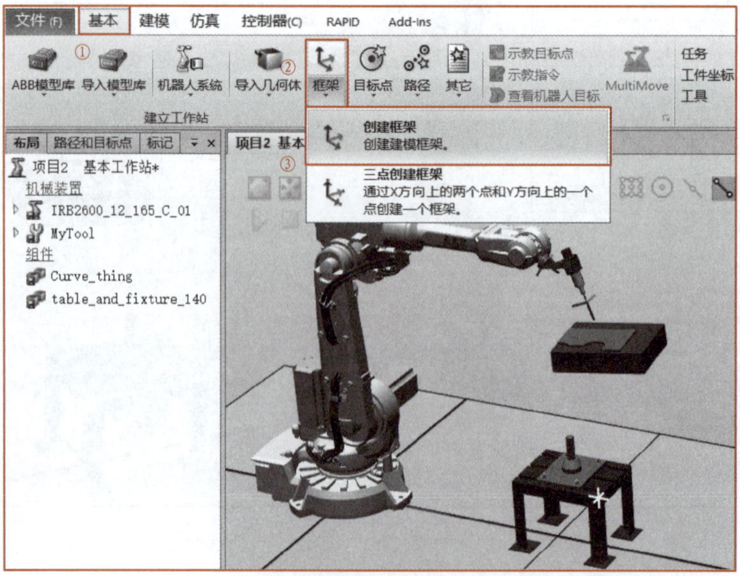

图 2-37 创建框架

② 在“创建框架”栏中点击“框架位置”输入框，然后选择部件 propeller table（即 table_and_fixture_140）的一个角点，如图 2-38 所示。

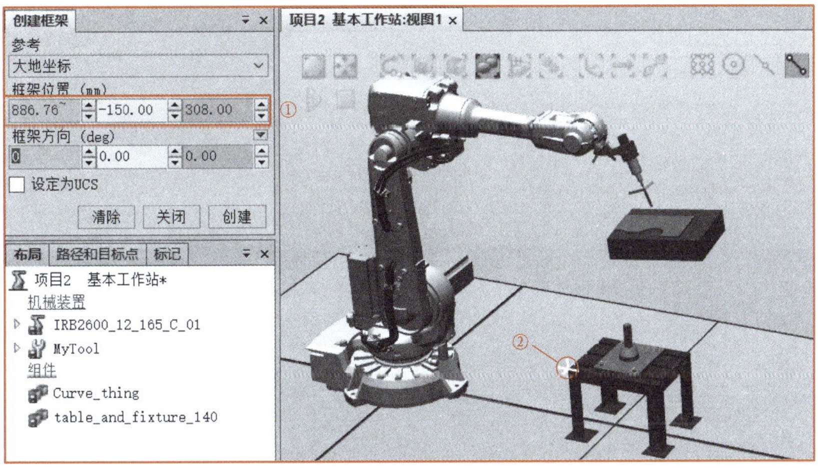

图 2-38　确定框架位置

③ 框架位置输入完成后，点击“创建”按钮，框架创建完成，左侧“布局”栏中生成“框架 _1”，如图 2-39 所示。

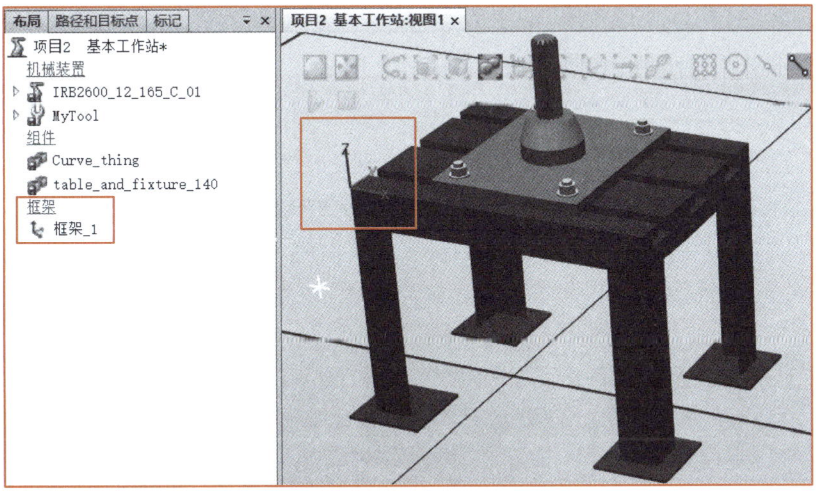

图 2-39　框架创建完成

微课

框架法放置工业机器人周边模型

2. 框架法放置周边模型

① 在左侧“布局”栏中右键单击“Curve_thing”，选择下拉菜单中的“位置→放置→框架”命令，如图 2-40 所示。

② 在“用框架放置对象：Curve_thing”栏中选择“框架 1”，点击“应用”按钮，完成部件的放置，如图 2-41 所示。

提示

部件放置完成后，所创建的框架就可以删除了。

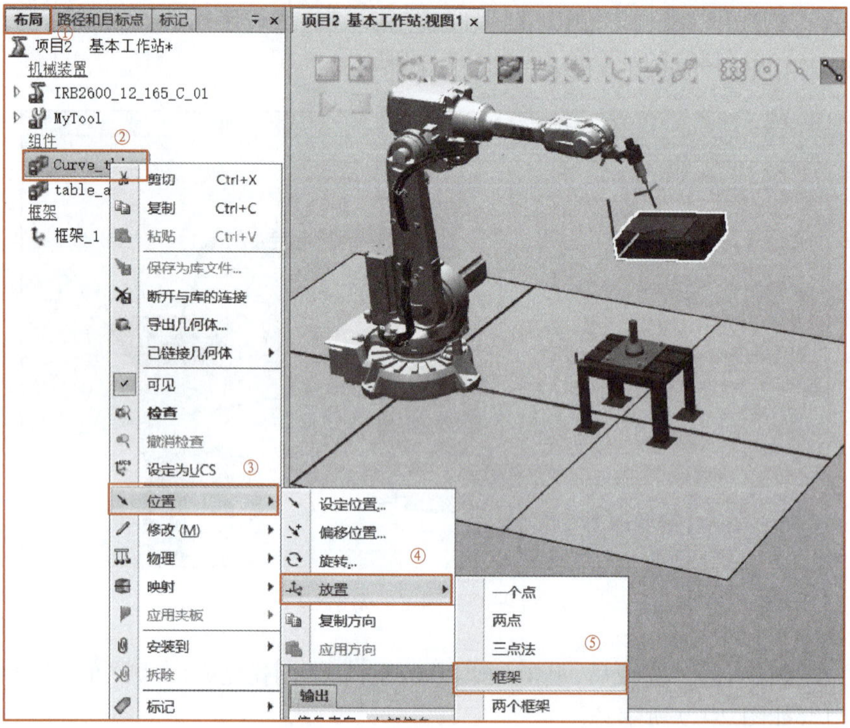

图 2-40 “框架法”放置部件 Curve_thing

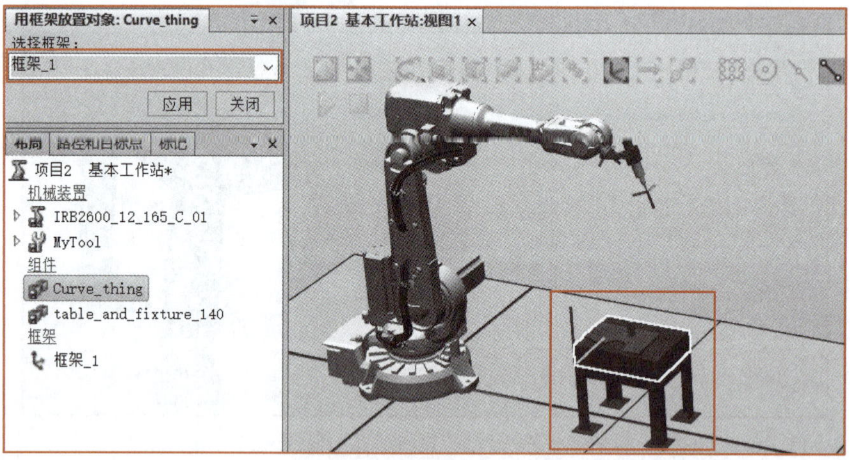

图 2-41 完成部件放置

任务 3 工业机器人系统创建与手动操作

任务分析

导入部件 propeller table、Curve_thing 并调整位置后，工业机器人基本仿真工作站就创建完了。完成工作站创建后，如果没有为机器人创建系统，机器人无法进行运动和相应仿真。本任务将为工作站机器人创建系统。

相关知识

2.3.1　工业机器人系统创建

1. 创建系统的基本方法

机器人系统的建立主要有三种方法。

① 从布局：根据工作站布局创建系统。

② 新建系统：为工作站创建新的系统。

③ 已有系统：为工作站添加已有的系统。

2. 创建机器人系统

本任务选择第一种方式创建机器人系统，具体流程如下。

① 在“基本”功能选项卡中，点击“机器人系统”，在下拉菜单中选择“从布局”命令，如图 2-42 所示。

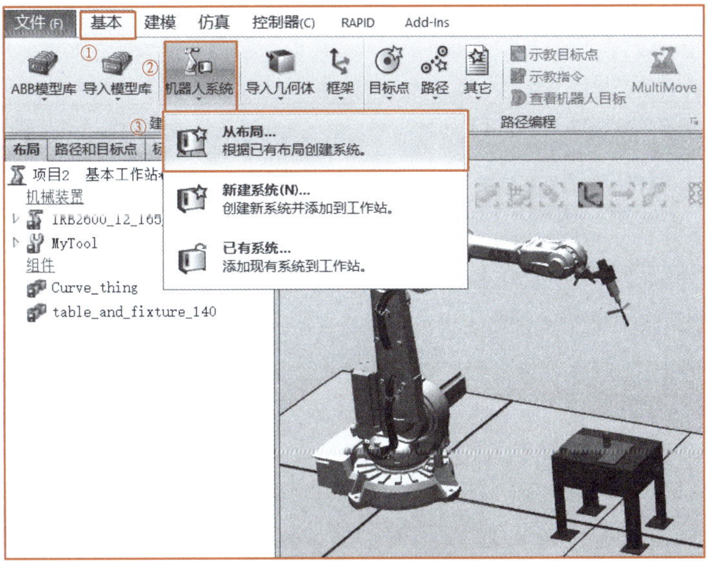

图 2-42　从布局创建机器人系统

微课

工业机器人系统的创建

② 在“从布局创建系统”对话框中设置所创建的系统名字和保存位置。如果安装了不同版本的 RobotStudio，此处需选择相应版本的 RobotWare，如图 2-43 所示。

提示

此时创建的系统名字，以后将无法修改，建议系统命名时采用“功能 + 日期”的命名方式，方便后续的使用。

③ 系统名字和保存路径设置完成后，点击“下一个”按钮，在“选择系统的机械装置”中勾选所创建的机械装置“IRB2600_12_165_C_01”，然后点击“下一个”按钮，如图 2-44 所示。

④ 点击“系统选项”中的“选项”，更改 Default Language、Industrial Networks 选项，如图 2-45 所示，然后点击“确定”按钮。

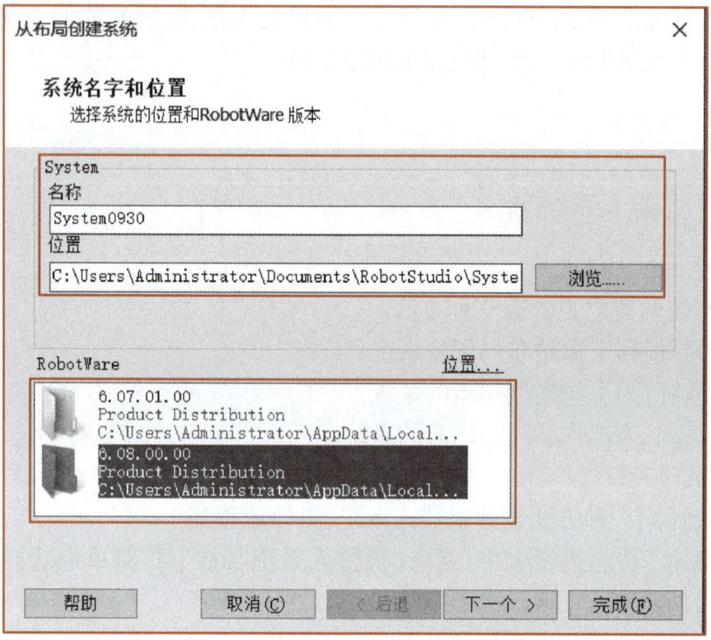

图 2-43 设置系统名称和保存位置

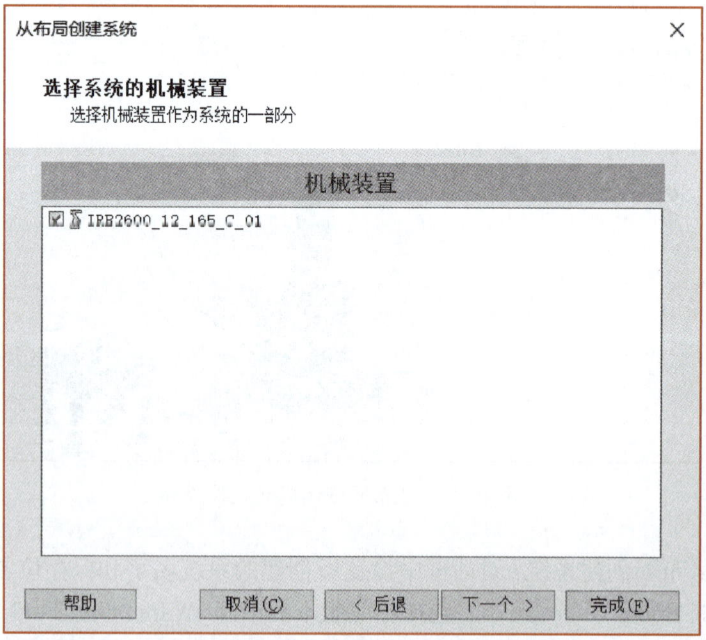

图 2-44 选择系统的机械装置

⑤ 系统选项更改后，返回“从布局创建系统”对话框，然后点击“完成”按钮，如图 2-46 所示，等待系统启动。

⑥ 机器人系统创建完成并启动后，在状态栏右下角可以看到控制器状态为绿色，表明机器人系统创建完成并启动运行。

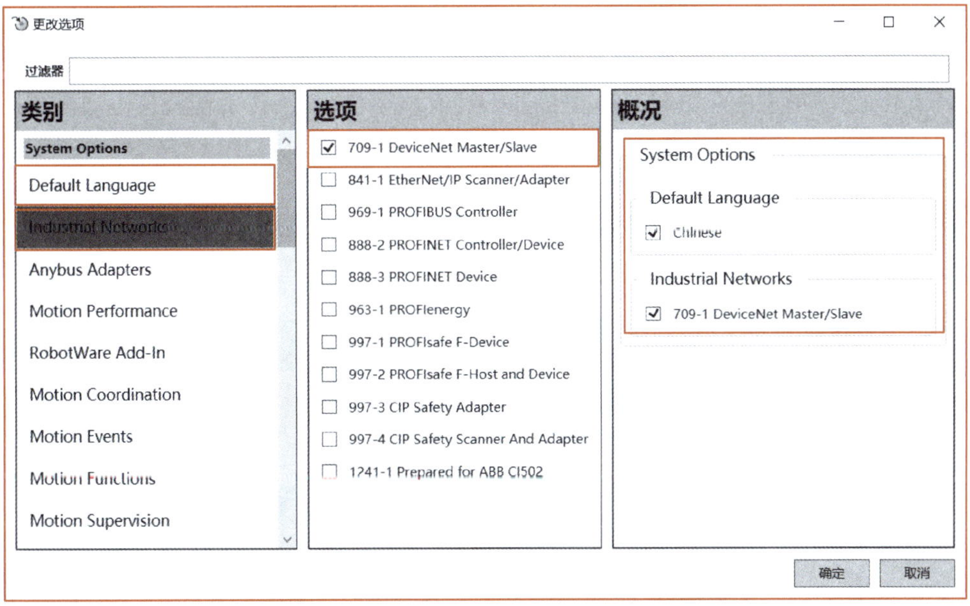

图 2-45　更改系统选项

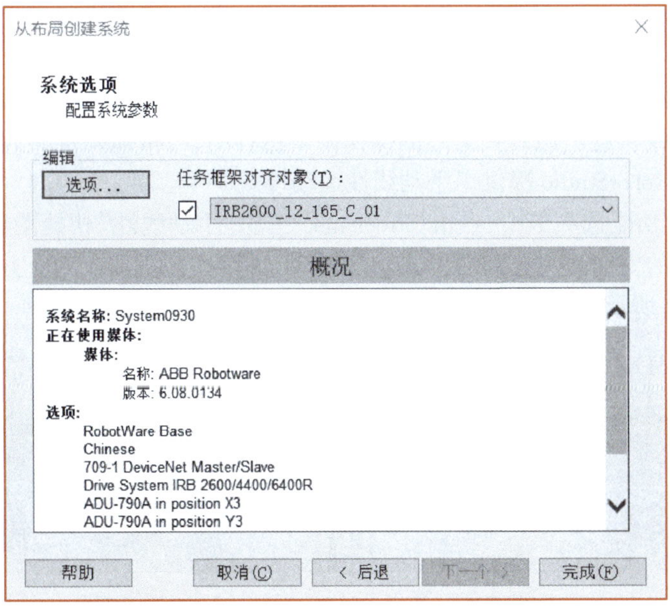

图 2-46　系统参数配置完成

提示

① 若未更改“Industrial Networks”中的“709-1 DeviceNet Master/Slave”选项，工作站无法进行后续仿真。

② 若遗漏更改上述选项，可在“控制器”功能选项卡中，打开“虚拟控制器”选项组中的“修改”选项，再进行修改。

任务实施

2.3.2　工业机器人手动操作

工业机器人手动操作主要有手动关节、手动线性、手动重定位三种运动模式。相

微课

工业机器人的手动操作

应的操作模式在“基本”功能选项卡“Freehand”选项组中有快捷图标。

1. 手动关节运动

工作站中所使用的 IRB 2600 型机器人拥有六个自由度，在手动关节运动模式下，可以独立操控每个轴运动。

在“基本”功能选项卡中，点击“Freehand”中的“手动关节”快捷图标，然后选择要运动的机器人轴，按住左键并拖动鼠标即可实现相应轴关节的运动。图 2-47 所示为轴 1~3（即 J1、J2、J3）手动关节运动。

提示

轴 4~6（即 J4、J5、J6）的手动关节运动，读者可自行操作练习。

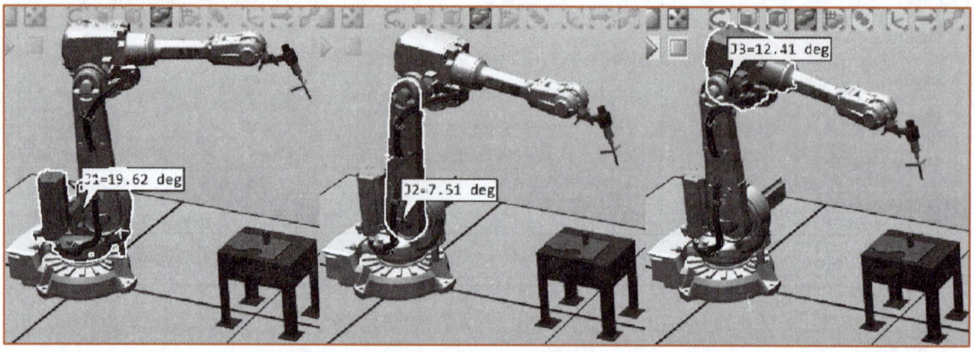

图 2-47 轴 1~3 手动关节运动

2. 手动线性运动

手动关节运动方式是对机器人的关节轴进行独立操作，机器人末端工具的运动轨迹不一定是直线轨迹。但是在实际的操作调整过程中，经常需要机器人末端工具沿某条直线运动。RobotStudio 提供了手动线性运动模式。

在“基本”功能选项卡中，点击“Freehand”中的“手动线性”快捷图标，拖动机器人末端法兰盘处的坐标箭头分别沿 *X*、*Y*、*Z* 轴移动，即可实现机器人相应方向的手动线性运动。图 2-48 所示为机器人沿 *X*、*Y*、*Z* 轴线性运动。

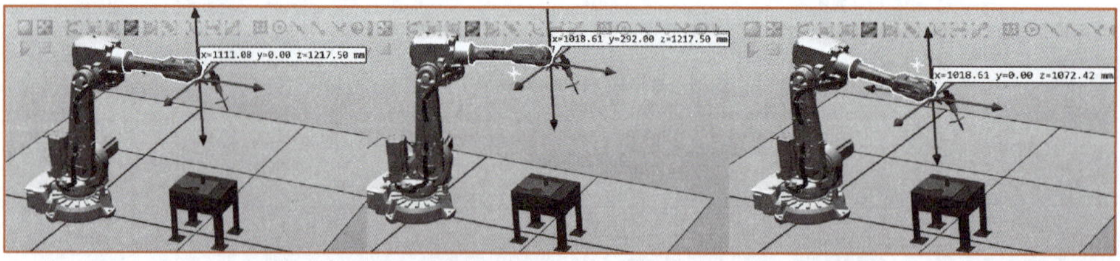

图 2-48 机器人沿 *X*、*Y*、*Z* 轴线性运动

手动线性运动与手动关节运动时机器人末端的运动轨迹是不同的，手动线性运动时机器人末端的轨迹是直线。

3. 手动重定位运动

手动重定位运动是指机器人轴 6 法兰盘上的工具中心点（tool central point，TCP）在空间绕着工具坐标系旋转的运动，也可以理解为机器人绕着 TCP 做姿态调整的运动。

在“基本”功能选项卡中，点击“Freehand”中的“手动重定位”快捷图标，拖动机器人末端工具处的圆环坐标箭头分别绕 X、Y、Z 轴旋转，即可实现机器人的手动重定位运动。图 2-49 所示为机器人绕 X、Y、Z 轴重定位。

提示

① 以上手动线性、手动重定位运动未使用 My tool 工具坐标系，故运动的中心为机器人法兰盘末端 TCP。

② 可选择 My tool 工具坐标系进行手动线性和重定位运动，注意观察运动中心的变化。

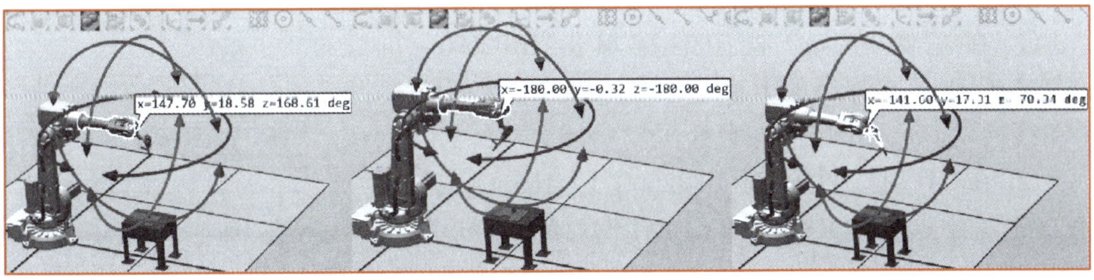

图 2-49　机器人绕 X、Y、Z 轴重定位

任务拓展

2.3.3　工业机器人手动精确操作

工业机器人手动关节、手动线性、手动重定位运动方式无法实现机器人的精准运动控制，这为机器人示教目标点等操作带来不便。若要实现机器人精确运动，可通过精确手动控制方式来实现。

精确手动控制方式根据运动方式的不同又分为机械装置手动关节和机械装置手动线性两种运动方式。实现机器人的准确运动控制，是精确手动控制方式与直接拖动控制方式的本质区别。

1. 机械装置手动关节运动

① 在左侧“布局”栏中右键单击“IRB2600_12_165_C_01”，在弹出的下拉菜单中选择“机械装置手动关节”命令，如图 2-50 所示。

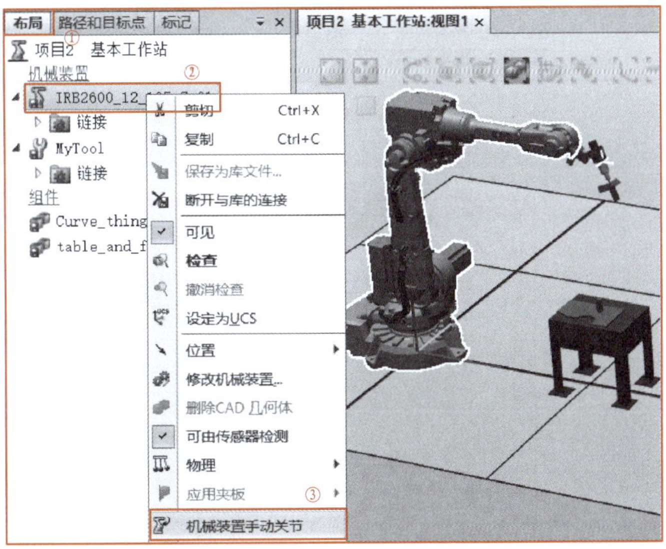

图 2-50　选择“机械装置手动关节”命令

② 在“手动关节运动:IRB2600_12_165_C_01”栏中,拖动相应轴关节的滑块或点击“<”“>”按钮,即可实现轴关节的精确操作,运动幅度的大小可由“Step”设定,如图 2-51 所示。

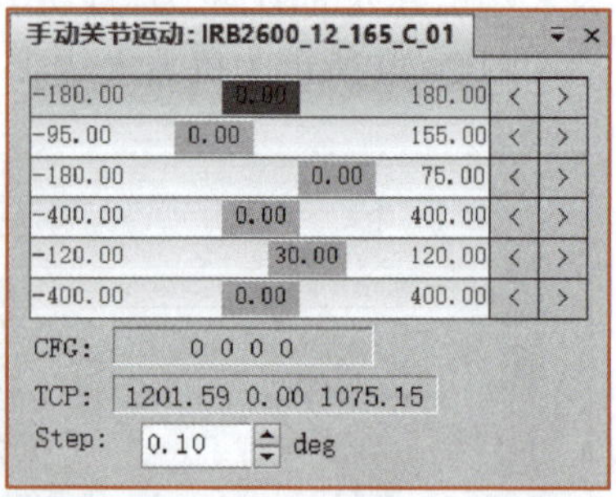

图 2-51 机械装置手动关节运动

2. 机械装置手动线性运动

① 在左侧“布局”栏中右键单击“IRB2600_12_165_C_01”,在弹出的下拉菜单中选择“机械装置手动线性”命令,如图 2-52 所示。

② 在“手动线性运动:IRB2600_12_165_C_01/MyTool”栏中点击 X(RX)、Y(RY)、Z(RZ)后的“<”“>”按钮,即可实现机器人沿 *X*(*RX*)、*Y*(*RY*)、*Z*(*RZ*)轴精确线性移动(或绕 *X*、*Y*、*Z* 轴转动),运动幅度的大小可由“Step”设定,如图 2-53 所示。

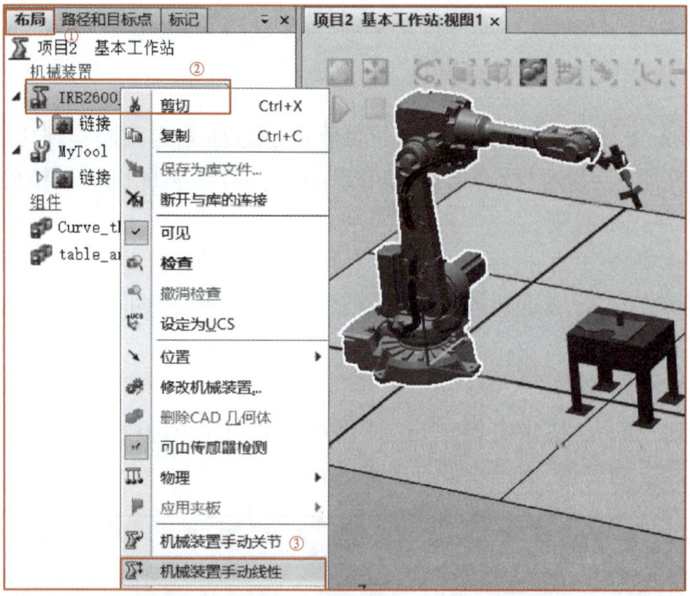

图 2-52 选择“机械装置手动线性”命令

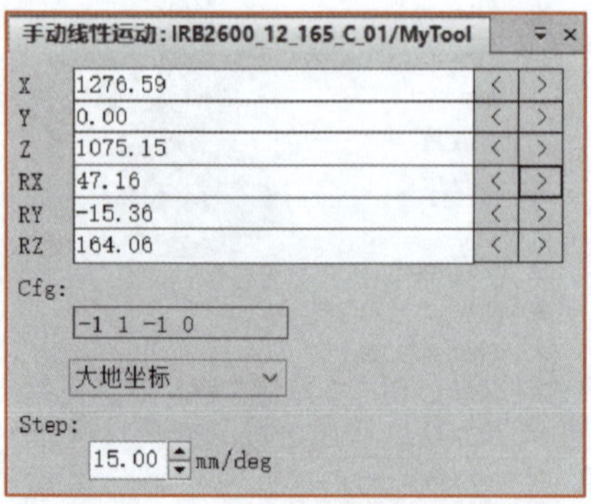

图 2-53 机械装置手动线性运动

微课
工业机器人手动精确操作

任务 4　工件坐标与路径程序创建

任务分析

工件坐标用来定义工件相对于大地坐标(或其他坐标)的位置。机器人可以拥有若干工件坐标,表示不同工件,或表示同一工件在不同位置的若干副本。机器人编程时需要在工件坐标中创建目标和路径。

工件坐标的优点主要有以下两个方面。

① 重新定位工作站中的工件时,只需要改工件坐标的位置,所有路径随之更新。

② 允许操作以外轴或传送导轨移动的工件,整个工件可连同其路径一起移动。

相关知识

2.4.1　工件坐标的创建

创建工件坐标的方法主要有位置法和三点法,本任务以三点法为例创建工件坐标。

① 在工作区主窗口中,设置选择方式为“选择部件”,捕捉方式为“捕捉末端”。

② 在“基本”功能选项卡中点击“其他”,在弹出的下拉菜单中选择“创建工件坐标”命令,如图 2-54 所示。

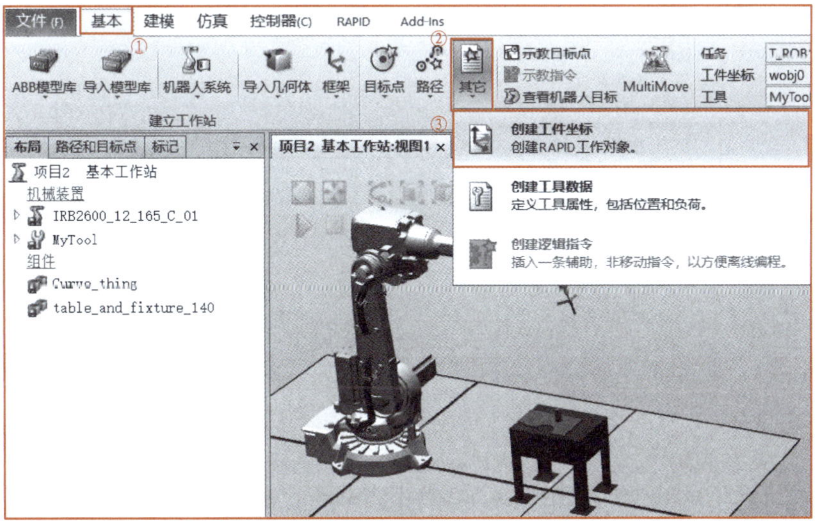

图 2-54　创建工件坐标

微课

三点法创建工件坐标

③ 在“创建工件坐标”栏中设置相关的参数,工件坐标名称可以采用默认名称 Workobject_1,也可以根据实际需求修改,如图 2-55 所示,其余参数采用默认值。

④ 点击“创建工件坐标”栏中“用户坐标框架”下的“取点创建框架”输入框,选择“三点”,如图 2-56 所示。

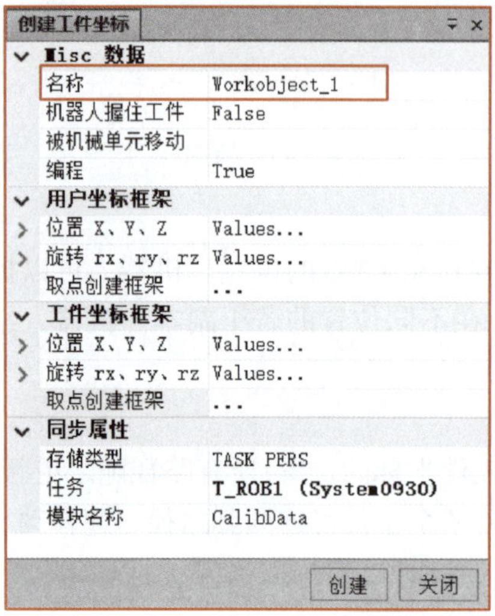

图 2-55 设置工件坐标相关参数

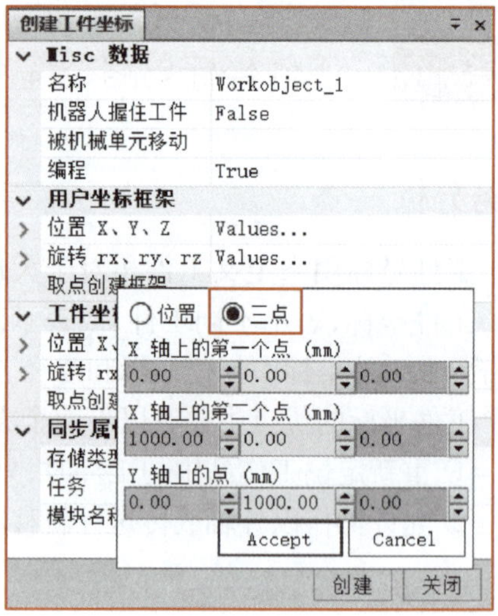

图 2-56 选择“三点”创建工件坐标

⑤ 点击“X 轴上的第一个点”输入框，选择 X 轴上的第 1 个点；点击“X 轴上的第二个点”输入框，选择 X 轴上的第 2 个点；点击“Y 轴上的点”输入框，选择 Y 轴上的点，完成三个点的坐标值输入，如图 2-57 所示。

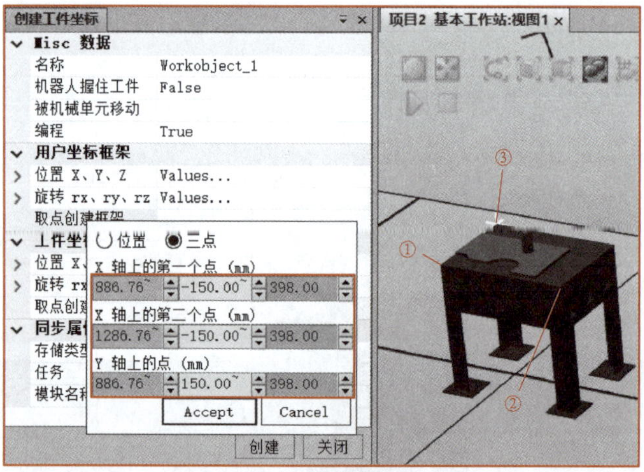

图 2-57 完成三个点的坐标值输入

⑥ 确认三个点的坐标数据生成后，点击“Accept”按钮，点击“创建”按钮，工件坐标 Workobject_1 创建完成，如图 2-58 所示。

任务实施

2.4.2 路径程序的创建

本任务中所要创建的工业机器人运动路径指沿着部件 Curve_thing 表面边缘行走一圈，就是使安装在法兰盘上的工具 MyTool 在工件坐标 Workobject_1 中沿着对象边缘行走一圈，运动路径如图 2-59 所示。

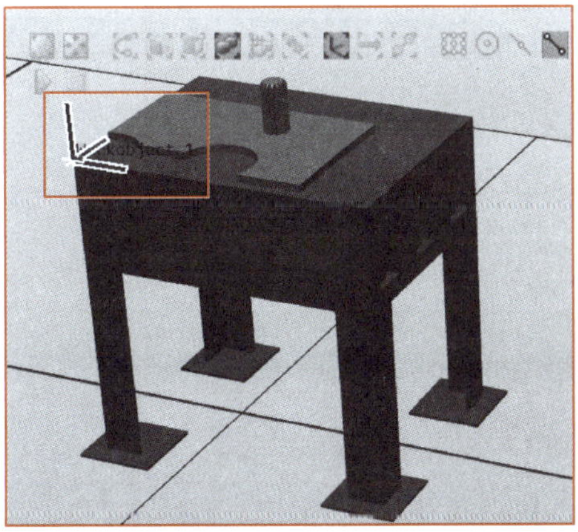

图 2-58　工件坐标 Workobject_1 创建完成

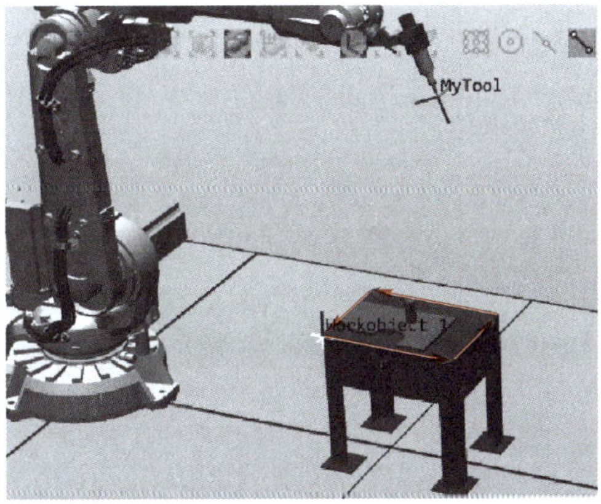

图 2-59　工业机器人运动路径

1. 创建运动路径程序

① 在“基本”功能选项卡中，点击“路径”，在弹出的下拉菜单中选择“空路径”命令，如图 2-60 所示，在左侧布局窗口“路径和目标点”栏自动生成路径 Path_10。

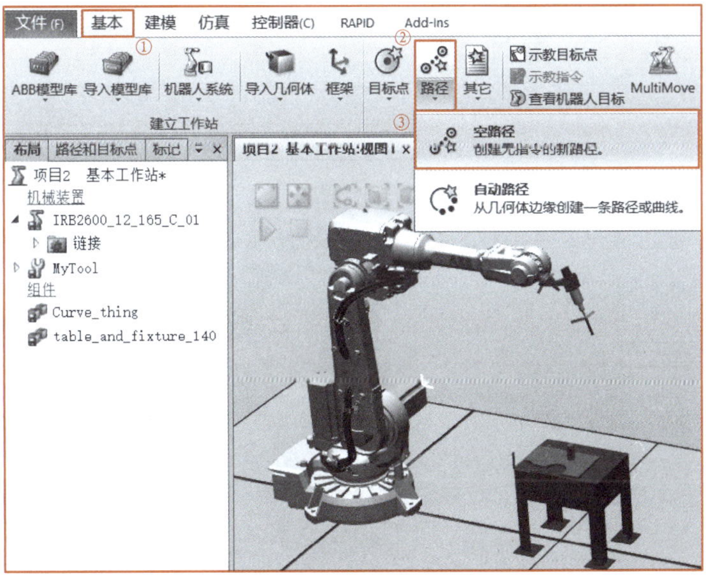

图 2-60　创建空路径 Path_10

微课
创建机器人运动路径

② 在“基本”功能选项卡中设置任务为“System0930 T_ROB1”（即当前所建机器人系统），工件坐标设为“Workobject_1”，工具设为“MyTool”，如图 2-61 所示。

③ 在状态栏将指令格式修改为：

MoveL*v300 fine MyTool\WObj:=Workobject_1

④ 示教机器人目标点。

示教第 1 个目标点：

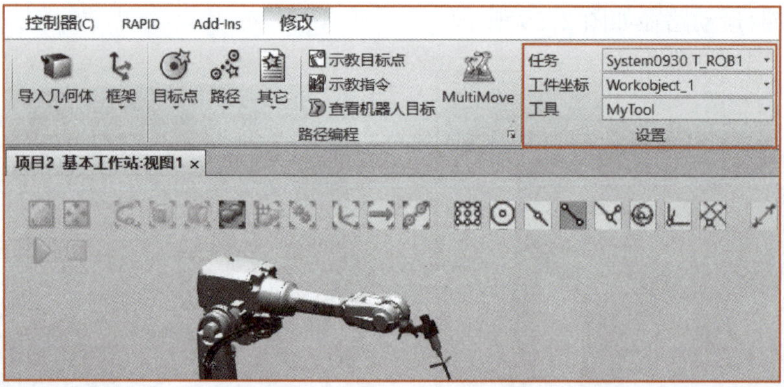

图 2-61 设置任务工具及坐标

a. 在工作区主窗口中，设置选择方式为“选择部件”，捕捉方式为“捕捉末端”。

b. 以合适的方式（手动关节、手动线性运动混合使用），拖动机器人到第 1 个目标点区域并捕捉到该点。

c. 选择“示教指令”功能，在左侧“路径和目标点”栏中就生成了相应的运动指令 MoveL Target_10，如图 2-62 所示。

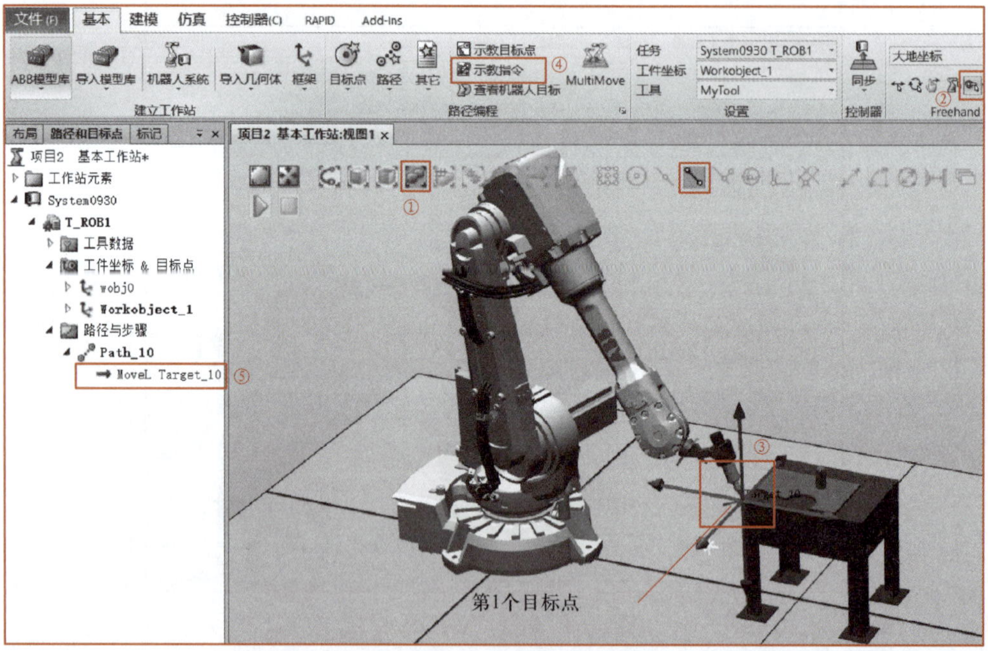

图 2-62 示教第 1 个目标点并生成指令

示教其余目标点：

参照示教第 1 个目标点的方法，完成第 2~5 个目标点的示教，并生成了相应的运动指令，如图 2-63 和图 2-64 所示。

至此，机器人运动路径程序创建完成。下面验证所创建路径程序能否正常运行。

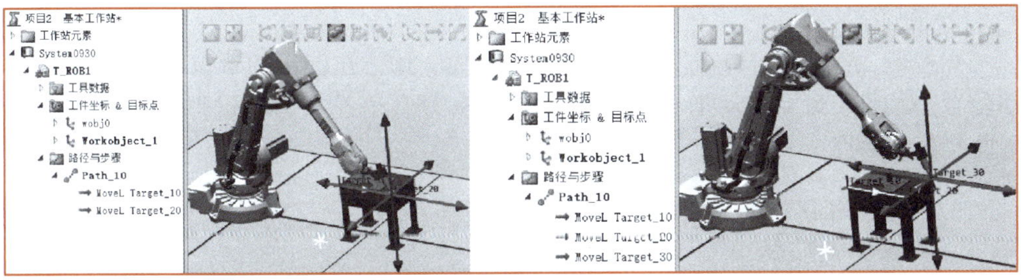

图 2-63　示教第 2、3 个目标点并生成指令

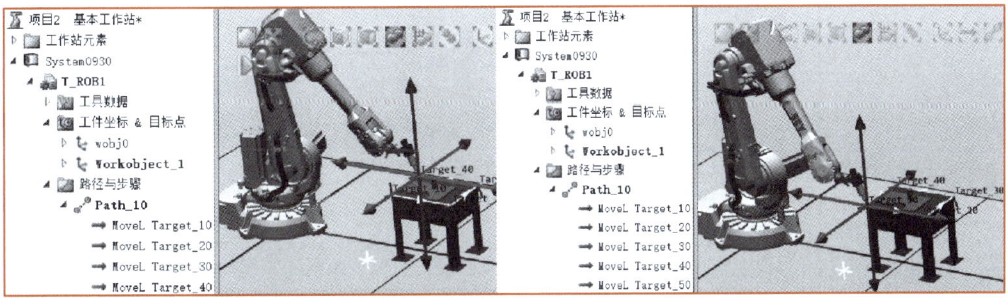

图 2-64　示教第 4、5 个目标点并生成指令

提示

机器人要完成沿部件 Curve_thing 表面边缘运动一圈，除示教 4 个角点外还必须再次示教第 1 个角点（目标点），才能构成封闭的运动路径。

2. 验证运动路径程序

(1) 机器人回机械原点

在左侧“布局”栏中右键单击“IRB2600_12_165_C_01”，在弹出的下拉菜单中选择“回到机械原点”命令，如图 2-65 所示。

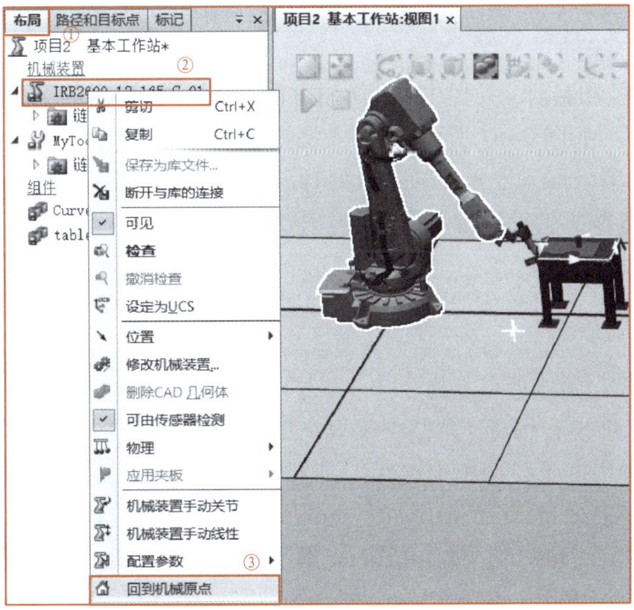

图 2-65　设置机器人回到机械原点

(2) 配置轴参数

在左侧“路径和目标点”栏中右键单击“Path_10”，在弹出的下拉菜单中选择“自动配置→线性 / 圆周移动指令”命令，如图 2-66 所示。配置参数过程中，机器人会沿着路径运动一周。

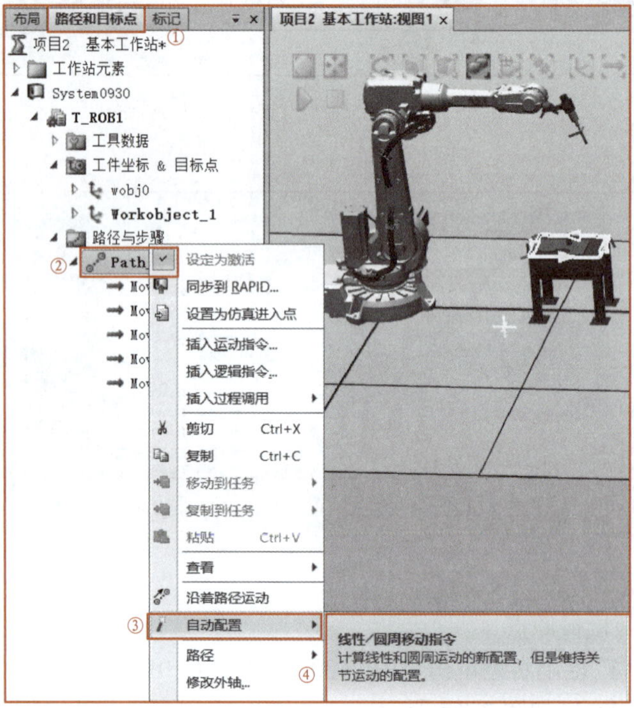

图 2-66 线性 / 圆周移动指令

(3) 沿着路径运动

在左侧“路径和目标点”栏中右键单击“Path_10”，在弹出的下拉菜单中选择“沿着路径运动”命令，如图 2-67 所示，机器人将沿着路径运动一周。

若运动过程中机器人停止在某一点处(路径终点除外)不动，则说明机器人出现了奇异点，需要修改该点处的轴参数配置。

微课

验证及优化机器人运动路径

3. 优化运动路径程序

在实际应用中，为确保安全生产和工件质量，往往还需要对机器人运动路径进行优化，加入路径起始接近点、路径结束离开点以及安全位置点 pHome。

(1) 创建路径起始接近点及指令

① 在左侧“路径和目标点”栏中展开“工具坐标系 & 目标点”，右键点击目标点“Target_10”，在弹出的下拉菜单中选择“复制”命令。

② 右键点击上级目录“Workobject_1_of”或“Workobject_1”，在弹出的下拉菜单中选择“粘贴”命令，生成新的目标点“Target_10_2”，双击“Target_10_2”并将其重命名为“pApproach”，如图 2-68 所示。

③ 在左侧“路径和目标点”栏中右键点击“pApproach”，在弹出的下拉菜单中选择

“修改目标→偏移位置”命令，如图 2-69 所示。

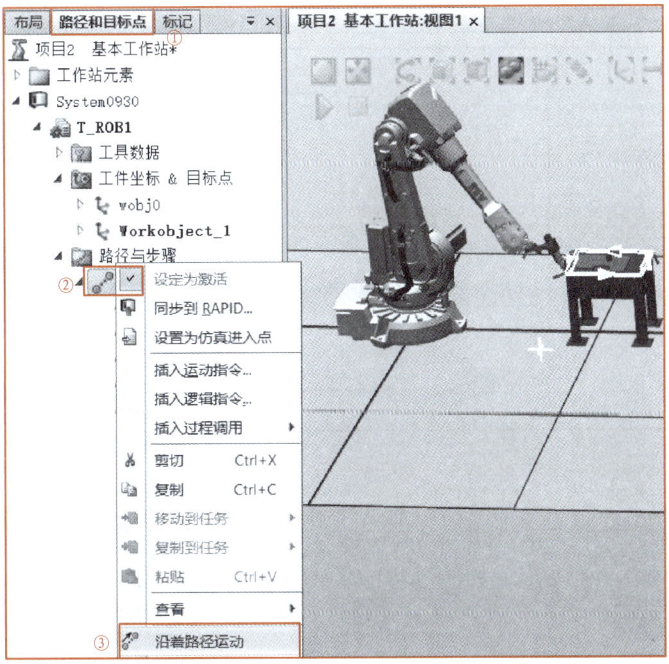

图 2-67　沿着路径运动

图 2-68　创建路径起始接近点 pApproach

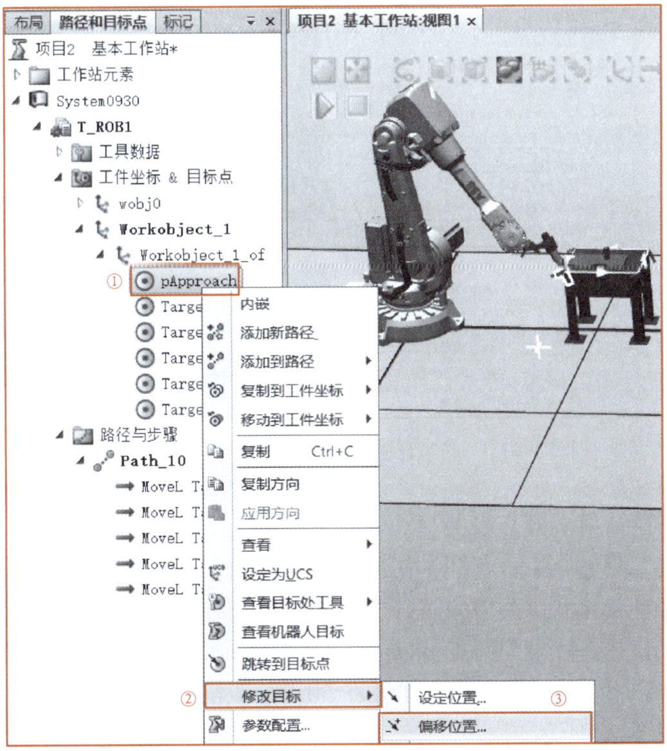

图 2-69　偏移路径起始接近点 pApproach

④ 在“偏移位置:pApproach”栏中将 Translation 设为(0,0,-150),将“旋转”设为(0,0,0),然后点击“应用”按钮,如图 2-70 所示。

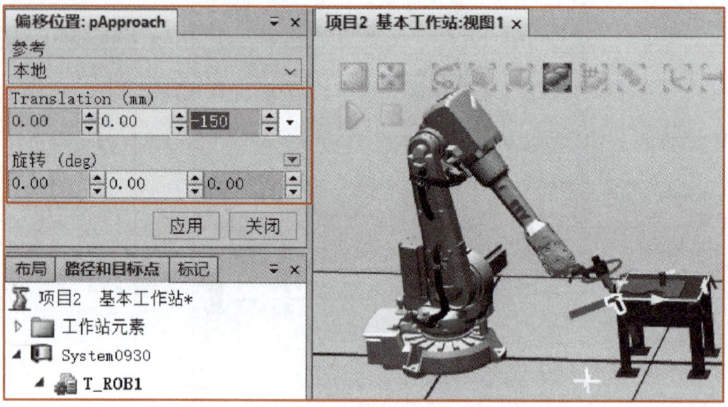

图 2-70 设定路径起始接近点 pApproach 偏移参数

⑤ 在左侧“路径和目标点”栏中右键点击“pApproach”,在弹出的下拉菜单中选择“添加到路径→ Path_10 → <第一>”命令,如图 2-71 所示,在“Path_10”路径中自动生成指令“MoveL pApproach”。

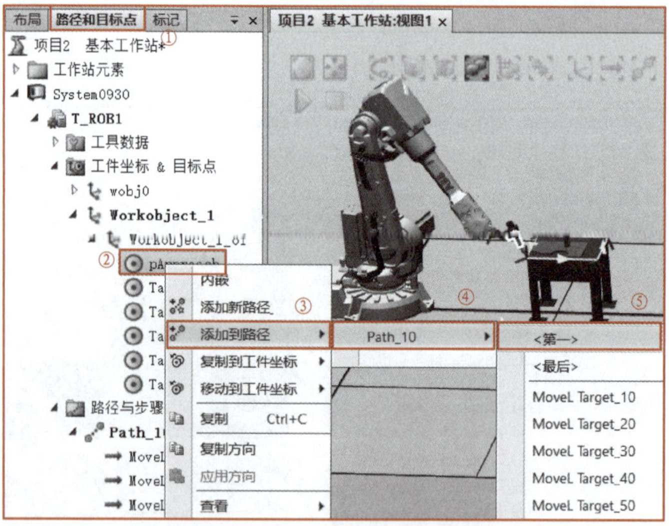

图 2-71 添加目标点 pApproach 到路径 Path_10

(2) 创建路径结束离开点及指令

① 在左侧“路径和目标点”栏中展开“工具坐标系 & 目标点”,右键点击目标点“Target_50”,在弹出的下拉菜单中选择“复制”命令。

② 右键点击上级目录“Workobject_1_of”或“Workobject_1”,在弹出的下拉菜单中选择“粘贴”命令,生成新的目标点“Target_50_2”,双击“Target_50_2”并将其重命名为“pDepart”,如图 2-72 所示。

③ 在左侧“路径和目标点”栏中右键点击“pDepart”,在弹出的下拉菜单中选择

“修改目标→偏移位置”命令。

④ 在“偏移位置:pDepart”栏中，将 Translation 设为(0,0,-200)，将“旋转”设为(0,0,0)，然后点击“应用”按钮。

⑤ 在左侧“路径和目标点”栏中右键点击“pDepart”，在弹出的下拉菜单中选择“添加到路径→ Path_10 → <最后>”命令，如图 2-73 所示，在“Path_10”路径中自动生成指令“MoveL pDepart”。

图 2-72　创建轨迹结束离开点 pDepart

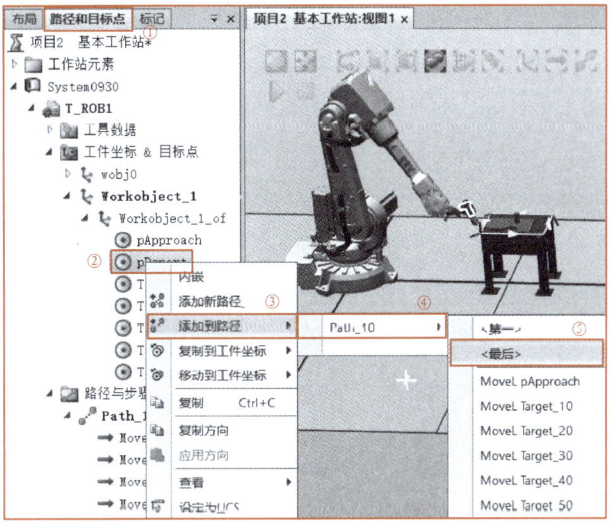

图 2-73　添加目标点 pDepart 到路径 Path_10

(3) 创建安全位置点及指令

① 在左侧“布局”栏中右键点击“IRB2600_12_165_C_01”，在弹出的下拉菜单中选择“回到机械原点”命令。

② 在“基本”功能选项卡中选择“示教目标点”功能，如图 2-74 所示，创建安全位置点“Target_60”，双击“Target_60”，重命名为“pHome”。

③ 在左侧“路径和目标点”栏中右键点击“pHome”，在弹出的下拉菜单中选择“添加到路径→ Path_10 → <第一>”命令，在“Path_10”路径中自动生成指令“MoveL pHome”。

④ 在左侧“路径和目标点”栏中右键点击“pHome”，在弹出的下拉菜单中选择“添加到路径→ Path_10 → <最后>”命令，在“Path_10”路径中再次自动生成指令“MoveL pHome”，如图 2-75 所示。

至此，机器人路径程序创建完成。为确保机器人路径程序无误，需再次执行“自动配置”“沿着路径运动”操作，以便发现和排除存在的故障。

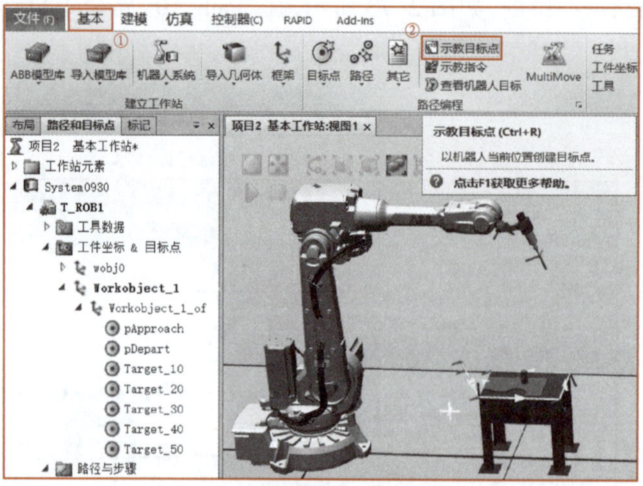

图 2-74 示教安全位置点 pHome

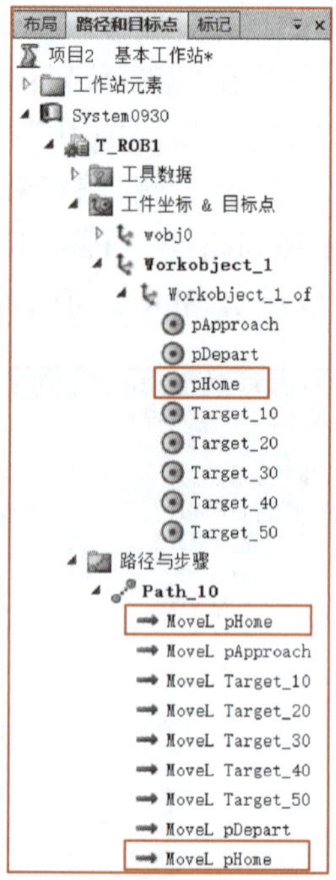

图 2-75 完成安全位置点 pHome 及指令的创建

提示

① 机器人路径起始接近点、结束离开点以及安全位置点命名可以根据需要自行修改。

② 机器人目标点按名称排序,与其实际位置没有关系。

任务拓展

2.4.3 位置法创建工件坐标

创建工件坐标除用三点法以外,还可以用位置法。用位置法创建工件坐标的方法如下。

① 在工作区主窗口中,设置选择方式为“选择部件”,捕捉方式为“捕捉末端”。

② 在“基本”功能选项卡中选择“其他”功能,在弹出的下拉菜单中选择“创建工件坐标”命令,如图 2-76 所示。

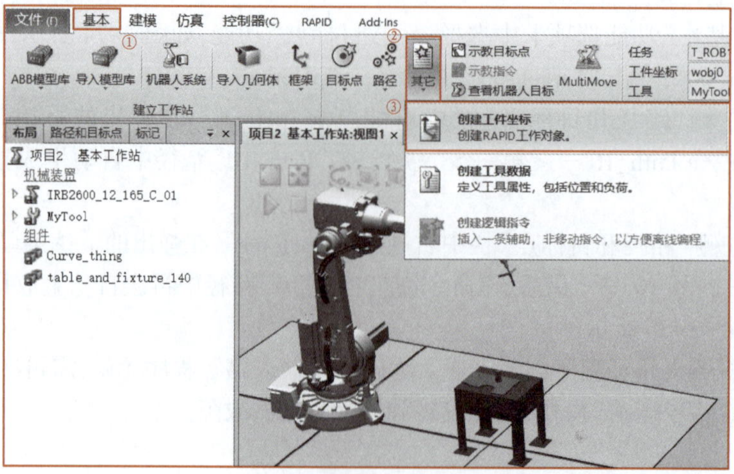

图 2-76 位置法创建工件坐标

③ 在"创建工件坐标"栏中设置相关的参数，工件坐标名称可以采用默认名称 Workobject_2，也可以根据实际需求进行修改，如图 2-77 所示，其余参数采用默认值。

④ 点击"创建工件坐标"栏中"用户坐标框架"下的"取点创建框架"输入框，选择"位置"，如图 2-78 所示。

⑤ 点击"位置"输入框，选择部件"Curve_thing"的一个角点；点击"X 轴上的点"输入框，选择 X 轴上的 个点，点击"XY 平面图上的点"输入框，选择 Y 轴上的一个点，完成三个点的坐标值输入，如图 2-79 所示。

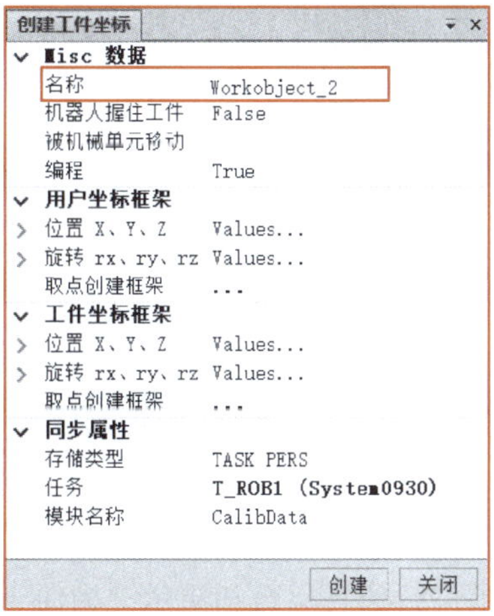

图 2-77　设置工件坐标相关参数

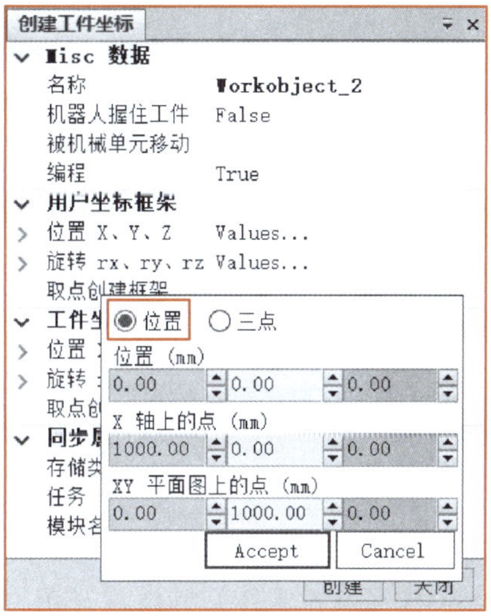

图 2-78　选择"位置"

⑥ 确认三个点的坐标数据生成后，点击"Accept"按钮，点击"创建"按钮，工件坐标 Workobject_2 创建完成，如图 2-80 所示。

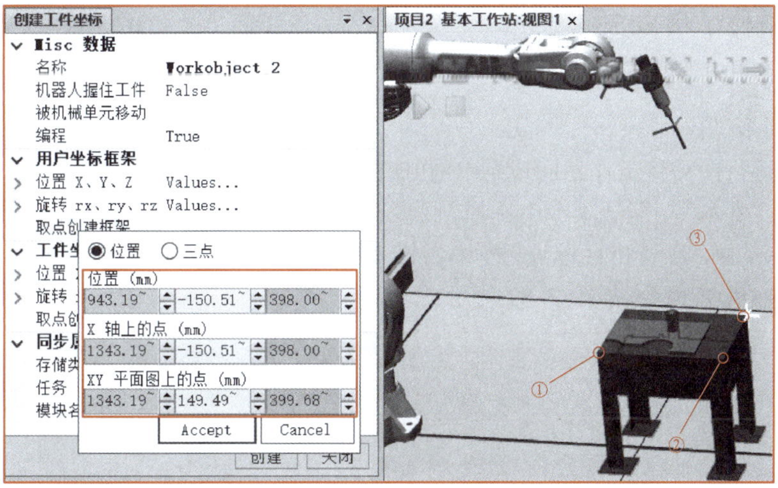

图 2-79　完成三个点的坐标值输入

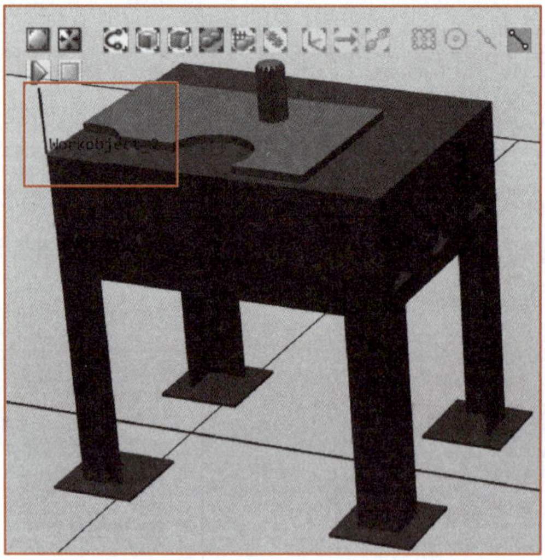

图 2-80 工件坐标 Workobject_2 创建完成

任务 5 工作站仿真运行与视频录制

任务分析

创建完基本工作站并设置好相关的参数后，即可进行仿真运行和演示。为便于展示工作站，RobotStudio 提供了录制仿真视频和可执行文件的功能。本任务将详细介绍如何进行工作站仿真运行和视频录制。

相关知识

微课
工作站仿真运行

2.5.1 工作站仿真运行

1. 同步工作站

(1) 同步操作

仿真运行前需将工作站同步到 RAPID 程序，同步操作有两种方式。

① 在“基本”功能选项卡中选择“同步→同步到 RAPID”命令，如图 2-81 所示。

② 在左侧“路径和目标点”栏中右键点击“Path_10”，在弹出的下拉菜单中选择“同步到 RAPID”命令，如图 2-82 所示。

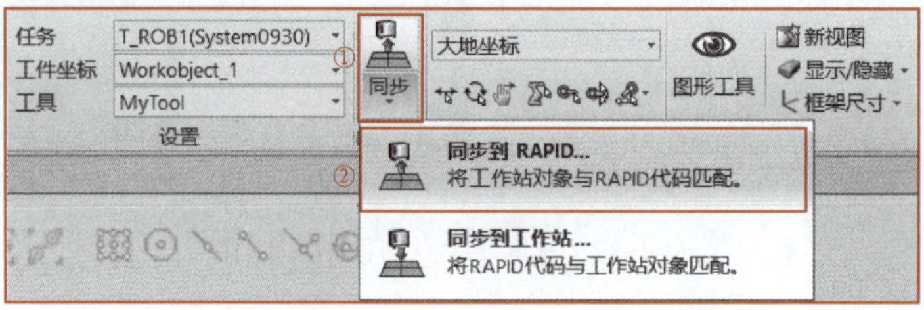

图 2-81 同步到 RAPID

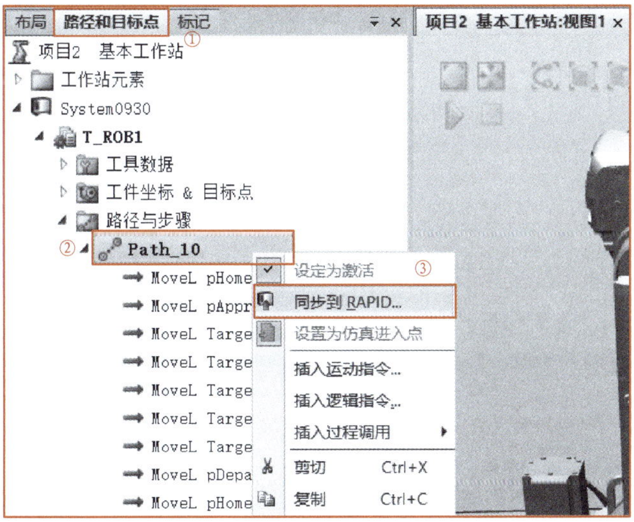

图 2-82　右键法同步到 RAPID

(2) 设置同步选项

在“同步到 RAPID”对话框中勾选需要同步的项目(一般全部勾选),如图 2-83 所示,然后点击“确定”按钮,等待同步完成。

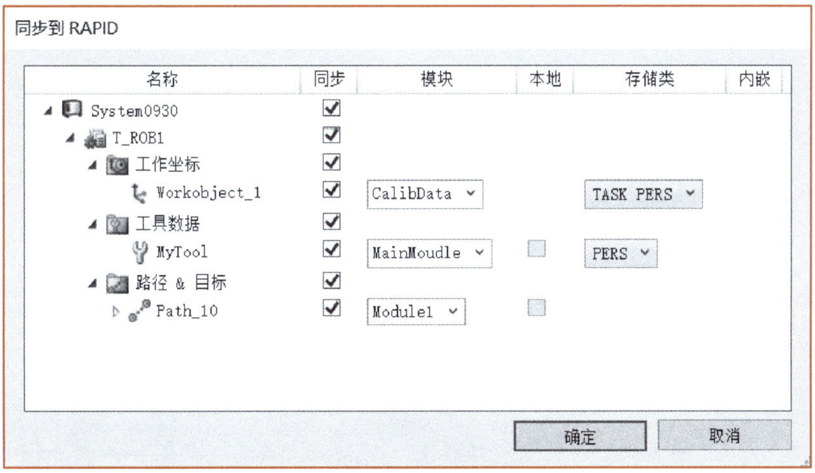

图 2-83　设置同步选项

2. 仿真设定

仿真设定即设置仿真程序的“进入点”是主程序 Main 还是某一条 Path 路径。本任务中没有创建主程序 Main,因此“进入点”要设置为 Path_10,具体操作如下。

在“仿真”功能选项卡中选择“仿真设定”功能,在“仿真对象”栏中点击“T_ROB1”,将进入点设置为 Path_10,如图 2-84 所示。

3. 仿真运行

在“仿真”功能选项卡中选择“播放”功能,即可看到机器人按照之前示教的路径运动,如图 2-85 所示。若要暂停或停止仿真,点击“暂停”“停止”即可。

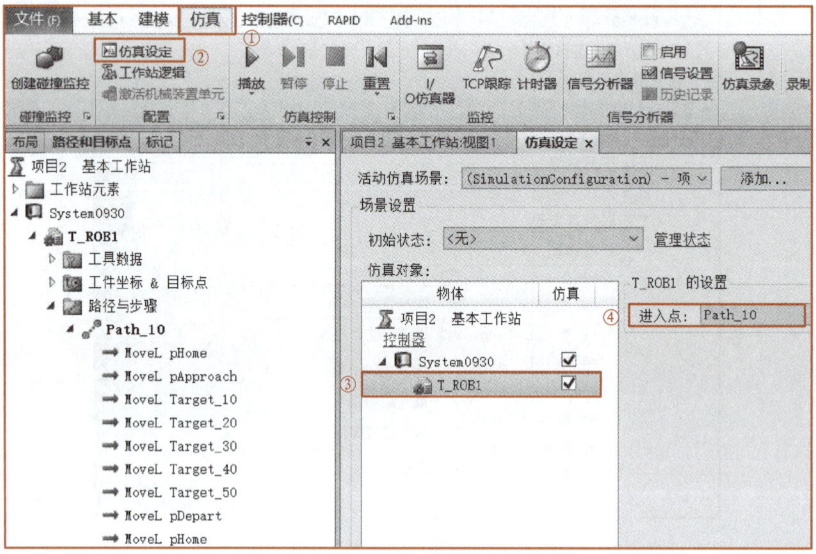

图 2-84 仿真设定

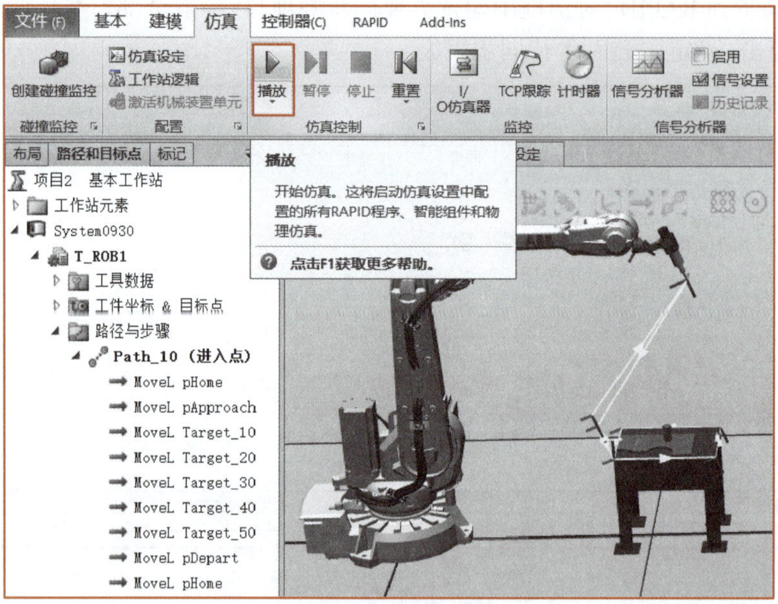

图 2-85 工作站仿真运行

提示

对于机器人非工作装态路径中的线性运动指令 MoveL,可以更改关节运动指令 MoveJ。本任务中的 MoveL pHome 指令即指定非工作状态路径,读者可尝试修改指令。

任务实施

2.5.2 工作站仿真视频录制

为便于展示所创建的工作站,RobotStudio 提供了录制短片功能,主要包括仿真录像、录制应用程序和录制图形三种方式。为确保视频录制的质量,录制前可以设置屏幕录像的相关参数和保存路径。

在“文件”功能选项卡中选择“选项→屏幕录像机”命令，然后设置录像参数、保存路径等，然后点击“确定”按钮，如图 2-86 所示。

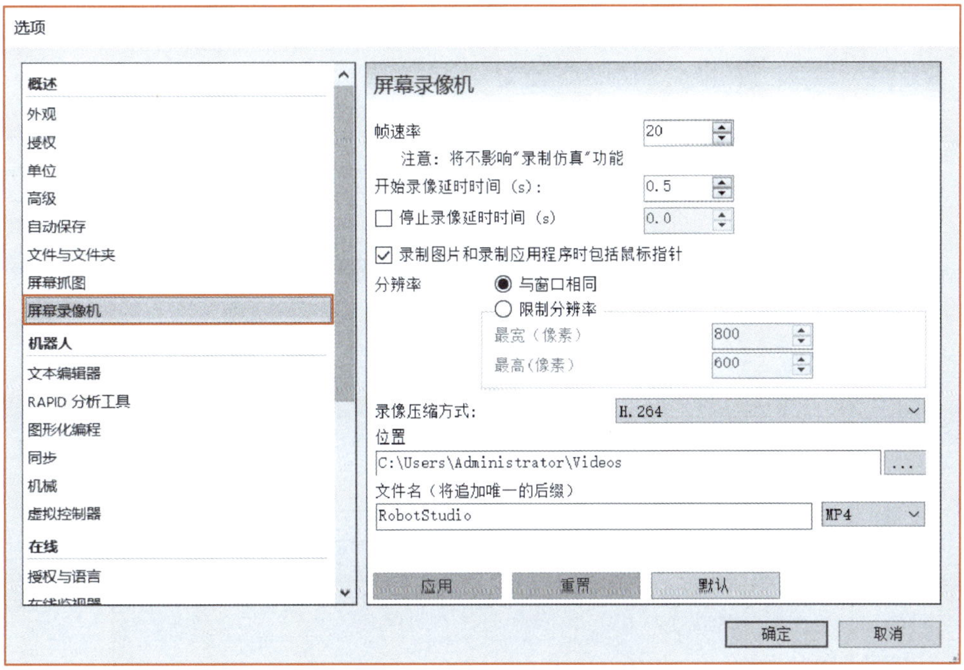

图 2-86　设置屏幕录像机参数

1. 仿真录像

仿真录像的功能是录制 RobotStudio 工作区主窗口的仿真视频。为保证录制效果，建议录制过程中不进行其他操作。

在“仿真”功能选项卡中，选择“仿真录像→播放”命令，自动开始录制视频，仿真结束后录制自动停止，仿真录像完成，如图 2-87 所示。

录制的仿真视频保存后，随时可以查看。在“仿真”功能选项卡中选择“查看录像”功能，即可打开并查看之前录制的仿真视频。

2. 录制应用程序

录制应用程序的功能是录制 RobotStudio 窗口视频。为保证录制效果，建议录制过程中不进行其他操作。

在“仿真”功能选项卡中，选择“录制应用程序→播放”命令，仿真完成后需点击“停止录像”才能结束视频录制，如图 2-88 所示。

3. 录制图形

录制图形的功能是录制窗口中活动对象的视频，即录制工作区主窗口中活动对象的视频。为保证录制效果，建议录制过程中不进行其他操作。

在“仿真”功能选项卡中，选择“录制图形→播放”命令，窗口中活动对象的视频录制完成后需点击“停止录像”才能结束视频录制，如图 2-89 所示。

微课
仿真录像

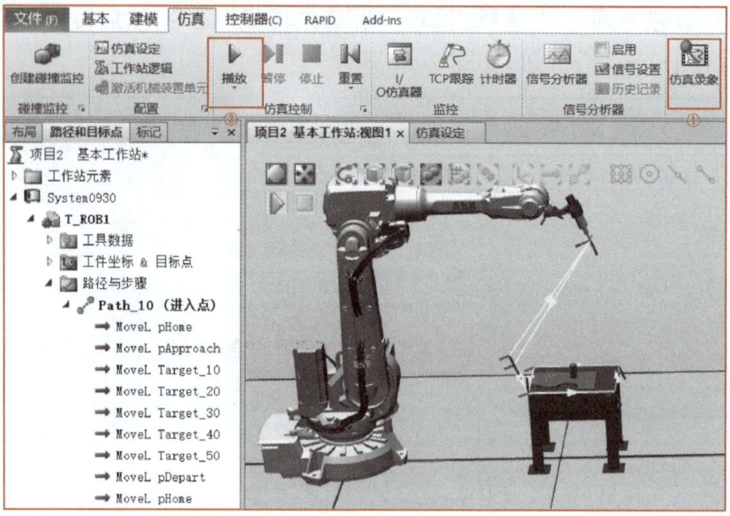

图 2-87 仿真录像

微课
录制应用程序

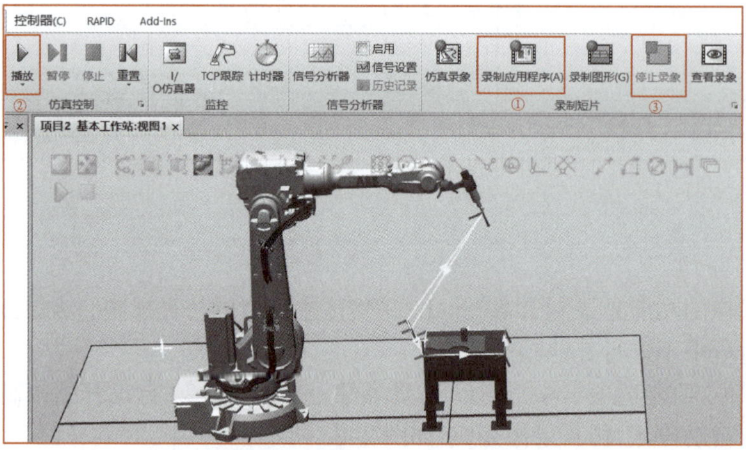

图 2-88 录制应用程序

微课
录制图形

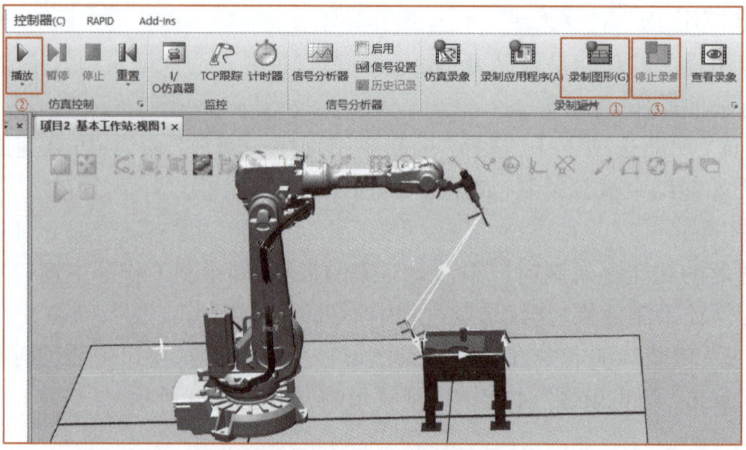

图 2-89 录制图形

任务拓展

2.5.3　工作站工程文件录制

为便于在第三方平台更为真实、全面地展示所创建的工作站，RobotStudio 提供了录制视图的强大功能，可将工作站录制成 EXE 可执行文件。EXE 可执行文件能进行仿真操作，为展示工作站设计方案提供了极大便利。

① 在“仿真”功能选项卡中，单击“播放”下的三角符号，在弹出的下拉菜单中选择“录制视图”命令，如图 2-90 所示，工作站开始仿真运行。

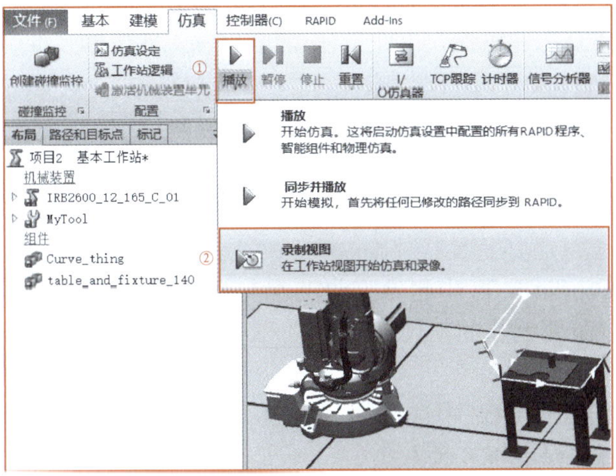

图 2-90　录制视图

② 仿真结束后，视图录制完成，并弹出保存可执行文件的对话框，根据需要修改文件名和保存位置。

③ 视图录制完成后，双击打开保存的 EXE 文件，点击“Play”按钮，即可进行工作站仿真运行，如图 2-91 所示。

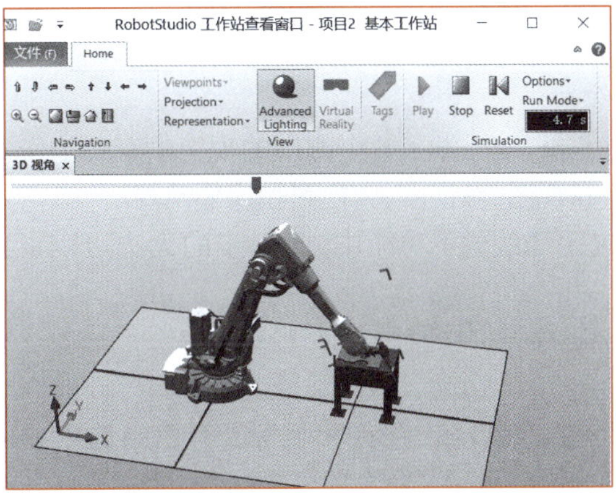

图 2-91　可执行文件仿真运行中

微课

录制视图(可执行文件)

提示

录制视图生成的 EXE 可执行文件，容易引起计算机杀毒软件的报警，建议妥善保存。

此时,可通过“鼠标左键 +Ctrl”组合键来移动或转动工作站,从不同方位观察工作站仿真运行情况,也可以放大或缩小工作站。仿真视图提供了脱机展示机器人工作站的便捷方式。

总　结

本项目主要介绍了工业机器人基本工作站的创建过程、仿真运行和录制仿真视图的基本方法。

创建工业机器人工作站的过程中要根据实际需求导入不同的模型,并且模型的放置位置要合理。创建完工业机器人工作站后必须为机器人创建系统,否则后续仿真工作无法进行。建立工业机器人工件坐标,能够确保工业机器人准确地按照编程路径工作。

习　题

一、填空题

1. 在 RobotStudio 6.08 中删除工业机器人的工具可以使用________法:在左侧“布局”栏中,选中所要删除的工具,点击________,选择“拆除”命令就可以完成工具的拆除。

2. 在 RobotStudio 6.08 中选择物体主要有________、________、________、选择部件、选择组、选择机械装置 6 种方式。

3. 在 RobotStudio 6.08 中捕捉主要有________、________、________、捕捉末端、捕捉边缘、捕捉重心、捕捉本地原点和捕捉网格 8 种方式。

4. 建立机器人系统之后,在“基本”功能选项卡中的 Freehand 功能组中的________、________、________、________、________、________和多个机器人手动操作功能都可以选择和使用了。

5. 工作站创建完成后,若要进行模拟仿真,还需进行______________操作和相关的________设置。

6. 在左侧布局栏中选中机器人模型,单击鼠标________可以查看机器人的工作区域,以方便建设工作站。

7. RobotStudio 6.08 中提供了 6 个方向的视图供查看工作站,分别是________、________、________、右视图、左视图、俯视图和底部视图。

8. 在“机械装置手动线性”功能中,Step 步的大小可以设置,但最大只能设置为______________。

9. 在 RobotStudio 6.08 中机器人的路径创建完成后一般还需进行________的验证,即执行______________运动以确保路径正确。

10. 若要删除路径 Path,在“路径和目标点”栏中选中要删除的路径,单击鼠标______________,选择“删除”命令即可去掉所选路径。

二、判断题

(　　)1. 在实际应用中,要根据项目的要求选定具体的机器人型号、承重能力及到达距离。

(　　)2. 在 RobotStudio 6.08 中导入机器人模型时可以对其容量和到达距离的参数进行选择,模型导入完成后其参数也可以修改。

(　　)3. 在 RobotStudio 6.08 中安装机器人用的工具,在左侧“布局”栏中选中所要安装的工具并按住右键,然后将其拖到机器人上松开,就可以安装完成。

(　　)4. 在 RobotStudio 6.08 中拆除机器人用的工具,在左侧“布局”栏中选中所要拆除的工具单击右键,在弹出的下拉菜单中选择“拆除”命令就可以完成工具的拆除。

(　　)5. 在 RobotStudio 6.08 中机器人模型可以安装模型库中的工具,也可以安装用户自定义的工具。

(　　)6. 若要隐藏机器人工作区域,在左侧“布局”栏中选中机器人模型,单击右键,在弹出的下拉菜单中再次选择“查看机器人的工作区域”命令,就可以关闭机器人的工作区域。

(　　)7. 在 RobotStudio 6.08 中“Freehand”功能组可以实现三维模型的平移、转动、关节等三种形式的运动。

(　　)8. 在 RobotStudio 6.08 中导入的三维模型,可以根据需求进行导出。选择要导出的几何体,单击右键,在弹出的下拉菜单中选择“导出几何体”命令,选择合适的类型和位置,保存即可。

(　　)9. 在 RobotStudio 6.08 中捕捉方式主要有捕捉对象、捕捉中心和捕捉末端、捕捉边缘、捕捉本地原点和捕捉重心 6 种方式。

(　　)10. 在 RobotStudio 6.08 中提供了 6 个方向的视图用于查看工作站,分别是正面、背面、右边、左视图、俯视和底部。

(　　)11. 在 RobotStudio 6.08 中根据布局创建机器人系统的方法有三种,分别是从布局、新建系统、已有系统。

(　　)12. 建立机器人系统之前,在“基本”功能选项卡中的“Freehand”功能组中只能进行移动、旋转、手动关节三种模式的手动操作。

(　　)13. 在“机械装置手动关节”功能中,Step 步的大小是可以设定的,但最大 Step 步只能设置为 10 deg。

(　　)14. 在“机械装置手动线性”功能中,Step 步的大小是可以设定的,但最大 Step 步只能设置为 15 mm/deg。

(　　)15. 通过“机械装置手动关节”或“机械装置手动线性”功能来拖动机器人时,参考坐标系可以不选择。

(　　)16. 工作站中如果没有建立相应的工件坐标,那么机器人就无法工作。

(　　)17. 创建工件坐标可以通过位置法和三点法来实现,但三点法比较简单,因此在创建工件坐标系经常采用此方法。

(　　)18. 若要删除路径 Path,在“路径和目标点”栏中选中所要删除的路径,单击鼠标左键,选择“删除”命令即可去掉所选路径。

(　　)19. 工作站同步到 RAPID 的操作只能用“基本”功能选项卡的“控制器”选项中的“同步”实现。

(　　)20. RobotStudio 6.08 的仿真录像的压缩有 H.264、Windows Media Video8、Windows Media Video 9 等多种方式。

三、选择题

1. 在 RobotStudio 6.08 中导入机器人模型时可以对其(　　)的参数进行选择。

A. 容量、到达距离　　B. 质量、到达距离
C. 扭矩、到达距离　　D. 容量、扭矩

2. 在 RobotStudio 6.08 中拆除工业机器人的工具的方法是,在左侧________栏中,选中所要拆除的工具,单击鼠标________,在弹出的下拉菜单中选择“拆除”命令,就可以完成工具的拆除。(　　)

A. 布局、左键　　B. 布局、右键
C. 路径和目标点、左键　　D. 路径和目标点、右键

3. 若要隐藏机器人工作区域,在左侧________栏中选中机器人模型,单击鼠标________,在弹出的下拉菜单中再次选择“查看机器人的工作区域”命令,就可以关闭机器人的工作区域。(　　)

A. 布局、左键　　B. 布局、右键
C. 路径和目标点、左键　　D. 路径和目标点、右键

4. RobotStudio 6.08 在工作去主窗口中提供了查看(　　)的快捷菜单,以方便用户查看工作站视图。

A. 全部、局部　　B. 中心、全部　　C. 局部、细节　　D. 中心、局部

5. 在 RobotStudio 6.08 中捕捉主要有捕捉对象、中心、中点、末端、边缘、重心和(　　)8 种方式。

A. 对称点、本地原点　　B. 对称点、网格
C. 本地原点、网格　　D. 网格、局部

6. 在 RobotStudio 6.08 中根据布局创建机器人系统的方法有从布局、(　　)三种基本方法。

A. 从规模、已有系统　　B. 从规模、新建系统
C. 新建系统、已有系统　　D. 新建系统、修改系统

7. 工件坐标的优点是重新定位工作站中的工件时,只需要改工件坐标的位置,所有________将随之更新;允许操作以外轴或传送导轨移动的工件,因为整个工件可连同其________一起移动。(　　)

A. 路径、路径　　B. 坐标、路径　　C. 路径、原点　　D. 坐标、原点

8. 三点法创建工件坐标系时通常选取________上的第一个点、第二个点和________上的第一个点来创建。(　　)

A. X 轴、X 轴　　B. X 轴、Y 轴　　C. X 轴、Z 轴　　D. Y 轴、Z 轴

9. 位置法创建工件坐标系时通常选取坐标的原点位置、(　　)上的各一个点来创建。

A. X 轴、X 轴　　B. Y 轴、Y 轴　　C. X 轴、Y 轴　　D. X 轴、Z 轴

10. RobotStudio 6.08 提供的以下录制功能中能够生成可执行文件的是(　　)。

A. 仿真录像　　B. 录制应用程序　　C. 录制图形　　D. 录制视图

11. RobotStudio 6.08 录制视图功能所录制的文件格式是(　　)。

A. MWV　　B. EXE　　C. RMBV　　D. SAT

12. RobotStudio 6.08 运动指令的 Z50 代表的含义是(　　)。

A. 速度 50　　B. 转弯半径 50　　C. 加速度 50　　D. 分辨率 50

13. RobotStudio 6.08 提供的录制短片主要有(　　)(多选题)。

A. 仿真录像　　B. 录制应用程序　　C. 录制图形　　D. 录制视图

14. RobotStudio 6.08 中创建框架的方法有(　　)(多选题)。

A. 位置法　　B. 三点法　　C. 捕捉法　　D. 观察法

15. RobotStudio 6.08 中创建路径的方法有(　　)(多选题)。

A. 手动路径　　B. 空路径　　C. 自动路径　　D. 辅助路径

16. RobotStudio 6.08 中查看机器人的工作空间主要有(　　)等方式(多选题)。

A. 2D 轮廓　　B. 俯视空间　　C. 3D 体积　　D. 主视空间

17. RobotStudio 6.08 中可以查看(　　)的工作空间(多选题)。

A. 机械装置　　B. 传送装置　　C. 机器人腕节　　D. 当前工具

18. RobotStudio 6.08 “基本”功能选项卡中的“路径编程”选项组包括(　　)(多选题)。

A. 示教目标点　　B. 示教指令

C. 查看机器人目标　　D. MultiMove

19. RobotStudio 6.08 中创建目标点主要有(　　)等方式(多选题)。

A. 创建目标　　B. 创建 Jointtarget

C. 从边缘创建目标　　D. 手动创建目标

20. RobotStudio 6.08 中“其他”选项组主要包括(　　)(多选题)。

A. 创建轨迹程序　　B. 创建工件坐标

C. 创建工具数据　　D. 创建逻辑指令

四、设计题

1. 结合项目 2 中工件坐标相关内容,完成图 2-92 所示工作站布局,并实现机器人分别沿部件 Curve_thing_1、Curve_thing_2 边缘运动一周(非重复示教部件 Curve_thing 角点方法)。

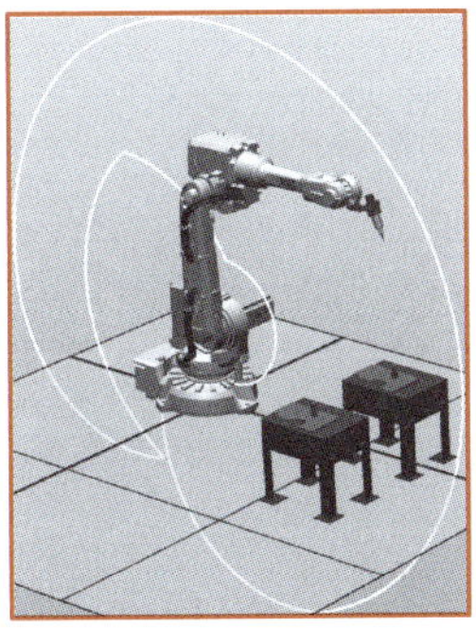

图 2-92　工作站布局图

2. 根据给定的 TCP 训练平台、实训平台底架模型，自行搭建工作站，如图 2-93 所示，并完成 TCP 训练平台中的长方形、三角形、圆形及曲线轨迹程序设计。TCP 训练平台位置为(-270,-380,787)。

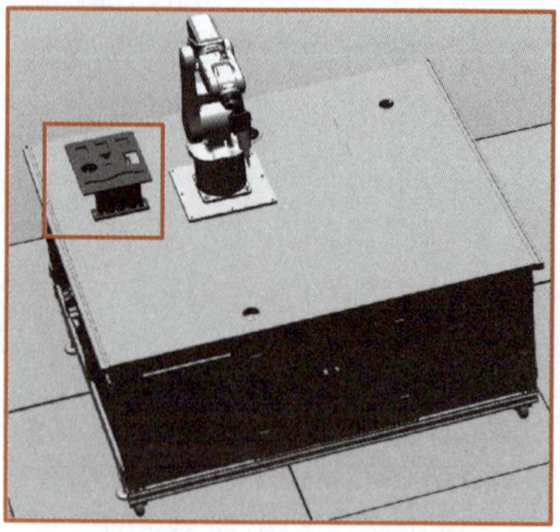

图 2-93 工作站布局

参考答案

项目 2 习题

项目 3

工业机器人工作站模型的创建

创建工作站时根据工业机器人应用场景，一般情况下都需要创建或导入不同类型的三维模型、机械装置和工业机器人工具。通过本项目的学习，可掌握创建工作站模型、机械装置、Smart 组件、工业机器人工具等的基本技能。

学习目标

知识目标

- 了解创建三维模型的原理。
- 掌握测量工具的基本类型。
- 掌握创建机械装置的基本原理。

技能目标

- 掌握导入第三方模型的方法。
- 掌握使用测量工具进行测量的方法。
- 掌握创建活塞等简易机械装置的基本方法。
- 掌握创建简单 Smart 组件的基本方法。
- 掌握创建工业机器人工具的基本方法。

技能树

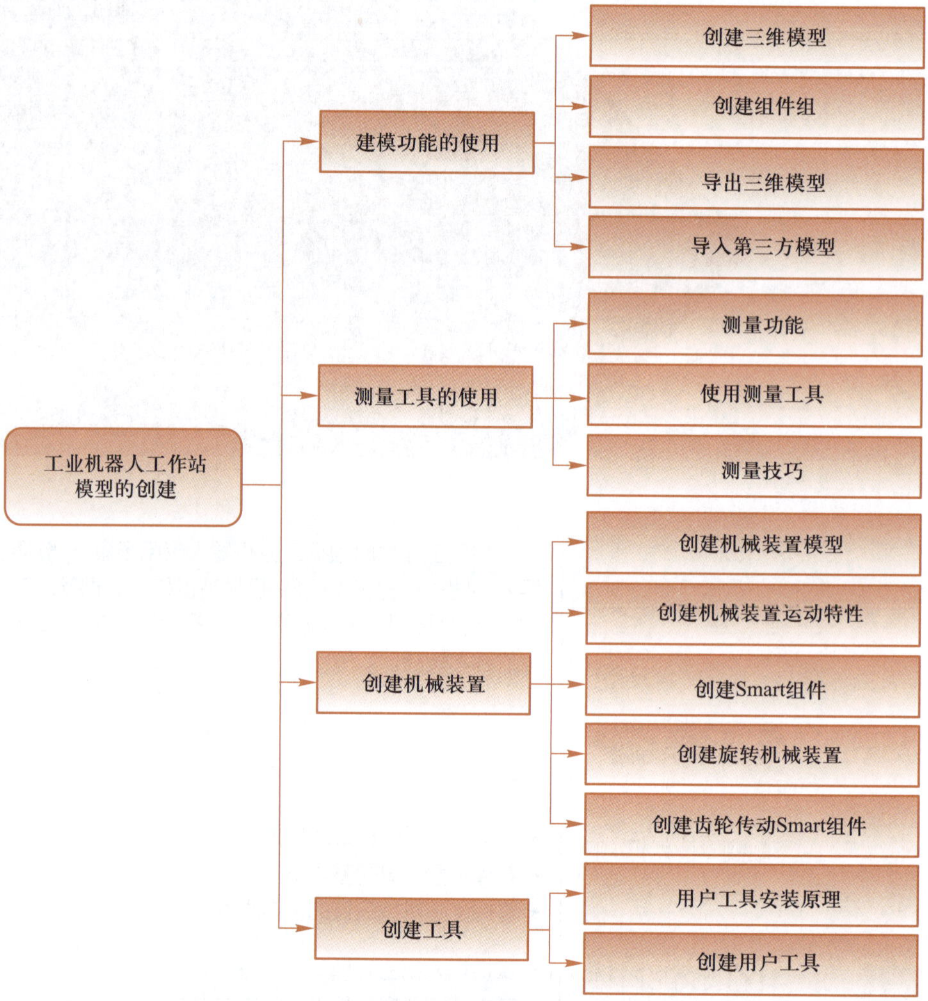
工业机器人工作站模型的创建
建模功能的使用
创建三维模型
创建组件组
导出三维模型
导入第三方模型
测量工具的使用
测量功能
使用测量工具
测量技巧
创建机械装置
创建机械装置模型
创建机械装置运动特性
创建Smart组件
创建旋转机械装置
创建齿轮传动Smart组件
创建工具
用户工具安装原理
创建用户工具

任务 1 建模功能的使用

任务分析

使用 RobotStudio 进行工作站仿真验证时，若工业机器人的节拍、到达能力等对周边模型要求不高，则可以使用简单的等同于实际大小的基本模型进行代替，从而节省工作站仿真验证的时间，提高工作效率。

在实际应用中，需要根据具体的工作任务来创建工作站及其所用模型。一般情况下，RobotStudio 自带的模型往往无法满足需求，因此需要使用 RobotStudio 的建模功能来创建工作站所需三维模型。

相关知识

3.1.1 RobotStudio 建模功能基本介绍

RobotStudio 建模功能可以实现创建各类型固体、表面及曲线、关节等模型；能够进行交叉、减去、结合、拉伸等 CAD 操作；能够创建 Smart 组件、机械装置、工具、输送带等机械机构。同时，为保证所建模型或工作站能够完全符合要求，建模功能还提供了模型测量功能。

建模功能中的创建 Smart 组件、创建机械装置、创建工具、创建输送带等功能为创建复杂任务工作站并实现离线编程和仿真提供便捷。RobotStudio 6.08 建模功能窗口如图 3-1 所示。

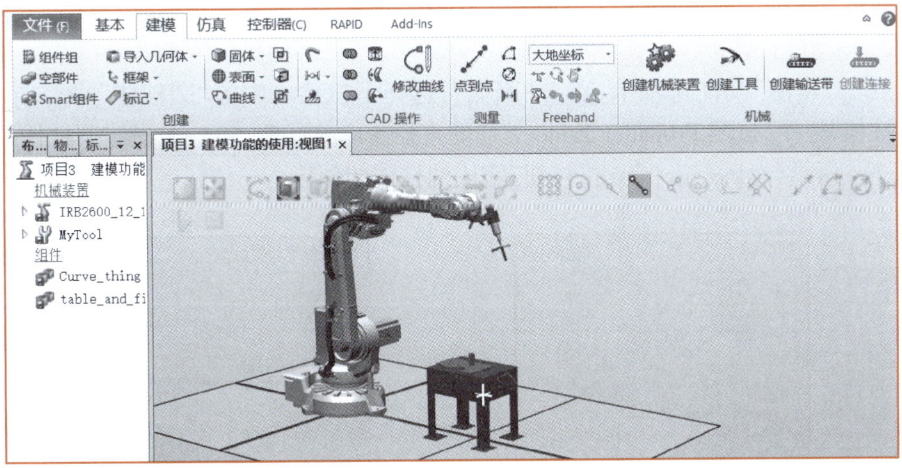

图 3-1 RobotStudio 6.08 建模功能窗口

课件
项目 3

任务实施

3.1.2 创建三维模型

工作站素材
项目 3

本任务以 RobotStudio 模型库自带的 Propeller Table 为样本创建三维模型。

1. 创建矩形体

① 新建一个工作站并保存为“项目3　建模功能”。

② 点击“基本”功能选项卡，点击“导入模型库”，在下拉菜单中选择“设备→ Propeller Table”命令，然后导入工作站。

③ 点击“建模”功能选项卡，点击“固体”，选择下拉菜单中的“矩形体”命令，如图3-2所示。

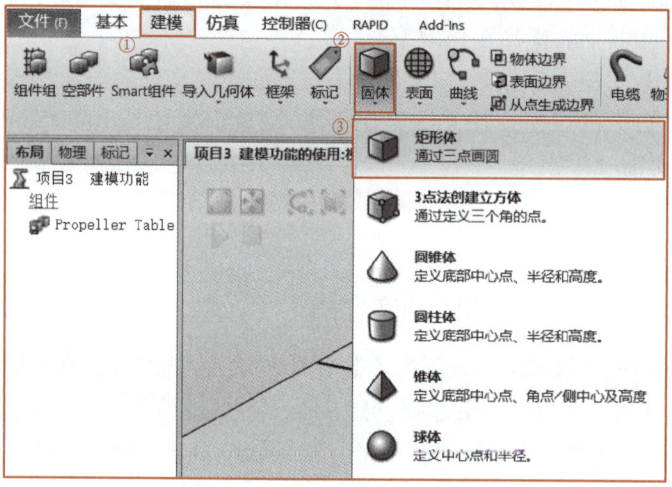

图3-2　创建矩形体

④ 在“创建方体”栏中，按照Propeller Table的长(400 mm)、宽(300 mm)、高(304 mm)设定新建方体的参数，如图3-3所示，然后点击“创建”按钮，完成矩形体的创建。

2. 创建圆柱体

点击“建模”功能选项卡，点击“固体”，选择下拉菜单中的“圆柱体”命令，在“创建圆柱体”栏中，按照Propeller Table立柱的直径(50 mm)、高(150 mm)设定圆柱体参数，如图3-4所示，然后点击“创建”按钮，完成圆柱体的创建。

微课

创建矩形体和圆柱体

提示

① 模型创建完成后其尺寸参数将无法修改。

② 模型中的角点参数确定其导入系统后的原点位置；方向参数确定其导入系统后围绕X、Y、Z轴旋转的角度。

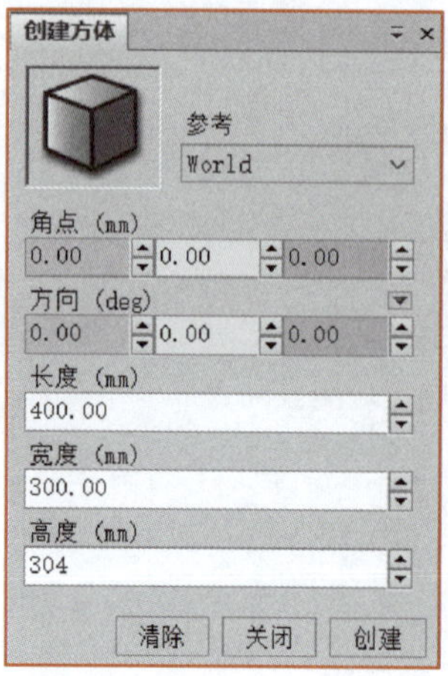

图3-3　设置矩形体参数

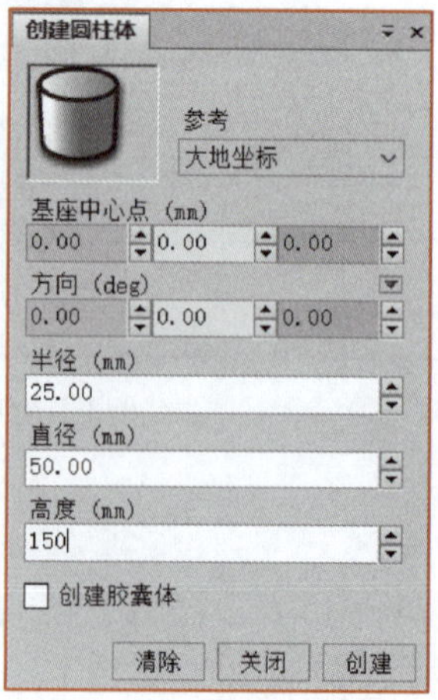

图3-4　设置圆柱体参数

3. 组合矩形体和圆柱体

① 利用一点法放置圆柱体。在左侧“布局”栏中右键点击“部件 2”圆柱，在下拉菜单中选择“位置→放置→一个点”命令，如图 3-5 所示。

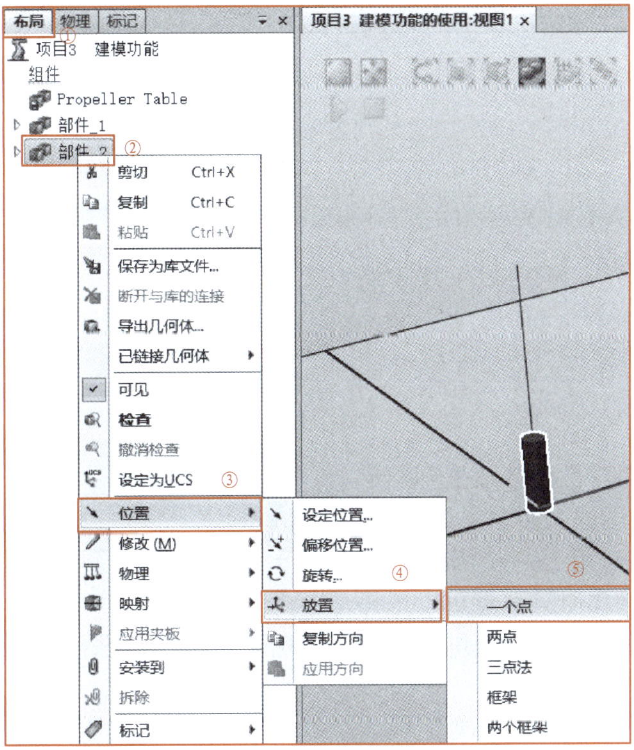

图 3-5 一点法放置圆柱体

② 在“放置对象：部件 2”栏中，点击“主点 – 从”输入框，选择“捕捉中心”，以合适的视角选择圆柱体下表面的圆心，如图 3-6 所示。

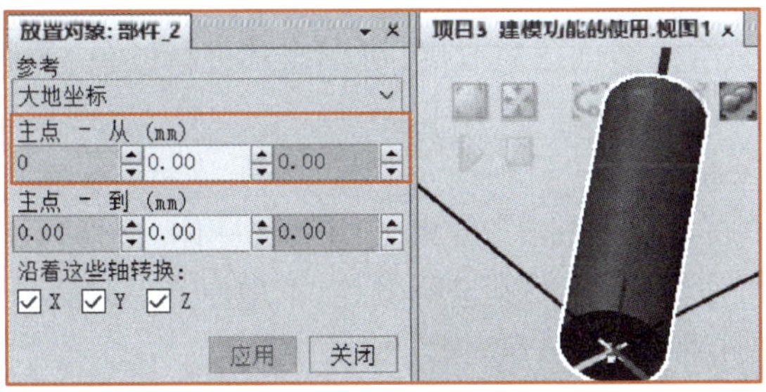

图 3-6 选择放置的源点（主点 – 从）

③ 在“放置对象：部件 2”栏中，点击“主点 – 到”输入框，选择“捕捉中心”，以合适的视角选择矩形体上面表中心，如图 3-7 所示。

微课
组合矩形体和圆柱体

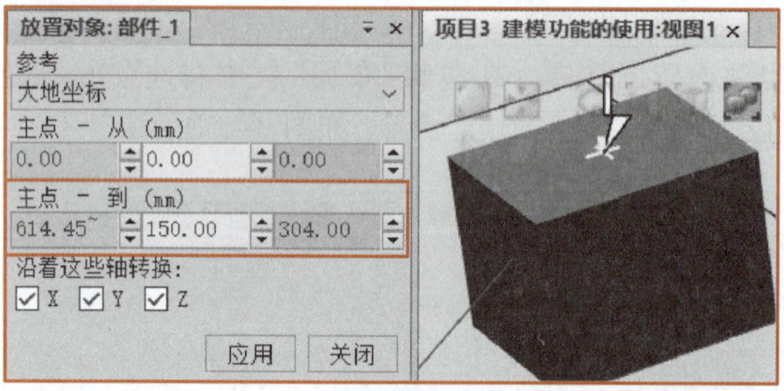

图 3-7 选择放置的新位置点(主点 – 到)

④ 点击“应用”按钮,圆柱体被放置到矩形体上表面中心处,即完成了 Propeller Table 三维模型的创建,如图 3–8 所示。

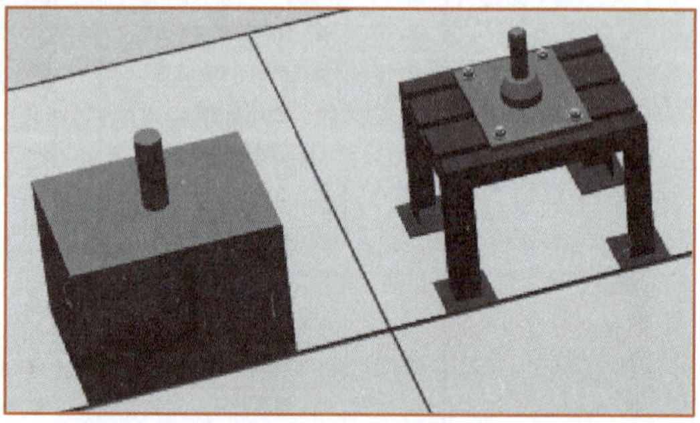

图 3–8 完成 Propeller Table 三维模型创建

注意:

① 目前只是将圆柱体放置到矩形体上,两个部件还是互相独立的,后续任务会将两者结合,生成一个部件。

② 创建圆柱体时其角点可以选择矩形体上表面的中心,但此处角点选择了(0,0,0),主要是考虑可以使读者熟悉一点法放置圆柱体。

③ 本任务只创建了两种模型,读者可以自行练习创建其他模型,也可使用拉伸等其他 CAD 操作创建模型。

④ RobotStudio 可以创建简单的三维模型,如需要精细、复杂的三维模型,建议使用第三方软件制作。

微课
设置三维模型参数

3.1.3 设置三维模型相关参数

Propeller Table 三维模型创建完成后,可以对其进行颜色、本地原点、材料、外观等参数进行设置。

1. 设置三维模型参数

选择所创建的 Propeller Table 三维模型中的圆柱体、矩形体,点击鼠标右键,在下拉菜单中选择“修改”命令,可以对其进行颜色、本地原点、材料、外观等参数进行设置,如图 3–9 所示。读者可根据需要自行设定相关参数。

微课
矩形体和圆柱体的 CAD 操作

2. 三维模型的 CAD 操作

建模功能还提供了交叉、结合、减去以及拉伸等 CAD 操作。本任务中创建的 Propeller Table 三维模型导出时,只能将矩形体和圆柱体分别导出为不同的几何体,这给后续工作带来诸多不便。在此,通过“结合”CAD 操作将其组合为一个整体。

① 在“建模”功能选项卡,点击“CAD 操作”中的“结合”。

② 在“结合”栏中点击第一个输入框,选择左侧“布局”栏中“部件 1”下的物体;点击第

二个输入框，选择左侧“布局”栏中“部件2”下的物体，然后点击“创建”按钮，如图3–10所示。

③ 部件 _1 矩形体、部件 _2 圆柱体组合后会生成新的部件 _3。部件 _3 与原来的部件是重叠的，移开原部件后即可显示最新的部件 _3(灰色部件)，如图 3–11 所示。

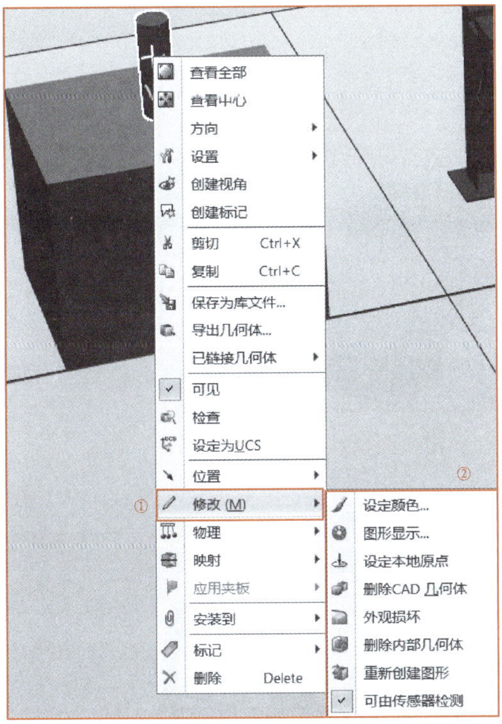

图 3–9 修改三维模型参数

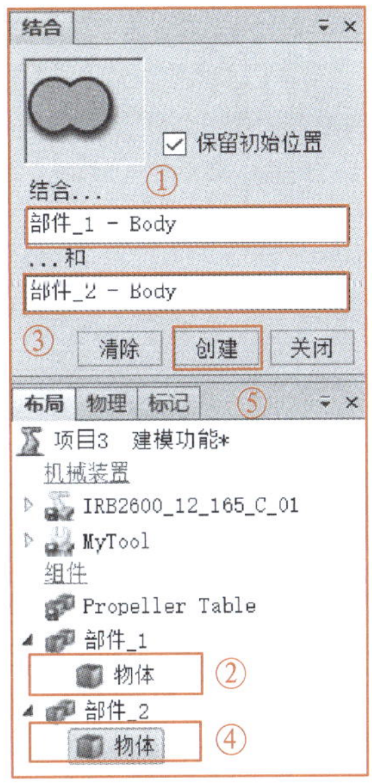

图 3–10 圆柱体与矩形体的结合 CAD 操作

任务拓展

3.1.4 创建组件组

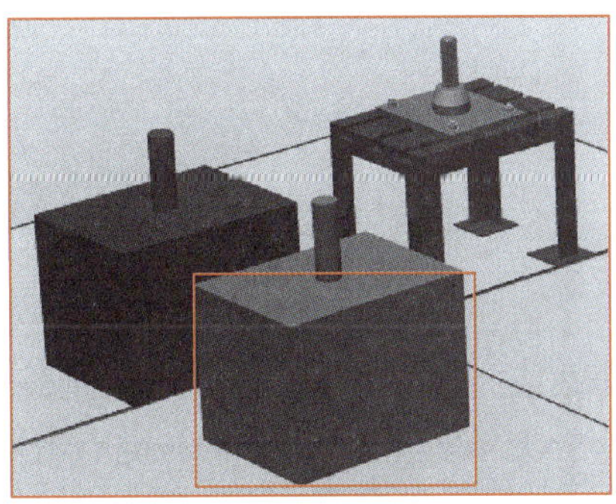

图 3–11 新生成的部件 –3

通过“建模”功能选项卡中的“结合”CAD 操作，可以使不同的部件结合在一起，创建为新的部件，而原有部件的特性将消失。在实际应用中，往往希望不同部件结合在一起时，原部件的特性能够得以保留。RobotStudio 提供了相应的解决方案，即创建组件组，具体方法如下。

> **提示**
> ① 部件 _3 是一个独立的整体，修改其参数时，整个部件都会随之变化。
> ② 本任务只介绍了“结合”CAD 操作，其他 CAD 操作请读者自行实践。

① 在“建模”功能选项卡中，点击“组件组”，如图 3–12 所示。在左侧“布局”栏中生成“组 _1”。

② 在左侧“布局”栏中，分别选择部件 1、部件 2 并按住左键，将其拖放到“组 _1”上，完成组件组的创建，如图 3–13 所示。由此可以看出，组件组创建后并没有生成新的部件，原有部件的特性也得以保留。

③ “组 _1”可以作为一个整体使用，选择“组 _1”中的部件 1、部件 2 时也可以对

其进行单独的操作。

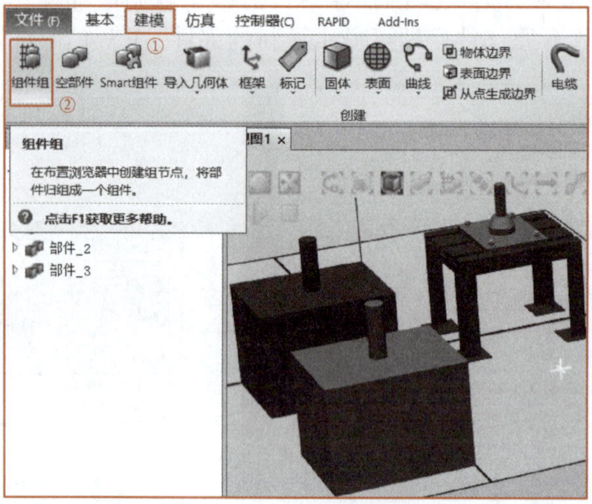

图 3-12 点击“组件组”

微课
创建组件组

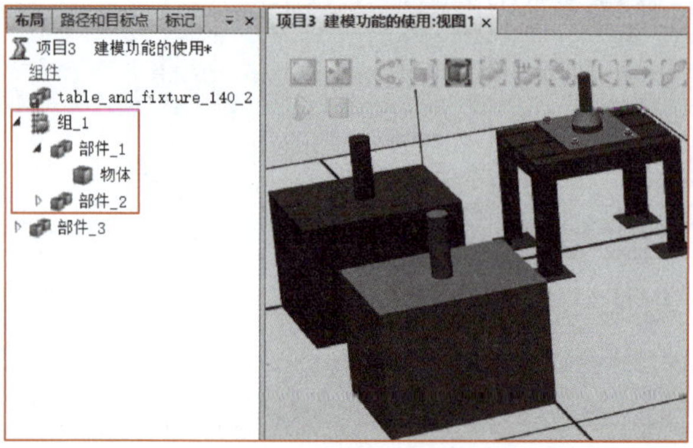

图 3-13 组 _1 创建完成

提示
组件组可由多个部件组成，具体视实际情况而定。

微课
导出三维模型

3.1.5 导出三维模型

自行创建的三维模型可以作为第三方模型导出并保存起来，方便后续创建类似工作站或共享给他人使用。三维模型导出的具体操作方法如下。

① 在左侧“布局”栏右键点击要导出的部件，在下拉菜单中选择“导出几何体”命令，如图 3-14 所示。

② 设置导出几何体的格式、版本等参数，一般情况下导出通用格式的几何体，如图 3-15 所示。

③ 参数设置完成后，点击“导出”按钮，在“另存为”对话框中输入文件名和保存类型，点击“保存”按钮，完成几何体导出操作。

3.1.6 导入第三方模型

用 RobotStudio 进行工作站仿真验证时，若需使用精细的三维模型或仿真精度要求较高，可以通过第三方建模软件（如 SolidWorks、AutoCAD、UG、Creo 等）进行建模，并通过“*.sat”格式导入系统来完成工作站的搭建。本任务以工业机器人搬运码垛工作站所需模型为例，导入由第三方软件创建的三维模型。

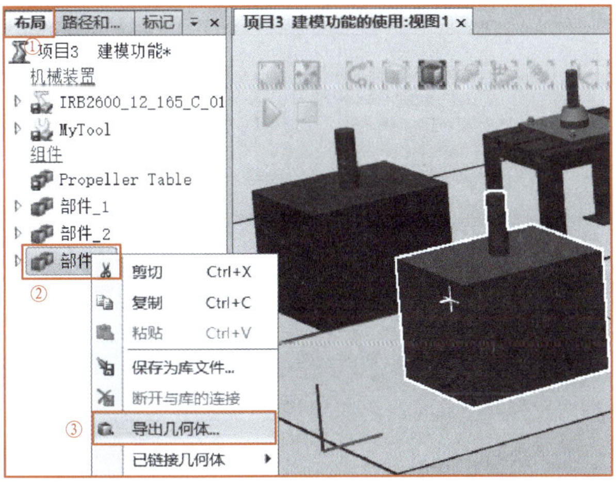

图 3-14　选择“导出几何体”命令

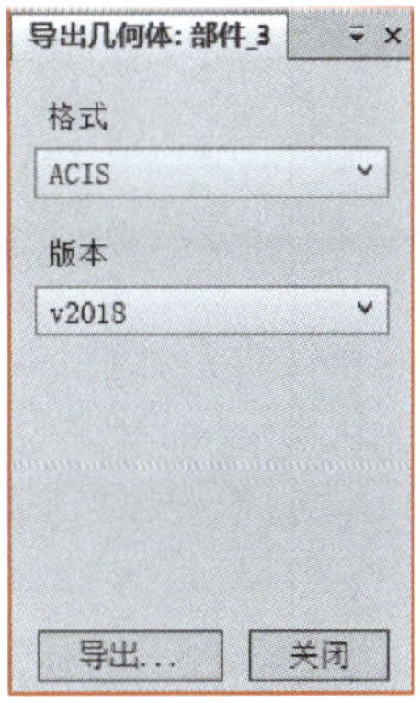

图 3-15　设置导出几何体的参数

① 在“基本”或“建模”功能选项卡，点击“导入几何体”，在下拉菜单中选择“浏览几何体”命令，如图 3-16 所示。

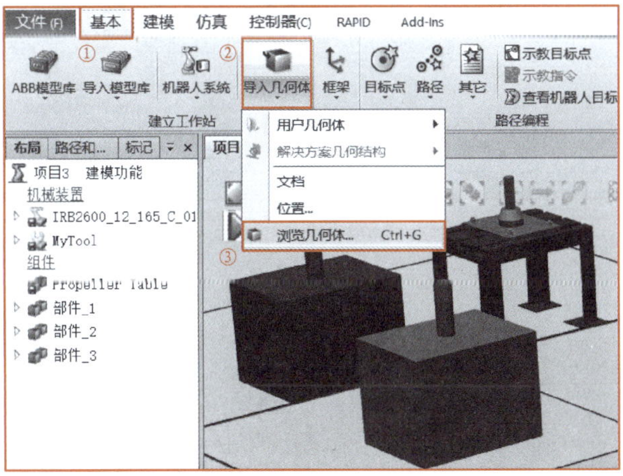

图 3-16　导入几何体

② 在“浏览几何体”对话框找到所需的三维模型，点击“打开”按钮，等待几何体导入完成，如图 3-17 所示。

③ 第三方模型导入完成后，其位置不一定是创建工作站所需位置，可根据具体需求进行相应的调整，如图 3-18 所示。

微课
导入第三方模型

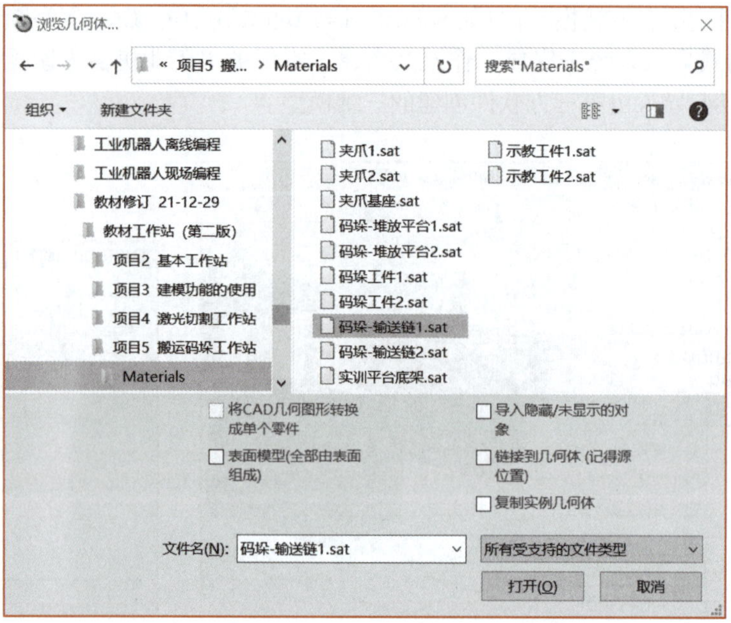

图 3-17 导入第三方模型

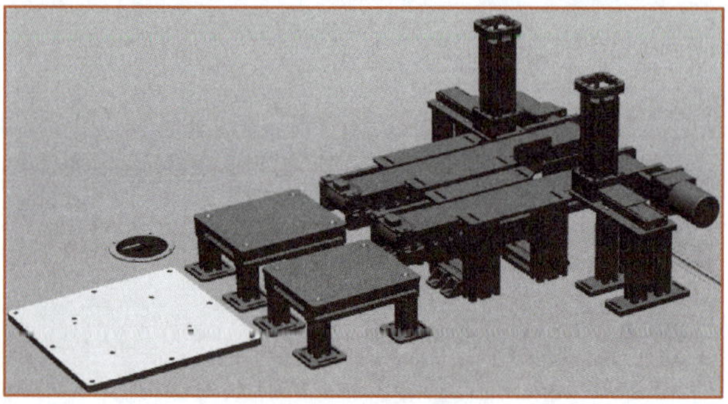

图 3-18 调整位置后的第三方模型

> **提示**
> 此处仅示范如何导入第三方三维模型，其调整位置的具体方法将在项目 5 中详细介绍。

任务 2 测量工具的使用

任务分析

创建工作站时不仅需要导入不同的三维模型，有时候还需要对模型进行必要的测量。本任务将重点介绍如何使用 RobotStudio 测量工具对三维模型进行测量。

相关知识

3.2.1 测量功能

RobotStudio 不仅提供了基础的建模功能，还提供了模型测量功能。测量功能主要有以下几种方式。

① 点到点：实现任意两点之间的距离测量。

② 角度：实现两直线相交角度的测量。

③ 直径：实现圆的直径测量。

④ 最短距离：实现视窗中两个对象的直线距离测量。

任务实施

3.2.2　使用测量工具

1. 测量矩形体的尺寸

① 在“建模”功能选项卡选择捕捉方式“选择部件”和捕捉工具“捕捉末端”，如图 3-19 所示。

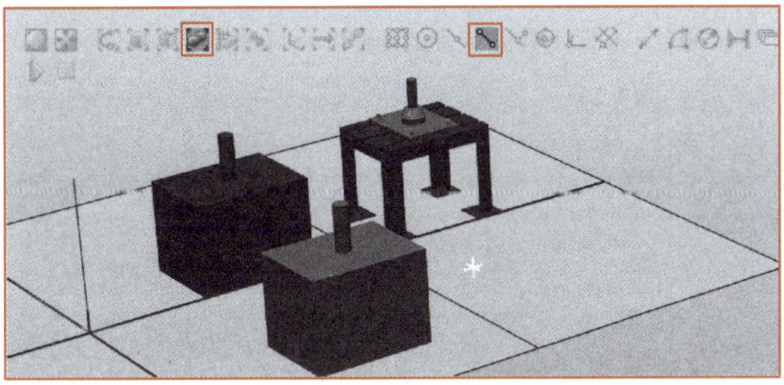

图 3-19　选择捕捉方式和捕捉工具 1

② 选择“点到点”测量方式，捕捉待测量的第 1 个点，捕捉待测量的第 2 个点，测量结果自动显示，如图 3-20 所示。

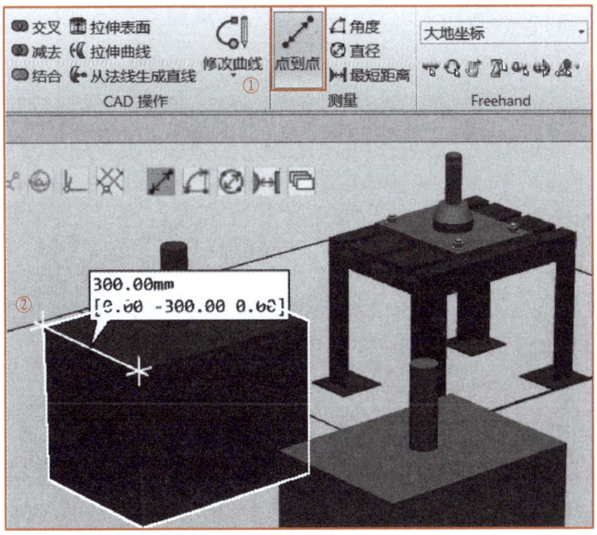

图 3-20　测量矩形体的宽度

③ 矩形体其余尺寸参数(长度、高度)的测量方法与此相同,读者可自行实践。

2. 测量圆柱体的直径

① 在“建模”功能选项卡,选择捕捉方式“选择部件”和捕捉工具“捕捉边缘”,如图 3-21 所示。

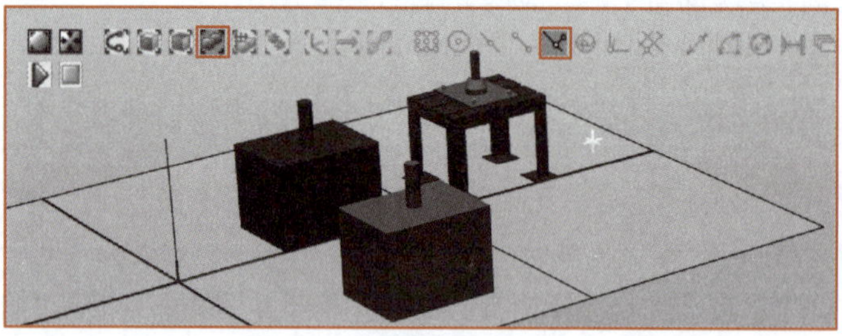

图 3-21 选择捕捉方式和捕捉工具 2

② 选择“直径”测量方式,捕捉待测量圆周上任意三个点,测量结果自动显示,如图 3-22 所示。

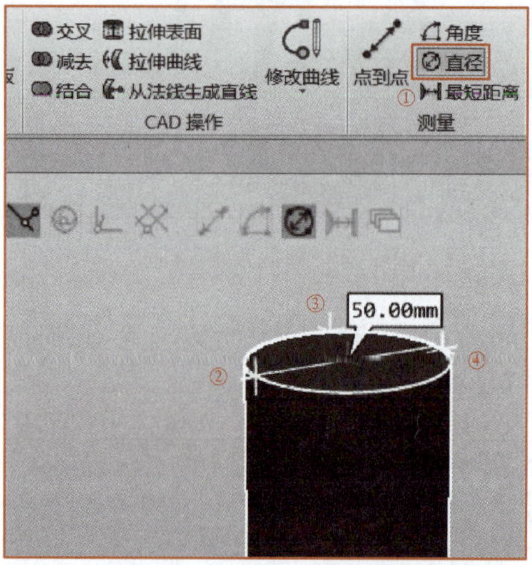

图 3-22 测量圆柱体的直径

3. 测量矩形体的角度

① 在“建模”功能选项卡选择“选择部件”和“捕捉末端”。

② 选择“角度”测量方式,捕捉要测量的角的顶点,分别捕捉待测量角度的两条边的端点,测量结果自动显示,如图 3-23 所示。

4. 测量两个物体间的最短距离

① 在“建模”功能选项卡选择“选择部件”和“捕捉末端”。

② 选择“最短距离”测量方式,捕捉要测量的两个部件的任意端点,测量结果自动显示,如图 3-24 所示,部件 _2 矩形体与部件 _3 组合体的最短距离是 449.62 mm。

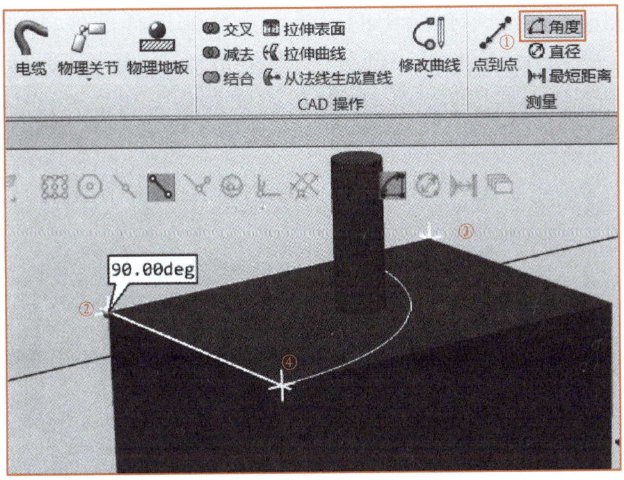

图 3-23　测量矩形体的角度

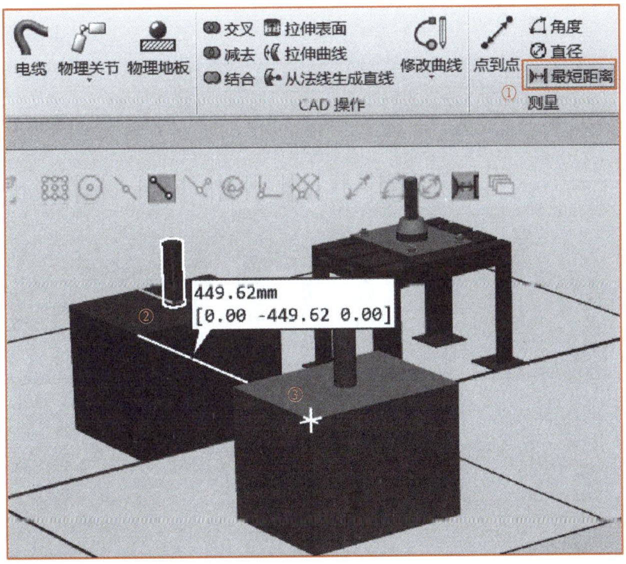

图 3-24　测量部件 _2 矩形体与部件 _3 组合体的最短距离

微课
测量工具的使用

任务拓展

3.2.3　测量技巧

1. 测量结果保持

在测量的过程中，常常需要保存前面的测量结果以方便后续工作的开展，RobotStudio 6.08 提供了测量结果保持功能。在测量前点击“保持测量”就可以实现测量结果的保持，如图 3-25 所示。

2. 测量的技巧

测量技巧主要体现在能够运用各种选择部件、捕捉方式、测量方式，正确快速地进行测量，要勤加练习才能掌握其中的技巧。主要的选择部件、捕捉方式、测量方式快捷图标如图 3-26 所示，其中第一部分为视图和仿真快捷图标、第二部分为选择部件快捷图标，第三部分为捕捉方式快捷图标，第四部分为测量方式快捷图标。

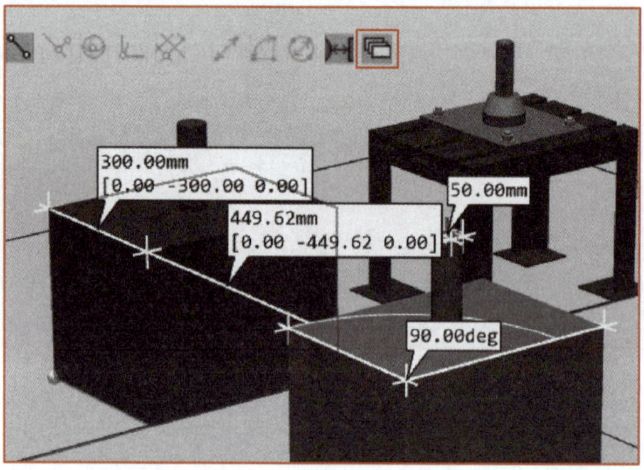

图 3-25 测量结果的保持

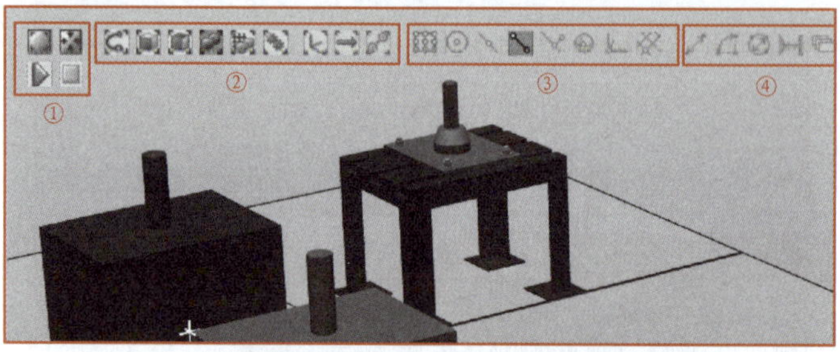

图 3-26 主窗口快捷图标

微课
测量技巧

任务 3 创建机械装置

任务分析

在工业机器人工作站中，为了更好地展示效果，通常会为工业机器人周边的模型（如输送带、夹具、滑台、齿轮、活塞等）制作动画效果。本任务以创建简易活塞机械装置为例进行说明。

延伸阅读
嫦娥五号探月取壤背后的故事

相关知识

3.3.1 机械装置

RobotStudio 中的机械装置就是由若干个机械零件组装在一起的装置，通过设置其机械特性能够实现相应的运动。机械装置能够使工作站在离线仿真时更好地展示真实工作站情景。常用的机械装置有输送带、夹具、滑台、齿轮、活塞等常见运动机构。图 3–27 所示为滑台和活塞机械装置。

图 3–27　滑台和活塞机械装置

任务实施

3.3.2　创建机械装置模型

1. 导入活塞部件

在“基本”或“建模”功能选项卡中导入活塞杆、活塞筒部件，导入后如图 3–28 所示。

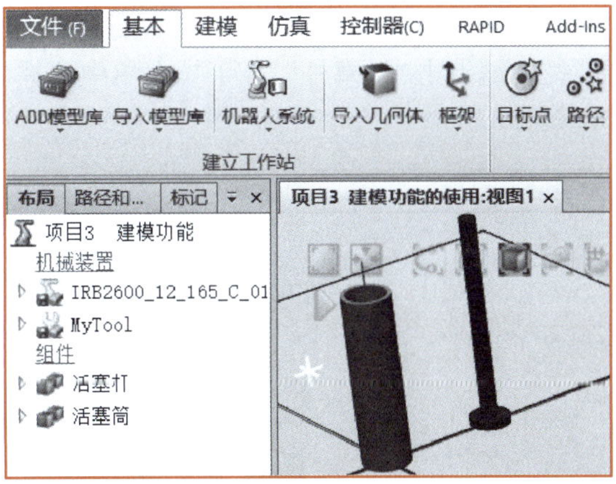

图 3–28　导入活塞部件

2. 创建活塞组合体

① 在“基本”或“建模”功能选项卡点击“框架”，在下拉菜单中选择“创建框架”命令，如图 3–29 所示。

② 在“创建框架”栏中将框架位置设为(0,0,20)(该点即活塞筒底部上表面中心)，其余参数为默认值，然后点击“创建”按钮，如图 3–30 所示，完成框架 1 的创建。

③ 重复上述步骤，在“创建框架”栏中将框架位置设为(300,0,0)(该点即活塞杆底部表面中心)，其余参数为默认值，然后点击“创建”按钮，如图 3–31 所示，完成框架 2 的创建。

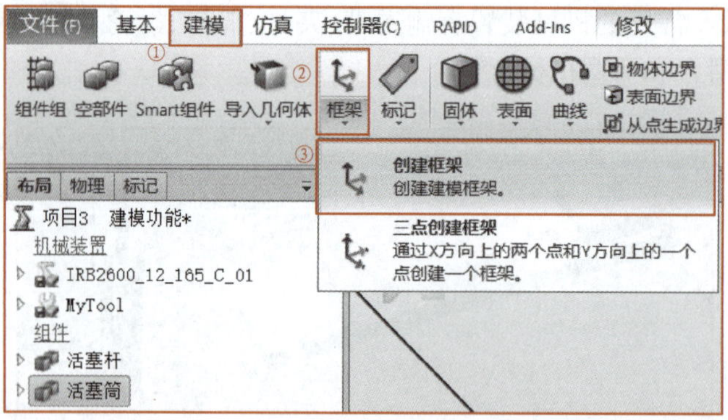

图 3-29 创建框架

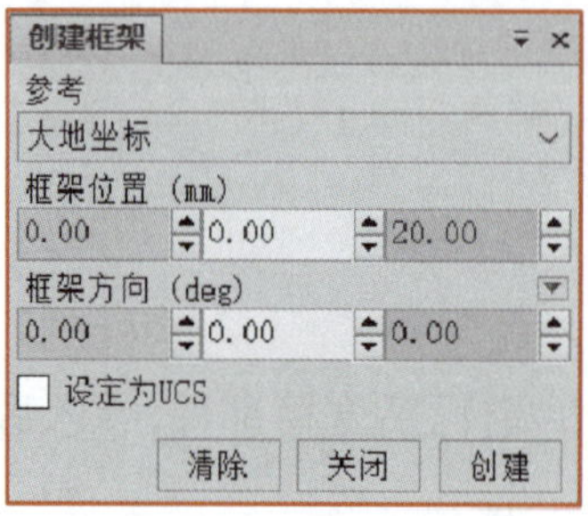

图 3-30 设置框架 1 参数

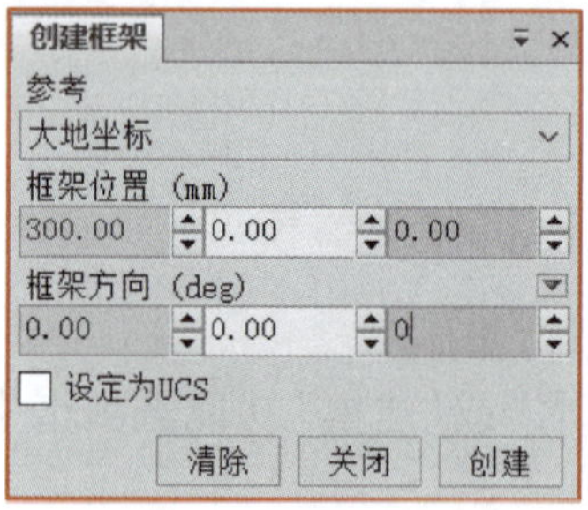

图 3-31 设置框架 2 参数

④ 在左侧“布局”栏右键点击“活塞杆”，在下拉菜单中选择“位置→放置→两个框架”命令，如图 3-32 所示。

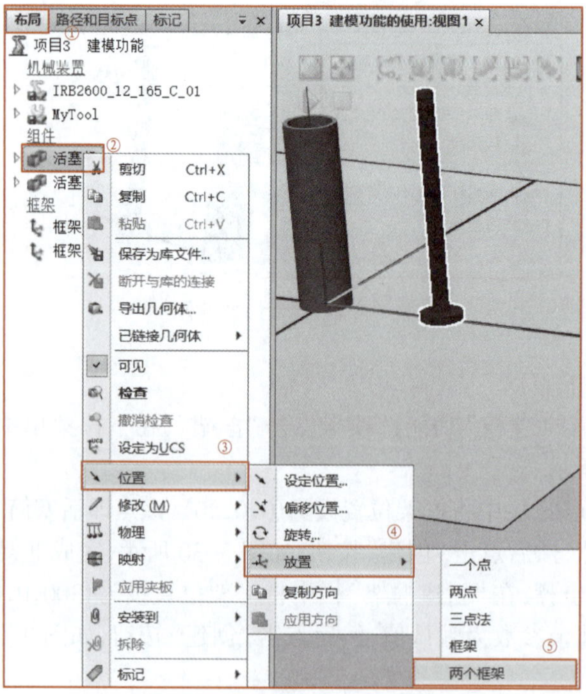

图 3-32 选择“两个框架”命令

⑤ 在“通过两个框架进行放置:活塞杆”栏中,点击“从:”输入框,选择框架 _2 ;点击“到:”输入框,选择框架 _1 ;然后点击“应用”按钮,如图 3–33 所示,完成活塞杆的放置。

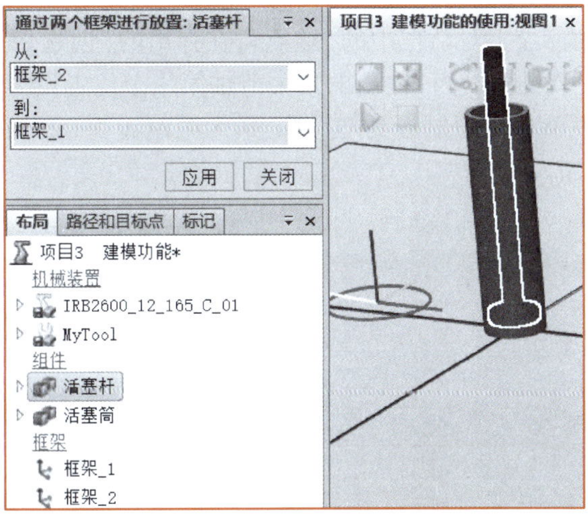

图 3–33　选择框架 _2 和框架 _1

提示

组合活塞部件也可以使用“一点”“两点”“三点”等不同的放置方法,本任务为展示与前述不同的放置方法,故采用了“两个框架”法,读者可以自行实践其他放置方法。

微课

创建活塞组合体

⑥ 活塞组合完成后,可删除框架 1、框架 2。

3.3.3　创建机械装置运动特性

1. 创建机械装置链接

① 在“建模”功能选项卡中点击“创建机械装置”,在“创建 机械装置”栏中将机械装置模型名称设为“活塞”,机械装置类型选择为“设备”,如图 3–34 所示。

② 双击“创建 机械装置”对话框中的“链接”,在弹出的“创建 链接”对话框中,链接名称设为“L1”,所选组件设为“活塞筒”,勾选“设置为 BaseLink”,点击添加箭头,然后点击“应用”按钮,如图 3–35 所示。

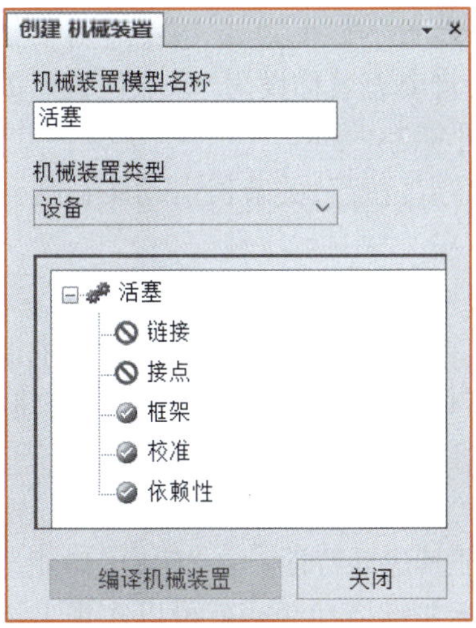

图 3–34　设置机械装置名称和类型

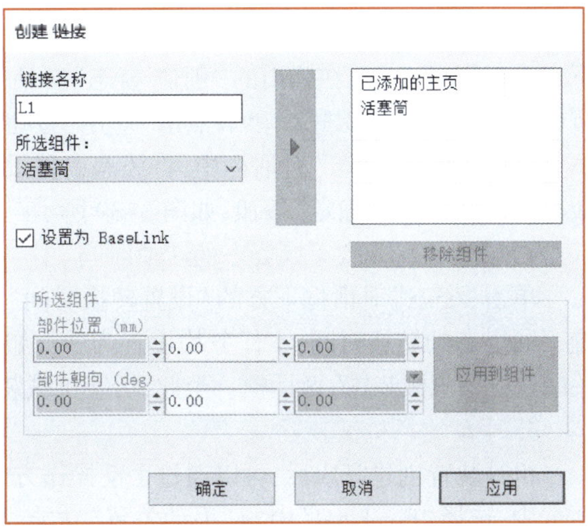

图 3–35　创建机械装置链接 L1

③ 在“创建 链接”对话框中，将链接名称设为“L2”，所选组件设为“活塞杆”，点击添加箭头，然后点击“确定”按钮，如图 3-36 所示。

2. 创建机械装置的接点

双击“创建 机械装置”对话框中的“接点”，在弹出的“创建 接点”对话框中，将关节名称设为“J1”，关节类型设为“往复的”，关节轴第一个位置设为(0,0,20)，第二个位置设为(0,0,300)，关节最小限制设为 20 mm、最大限制设为 300 mm，如图 3-37 所示，然后点击“确定”按钮。

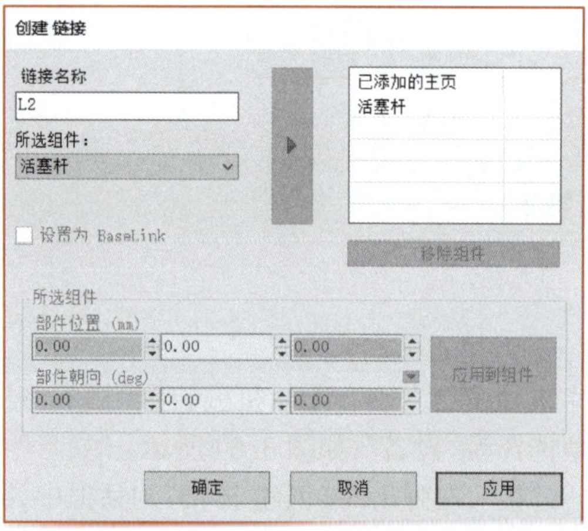

图 3-36 创建机械装置链接 L2

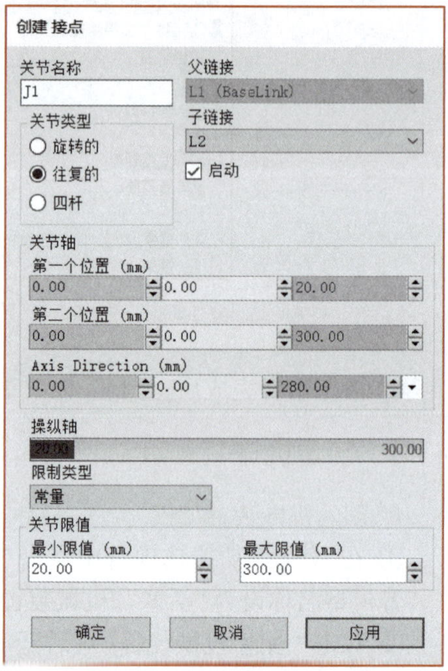

图 3-37 创建机械装置接点 J1

3. 创建机械装置的姿态

微课
创建机械装置

① 点击“创建 机械装置”对话框中的“编译机械装置”按钮，点击“姿态”对话框下方的“添加”按钮，在弹出的“创建 姿态”对话框中，将姿态名称设为“原点位置”，关节值滑动按钮拖到最左边，然后点击“应用”按钮，如图 3-38 所示。

② 在“创建 姿态”对话框中，将姿态名称设为“终点位置”，关节值滑动按钮拖到最右边，然后点击“确定”按钮，如图 3-39 所示。

4. 设置机械装置不同姿态的转换时间

单击“姿态”对话框下方的“设置转换时间”按钮，在“设置转换时间”对话框中设置不同姿态的转换时间，本任务均设置为 3 s，如图 3-40 所示，然后点击“确定”按钮，关闭“创建 机械装置”对话框。至此，活塞机械装置创建完毕。

5. 手动运行机械装置

机械装置创建完成后，可以通过手动操作方式验证其运动特性。在“建模”功能选项卡中，选择“Freehand”中的“手动关节”功能，用鼠标左键拖动活塞就可以实现上下移动，如图 3-41 所示。

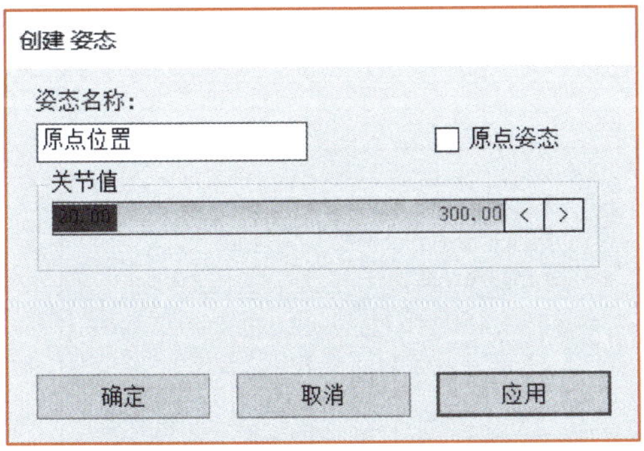

图 3-38　创建原点位置姿态

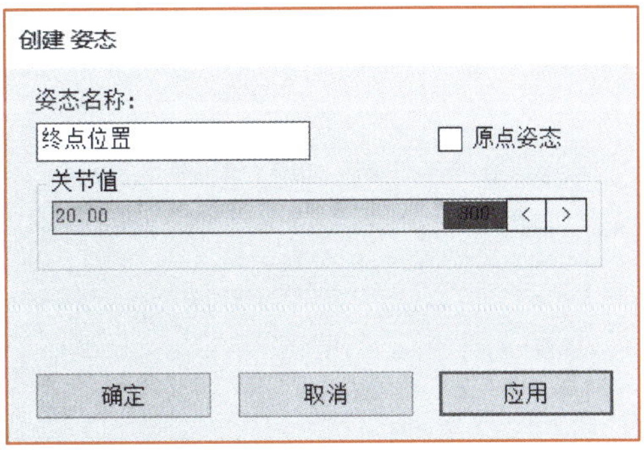

图 3-39　创建终点位置姿态

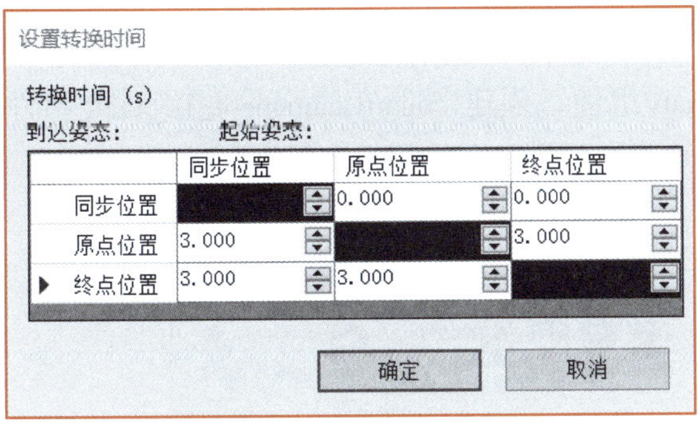

图 3-40　设置姿态转换时间

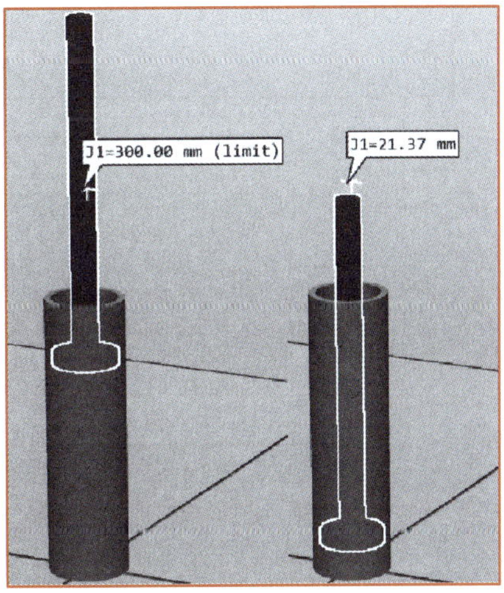

图 3-41　活塞上下移动

6. 导出和导入机械装置

(1) 导出为库文件

创建的机械装置可以作为库文件被保存起来，以便在后续工作站中使用。在左侧“布局”栏中右键点击“活塞”，在下拉菜单中选择“保存为库文件”命令，如图 3-42 所示。

(2) 导入库文件

在“基本”功能选项卡单击“导入模型库”，选择“用户库”或“浏览库文件”命令，找到活塞机械装置库文件，然后导入到工作站，如图 3-43 所示。

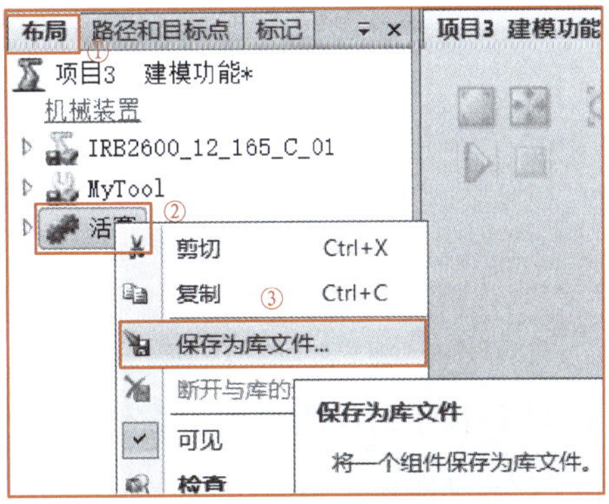

图 3-42　将活塞机械装置保存为库文件

微课

导出导入库文件

提示

为便于进行“SC_活塞”Smart 组件与机器人的联动仿真，必须提前导入一个机器人模型(可导入后隐藏起来)，然后建立机器人系统，本任务创建的机器人系统为 System083。

3.3.4　创建 Smart 组件

Smart 组件是 RobotStudio 实现虚拟仿真必不可少的功能，它是工业机器人 I/O 信号与仿真对象运动属性控制的连接桥梁，是在 RobotStudio 中实现动画效果的高效工具。本任务是以活塞机械装置为基础，创建 SC_ 活塞 Smart 组件。

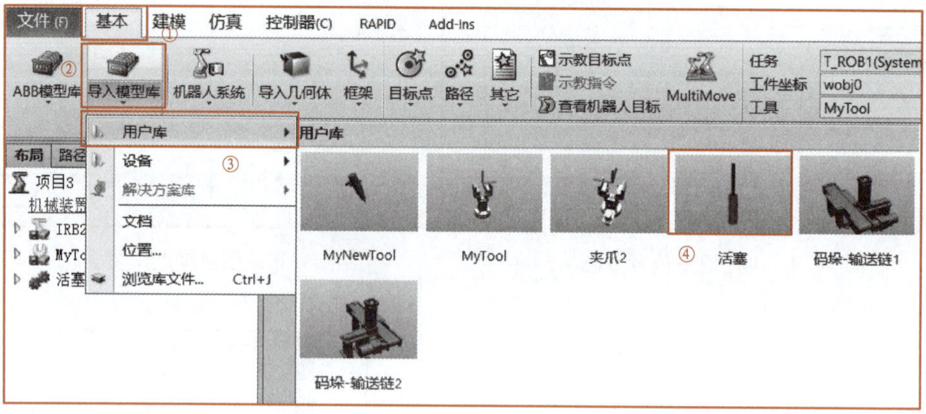

图 3-43　导入活塞机械装置库文件

1. 创建 SC_ 活塞 Smart 组件

在“建模”功能选项卡中点击“Smart 组件”，创建“SmartComponent_1”Smart 组件并双击，改名为“SC_ 活塞”，如图 3-44 所示。

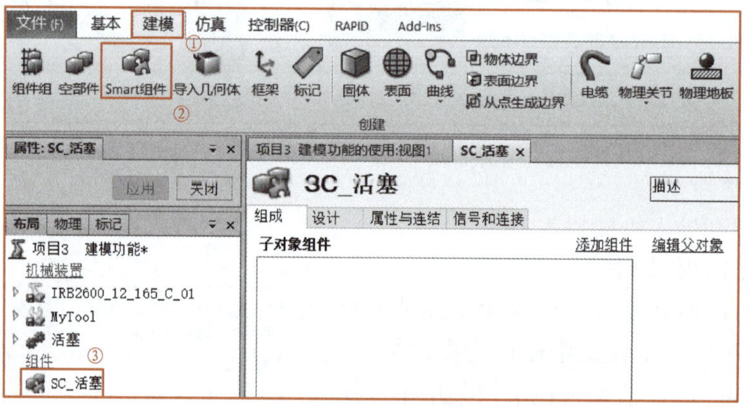

图 3-44　创建 SC_ 活塞 Smart 组件

2. 创建 SC_ 活塞 Smart 组件的子组件

① 在左侧“布局”栏中选择活塞机械装置，并将其拖放到 SC_ 活塞 Smart 组件中，然后在子对象组件窗口右键点击活塞，在下拉菜单中勾选“设定为 Role”命令，如图 3-45 所示。

② 创建本体 PoseMover（原点位置）。

创建本体 PoseMover。在“SC_ 活塞”编辑窗口，选择“组成”选项，点击“添加组件”，在弹出的下拉菜单中选择“本体→ PoseMover”命令，如图 3-46 所示。

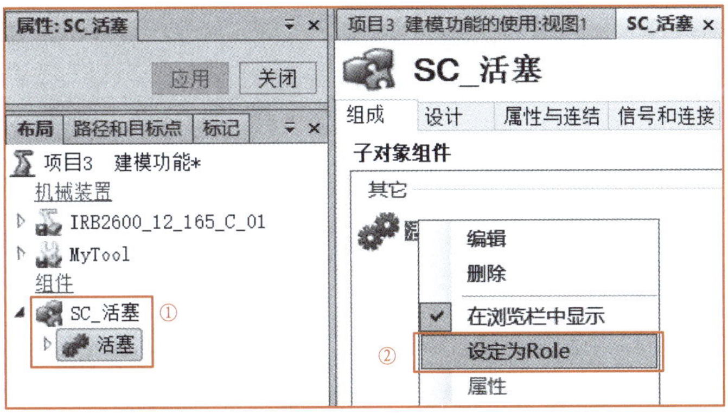

图 3-45 将活塞设定为 Role

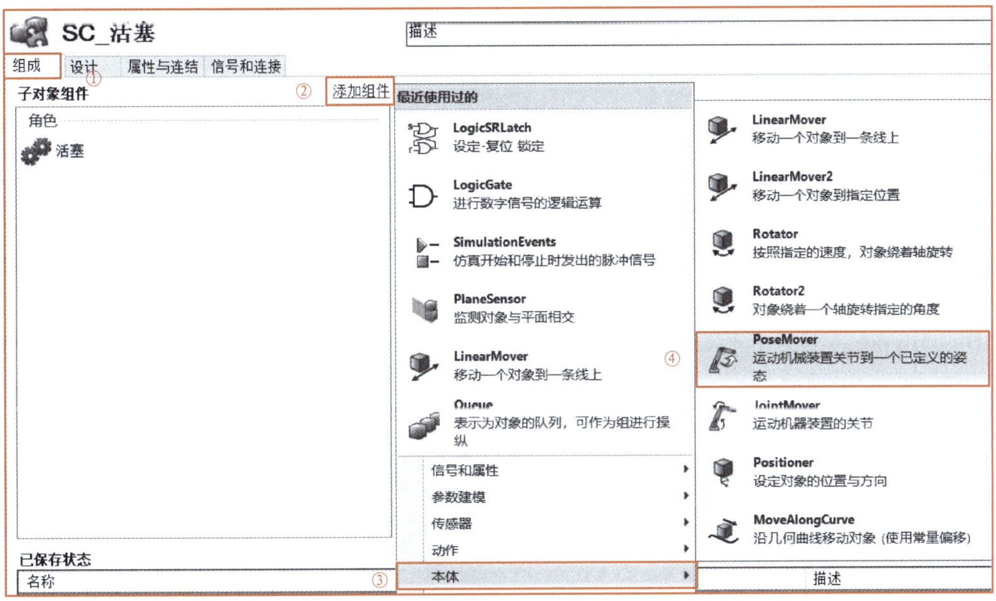

图 3-46 创建本体 PoseMover（原点位置）

设置本体 PoseMover 的属性。在“属性:PoseMover”栏中将 Mechanism 设为“活塞(SC_活塞)”，Pose 设为“原点位置”，Duration 设为 3.0，如图 3-47 所示，点击“应用”按钮，再点击“关闭”按钮。

③ 创建本体 PoseMover（终点位置）。

创建本体 PoseMover。在“SC_活塞”编辑窗口选择“组成”选项，点击“添加组件”，在弹出的下拉菜单中选择“本体→PoseMover”命令。

设置本体 PoseMover 的属性。在“属性:PoseMover”栏中将 Mechanism 设为“活塞(SC_活塞)”，Pose 设为“终点位置”，Duration 设为 3.0，如图 3-48 所示，点击“应用”按钮，再点击“关闭”按钮。

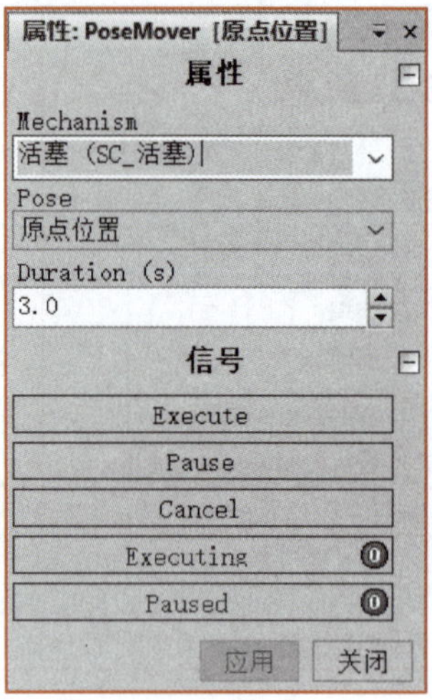

图 3-47 设置本体 PoseMover 的属性(原点位置)

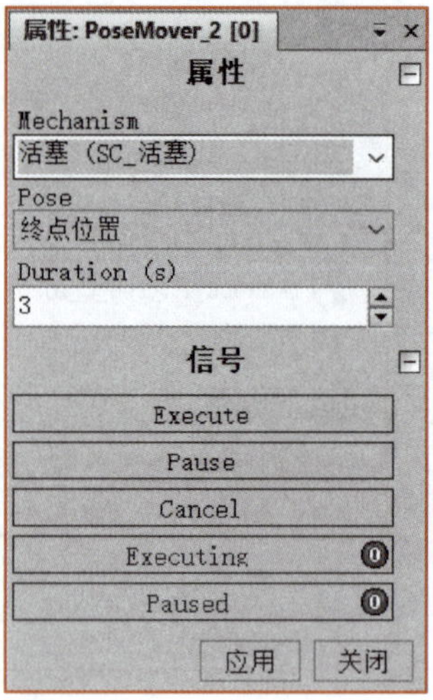

图 3-48 设置本体 PoseMover 的属性(终点位置)

> **提示**
> 终点位置本体的默认名称为“PoseMover_2 [终点位置]”,为统一命名方式和后面的运用,此处修改成了“PoseMover [终点位置]”。

3. 创建 SC_ 活塞 Smart 组件的信号和连接

(1) 创建 SC_ 活塞的输入信号

① 在“SC_ 活塞”编辑窗口选择“信号和连接”选项,点击“I/O 信号”窗口下方的“添加 I/O Signals”按钮,在弹出的“添加 I/O Signals”对话框中将信号类型设为“DigitalInput”,信号名称设为“di_Pos1”,信号值设为 0,描述设为“SC_ 活塞输入信号 1”,如图 3-49 所示。

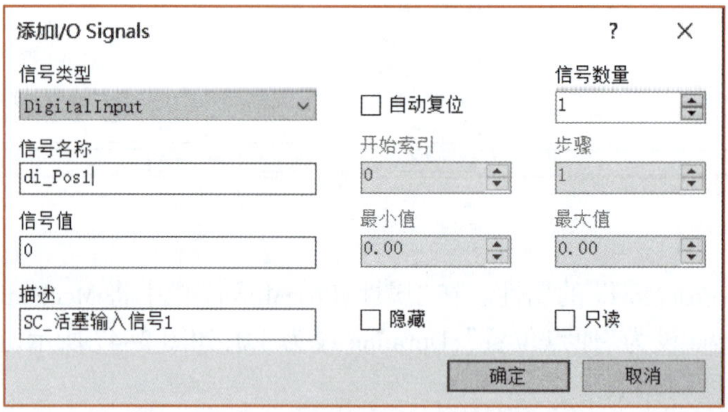

图 3-49 创建输入信号 di_Pos1

② 重复上述过程,将信号类型设为“DigitalInput”,信号名称设为“di_Pos2”,信号值设为 0,描述设为“SC_ 活塞输入信号 2”,如图 3-50 所示。

(2) 创建 SC_ 活塞 Smart 组件的 I/O 连接

① 创建 SC_ 活塞与 PoseMover [原点位置] 的 I/O Connection。在“SC_ 活塞”编辑窗口选择“信号和连接”选项,点击“I/O 连接”窗口下方的“添加 I/O Connection”按钮,在弹出的“添加 I/O Connection”对话框中创建 SC_ 活塞与 PoseMover [原点位置]

的 I/O Connection，如图 3–51 所示，然后点击“确定”按钮。

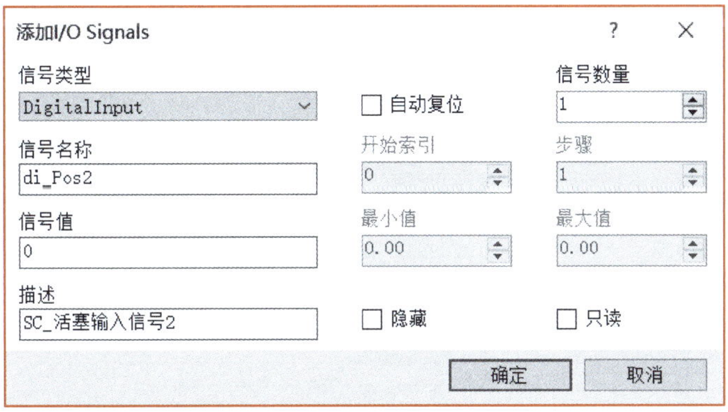

图 3–50　创建输入信号 di_Pos2

图 3–51　创建 SC_ 活塞与 PoseMover［原点位置］的 I/O Connection

② 创建 SC_ 活塞与 PoseMover［终点位置］的 I/O Connection。在“SC_ 活塞”编辑窗口中选择“信号和连接”选项，点击“I/O 连接”窗口下方的“添加 I/O Connection”按钮，在弹出的“添加 I/O Connection”对话框中创建 SC_ 活塞与 PoseMover［终点位置］的 I/O Connection，如图 3–52 所示，然后点击“确定”按钮。

微课

创建 SC_ 活塞 Smart 组件

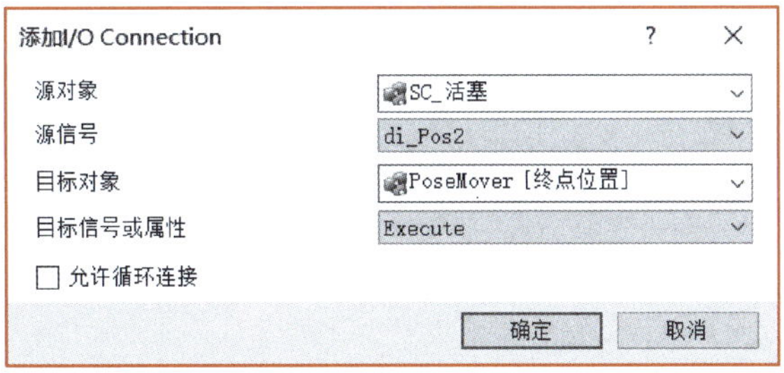

图 3–52　创建 SC_ 活塞与 PoseMover［终点位置］的 I/O Connection

4. 创建 DeviceNet Board10 通信单元

① 在“控制器”功能选项卡中双击左侧“控制器”栏中的“I/O System”，弹出“配置 –I/O System”窗口，右键点击“DeviceNet Device”，选择“新建 DeviceNet Device”命令，如图 3–53 所示。

② 在弹出的“实例编辑器”对话框中创建 Board10 通信单元，Name 设为“Board 10”，

Vendor Name设为“ABB Robotics”，Address设为10，其余参数采用默认值，如图3-54所示。

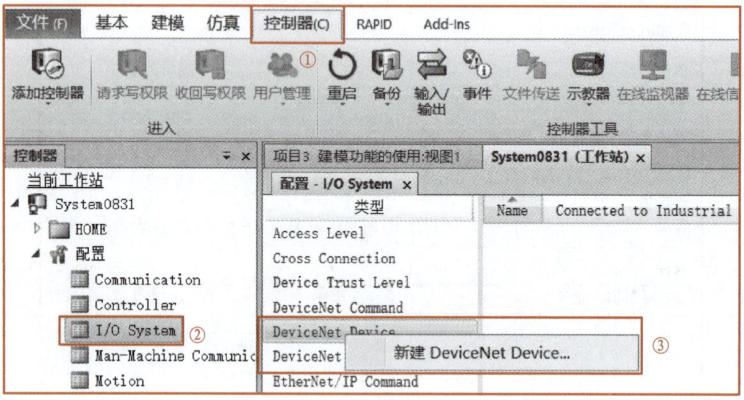

图3-53 新建DeviceNet Device

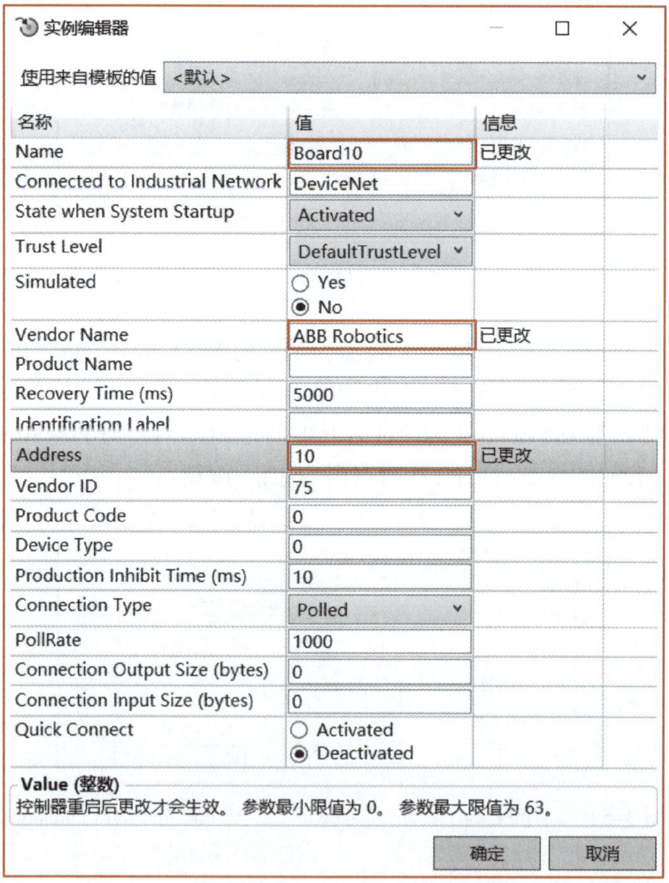

图3-54 配置通信单元Board10

提示

后续工作还需多次重启虚拟控制器。为避免繁琐操作，本任务在信号创建完成后再执行重新启动虚拟控制器操作。

③ 新建DeviceNet Board10通信单元后，会弹出“控制器重启后更改才会生效”提示，如图3-55所示。此时需重新启动虚拟控制器才能生效，通过点击“确定”按钮可重启虚拟控制器。

5. 创建系统信号

① 新建系统输出信号 1，在“配置 - I/O System”窗口右键点击“Signal”，在弹出的“实例编辑器”对话框中，Name 设为“do_Pos1”，Type of Signal 设为“Digital Output”，Assigned to Device 设为“Board10”，Device Mapping 设为 0，其余参数采用默认值，如图 3-56 所示。

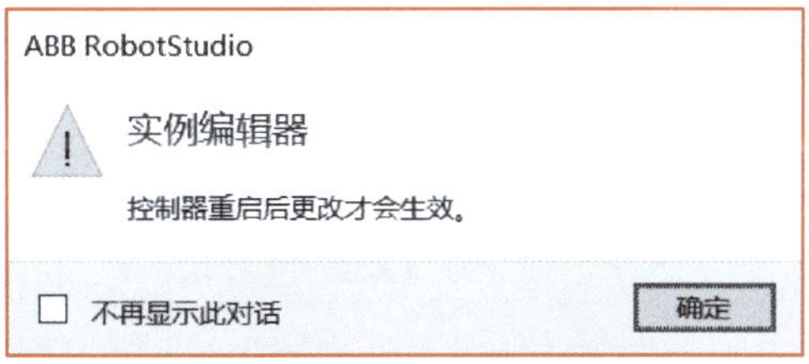

图 3-55　“控制器重启后更改才会生效”提示

② 重复上述过程，新建系统输出信号 2，Name 设为“do_Pos2”，Type of Signal 设为“Digital Output”，Assigned to Device 设为“Board10”，Device Mapping 设为 1，其余参数采用默认值，如图 3-57 所示。

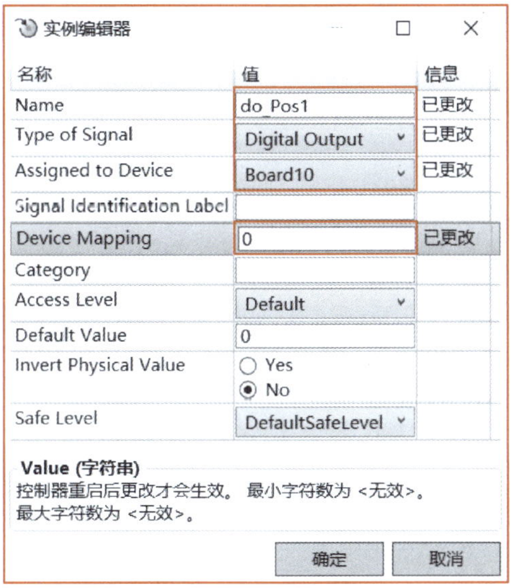

图 3-56　创建系统输出信号 do_Pos1

图 3-57　创建系统输出信号 do_Pos2

6. 创建系统信号与 SC_ 活塞 Smart 组件的 I/O Connection

① 在“仿真”功能选项卡点击“工作站逻辑”，点击“项目 3　建模功能”窗口中的“信号和连接”，然后再点击“信号和连接”窗口下方的“添加 I/O Connection”，如图 3-58 所示。

② 在弹出的“添加 I/O Connection”对话框中创建系统输出信号 do_Pos1 与 SC_ 活塞 Smart 组件的 I/O Connection，如图 3-59 所示。

③ 重复上述过程，在弹出的“添加 I/O Connection”对话框中，创建系统输出信号 do_Pos2 与 SC_ 活塞 Smart 组件的 I/O Connection，如图 3-60 所示。

微课
创建系统信号与 SC_ 活塞 Smart 组件的 I/O 连接

7. 创建机器人路径 Path_10

① 在“基本”功能选项卡中点击“路径”，选择下拉菜单中的“空路径”命令，如图 3-61 所示。

② 在左侧“路径和目标点”栏中，展开“路径与步骤”，右键点击“Path_10”，在下拉菜单中选择“插入逻辑指令”命令，如图 3-62 所示。

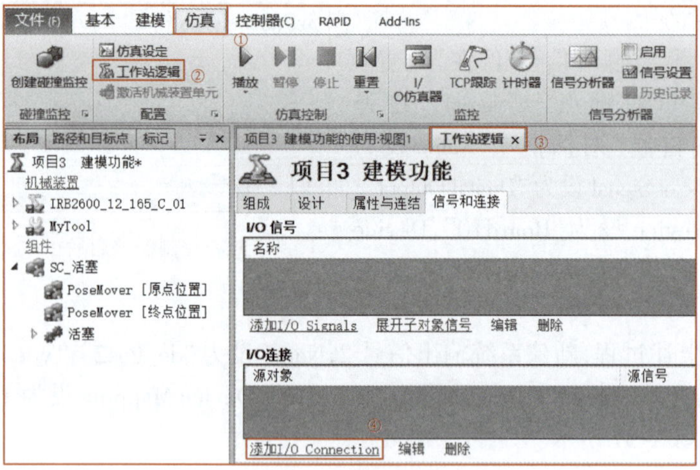

图 3-58 创建工作站逻辑 I/O 连接

图 3-59 创建系统输出信号 do_Pos1 与 SC_ 活塞 Smart 组件的 I/O Connection

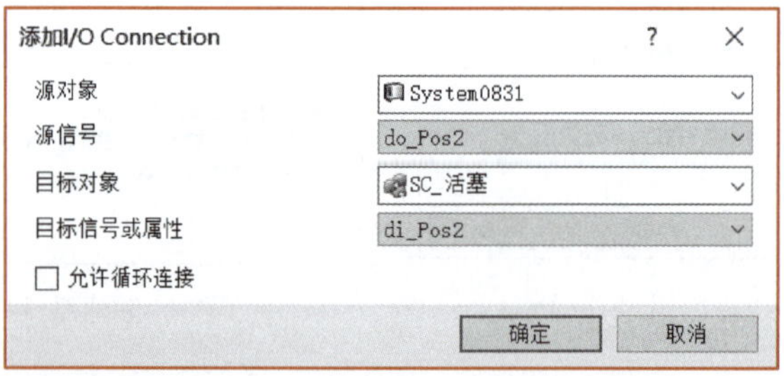

图 3-60 创建系统输出信号 do_Pos2 与 SC_ 活塞 Smart 组件的 I/O Connection

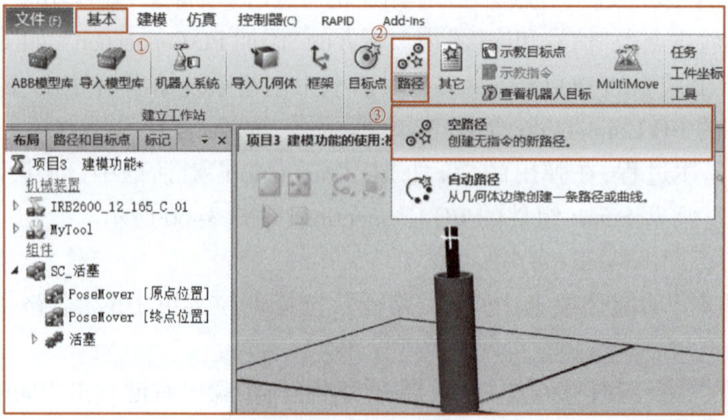

图 3-61 创建空路径

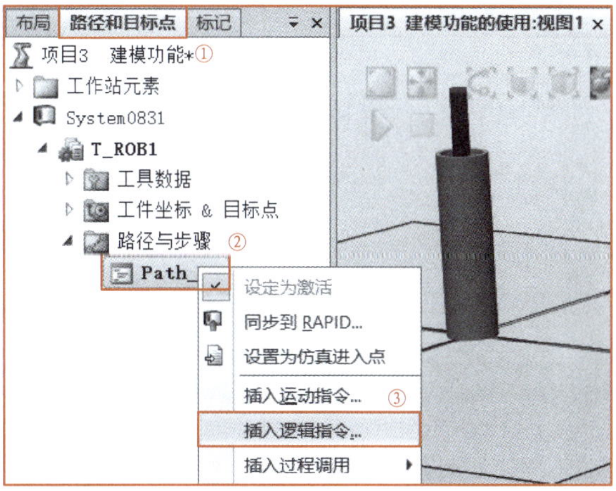

图 3-62 插入逻辑指令

③ 在“创建逻辑指令”栏中，将任务设为“T_ROB1(System0831)”，路径设为“Path_10”，指令模板设为“SetDO”，指令参数中的 Signal 设为“do_Pos1”，Value 设为 1，如图 3-63 所示，然后点击“创建”按钮。

④ 重复上述过程，在“创建逻辑指令”栏中，将任务设为“T_ROB1(System0831)”，路径设为“Path_10”，指令模板设为“WaitTime”，指令参数中的 Time 设为 3，如图 3-64 所示，然后点击“创建”按钮。

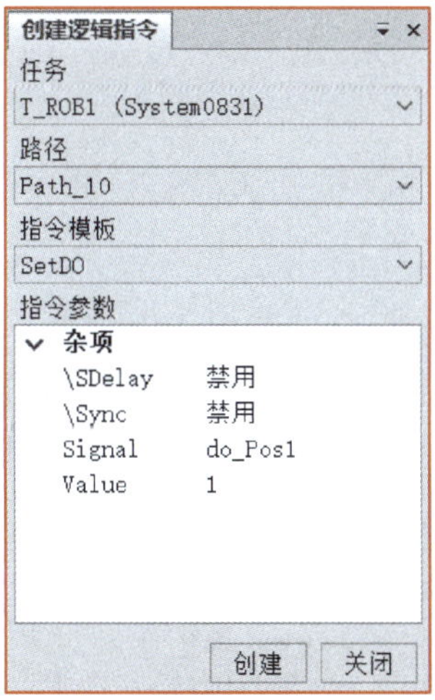

图 3-63 创建逻辑指令 SetDO

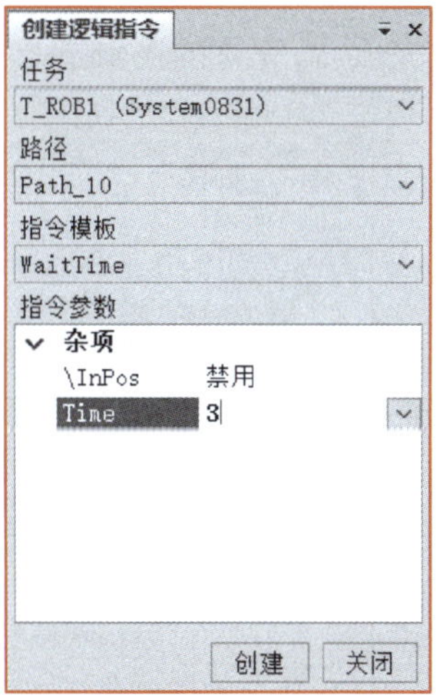

图 3-64 创建逻辑指令 WaitTime

⑤ 重复上述过程，在“创建逻辑指令”栏中，将任务设为“T_ROB1(System0831)”，路径设为“Path_10”，指令模板设为“Reset”，指令参数中的 Signal 设为“do_Pos1”，如图 3-65 所示，然后点击“创建”按钮。

⑥ 在左侧“路径和目标点”栏中，选择所创建的三条指令，点击右键并选择下拉菜单中的“复制”命令，如图 3-66 所示，然后选择“Path_10”并点击右键，选择下拉菜单中的“粘贴”命令，完成指令的复制。

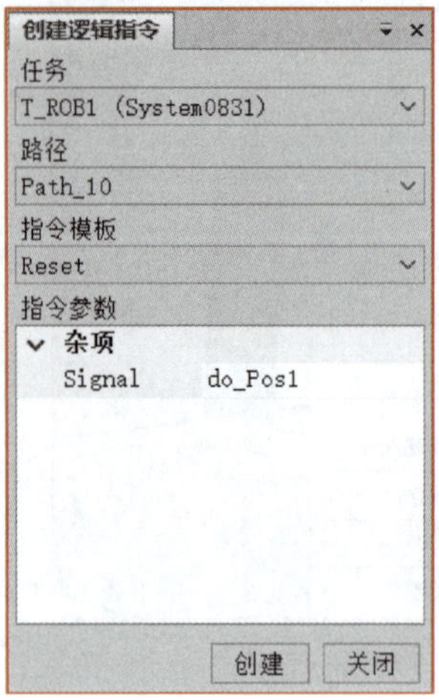

图 3-65 创建逻辑指令 Reset

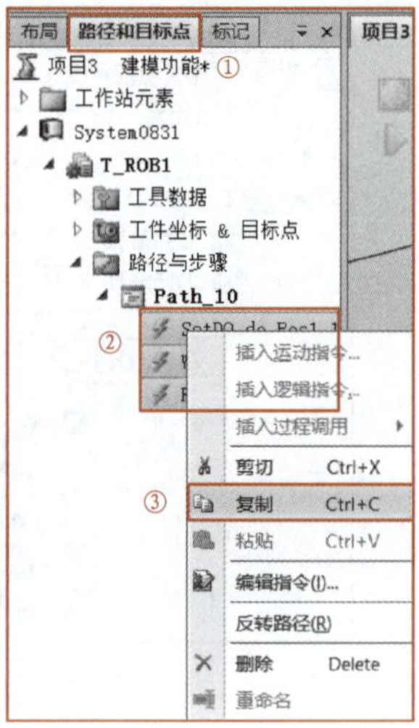

图 3-66 复制已创建的指令

⑦ 在左侧“路径和目标点”栏中，选择所复制的第一条指令 SetDO，点击右键并选择下拉菜单中的“编辑指令”命令，如图 3-67 所示，将指令参数中的 Signal 修改为“do_Pos2”，然后点击“应用”按钮。

⑧ 在左侧“路径和目标点”栏中，选择所复制的第三条指令 Reset，点击右键并选择下拉菜单中的“编辑指令”命令，将指令参数中的 Signal 修改为“do_Pos2”，然后点击“应用”按钮。

⑨ 修改完成后，完整的逻辑指令如图 3-68 所示。

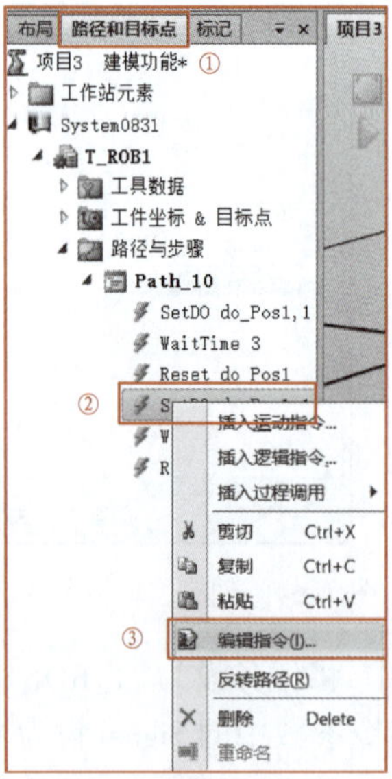

图 3-67 编辑逻辑指令 SetDO

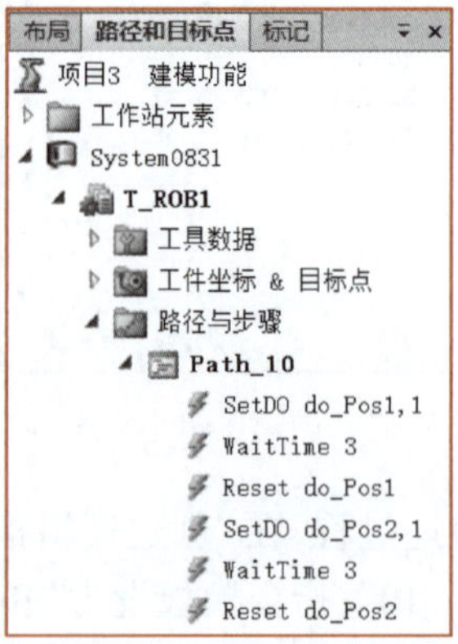

图 3-68 完整的逻辑指令

微课
创建机器人路径 Path_10

8. 同步工作站到 RAPID

① 在“基本”功能选项卡，点击“控制器”中的“同步”，选择下拉菜单中的“同步到 RAPID”命令。

② 在弹出的“同步到 RAPID”对话框中，勾选全部内容，然后点击“确定”按钮，如图 3-69 所示，完成同步。

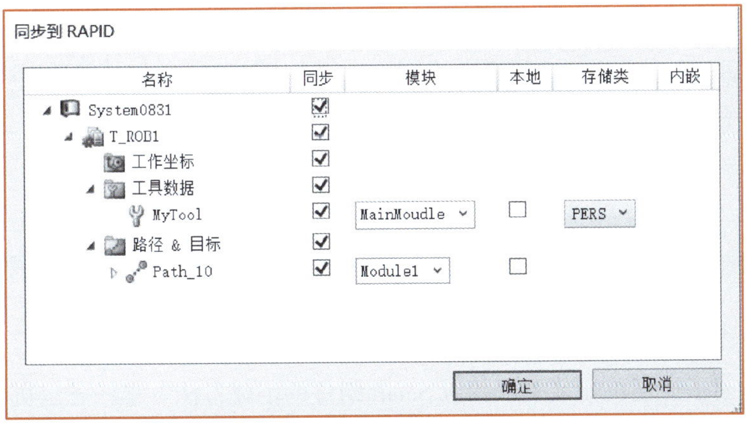

图 3-69　工作站同步到 RAPID

9. SC_ 活塞 Smart 组件仿真

① 在“仿真”功能选项卡，点击“仿真设定”，在弹出的“仿真设定”窗口中勾选“SC_ 活塞”后的复选框；勾选“System0831”后的复选框，将运行模式设为“连续”，勾选“T_ROB1”后的复选框，并将进入点设置为“Path_10”，如图 3-70 所示。

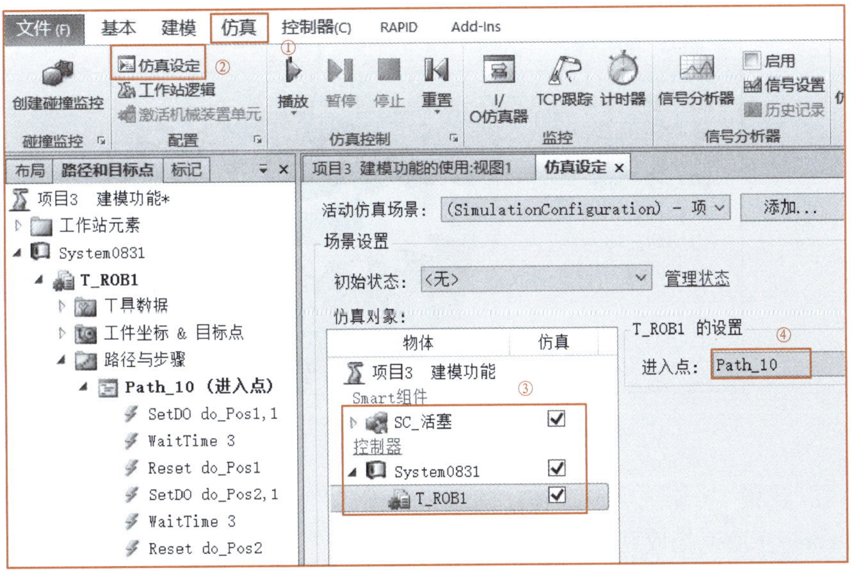

图 3-70　SC_ 活塞 Smart 组件的仿真设定

微课

SC_ 活塞 Smart 组件仿真运行

② 在“仿真”功能选项卡，点击“播放”，程序开始执行，SC_ 活塞 Smart 组件在机器人系统的控制下开始连续往复运动。仿真结果表明，SC_ 活塞 Smart 组件能够正常运行。

SC_ 活塞 Smart 组件涉及的信号和连接相对不多，为便于读者理解其中的逻辑关系，在此梳理并列出了 SC_ 活塞 Smart 组件与机器人 I/O 逻辑关系，如图 3-71 所示。

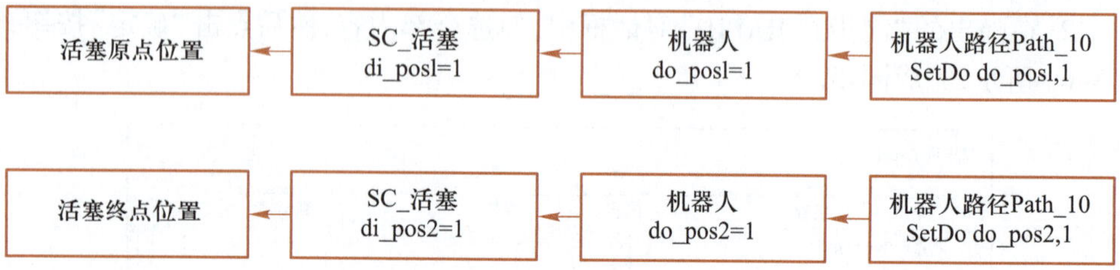

图 3-71　SC_ 活塞 Smart 组件与机器人 I/O 逻辑关系

任务拓展

3.3.5　创建旋转机械装置

前面介绍了往复机械装置及相应 Smart 组件的创建方法。本任务以机械设备中常用的齿轮传动为例，介绍旋转机械装置及相应 Smart 组件的创建方法。

1. 导入大齿轮三维模型

① 在“基本”功能选项卡，点击“导入几何体”，选择“浏览几何体”，导入大齿轮 Large_Gear、大齿轮轴 Large_LAxis、大齿轮辅助轴 Large_SubAxis 等三维模型。为便于操作和观察，可取消大齿轮辅助轴 Large_SubAxis 的“可见”属性，并适当调整其位置，完成模型装配，如图 3-72 所示。

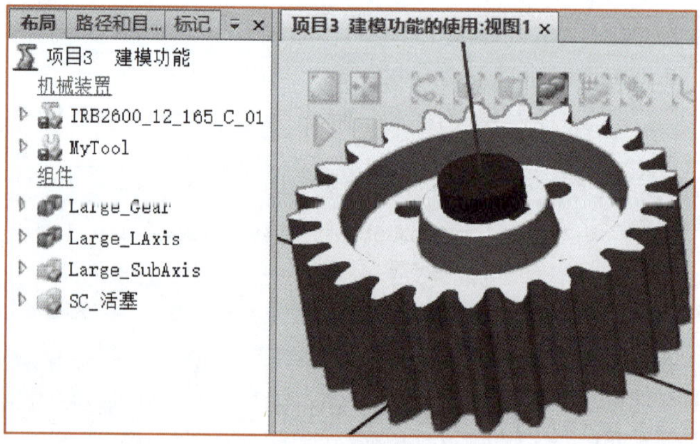

图 3-72　大齿轮三维模型

提示

① 实际的齿轮传动中不存在齿轮辅助轴，本任务为便于实现齿轮旋转机械装置，添加了该辅助部件。

② 模型装配组合过程中，选择“一个点”放置方法、“捕捉重心”的方式可以方便快捷地完成装配。

② 在“建模”功能选项卡，点击“组件组”，创建“组 _1”并将大齿轮 Large_Gear、大齿轮轴 Large_LAxis 拖放到其中，如图 3-73 所示。

2. 创建齿轮旋转机械装置

① 在“建模”功能选项卡中，点击“创建机械装置”，在“创建 机械装置”对话框中将机械装置模型名称设为“齿轮”，机械装置类型选择“设备”，如图 3-74 所示。

② 双击“创建机械装置”对话框中的“链接”，在弹出的“创建 链接”对话框中将链接名称设为“L1”，所选组件设为“Large_SubAxis”，勾选“设置为 BaseLink”，点击添加箭头，然后点击“应用”，如图 3-75 所示。

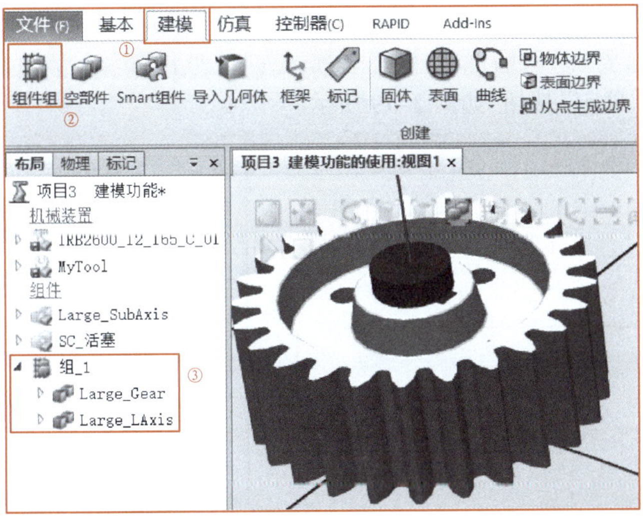

图 3-73　创建大齿轮组件组

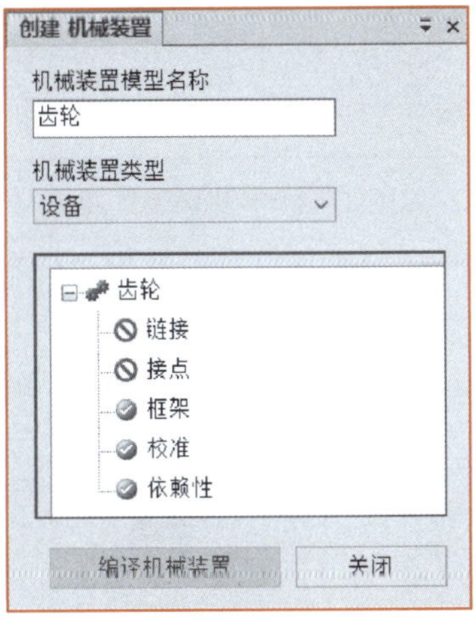

图 3-74　创建齿轮旋转机械装置

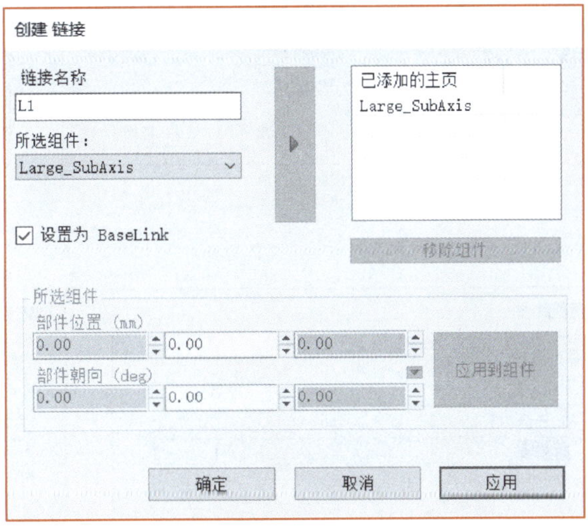

图 3-75　创建齿轮旋转机械装置链接 L1

③ 在“创建 链接”对话框中将链接名称设为“L2”，所选组件设为“组 _1”，点击添加箭头，然后点击“确定”按钮，如图 3-76 所示。

3. 创建齿轮旋转机械装置的接点

双击“创建 机械装置”对话框中的“接点”，在弹出的“创建 接点”对话框中将关节名称设为“J1”，关节类型设为“旋转的”，关节轴第一个位置设为(0,0,0)，第二个位置设为(0,0,100)，关节最小限制设为“-360”，最大限制设为“360”，如图 3-77 所示，然后点击“确定”按钮。

4. 创建齿轮旋转机械装置的姿态

① 单击“创建 机械装置”对话框中的“编译机械装置”按钮，单击“姿态”对话框下方的“添加”按钮，在弹出的“创建 姿态”对话框中，姿态名称设为“原点位置”，关节

延伸阅读

中国空间站的“百变神臂”

值滑动按钮拖到最左边，然后点击“应用”按钮，如图 3-78 所示。

② 在“创建 姿态”对话框中，姿态名称设为“终点位置”，关节值滑动按钮拖到最右边，然后点击“确定”按钮，如图 3-79 所示。

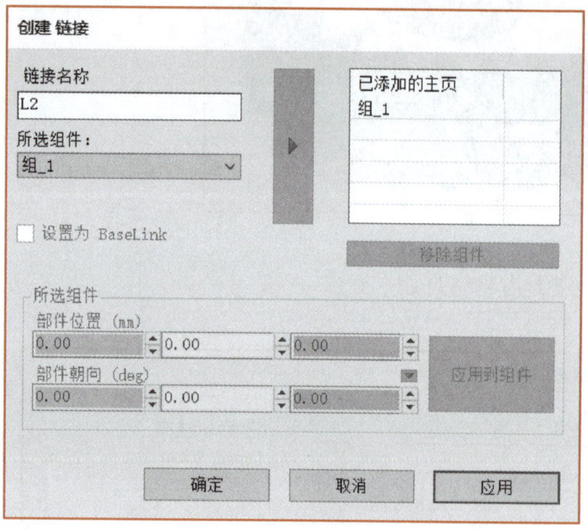

图 3-76 创建齿轮旋转机械装置链接 L2

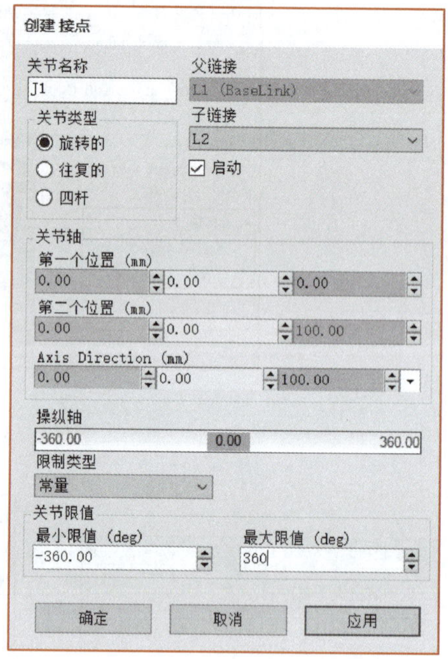

图 3-77 创建齿轮旋转机械装置接点 J1

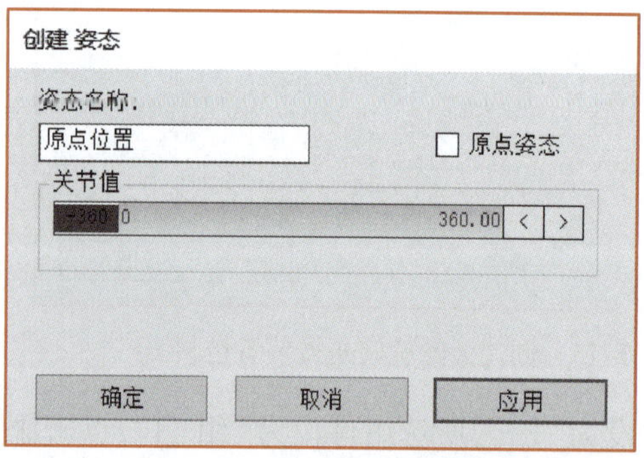

图 3-78 创建齿轮旋转机械装置原点位置

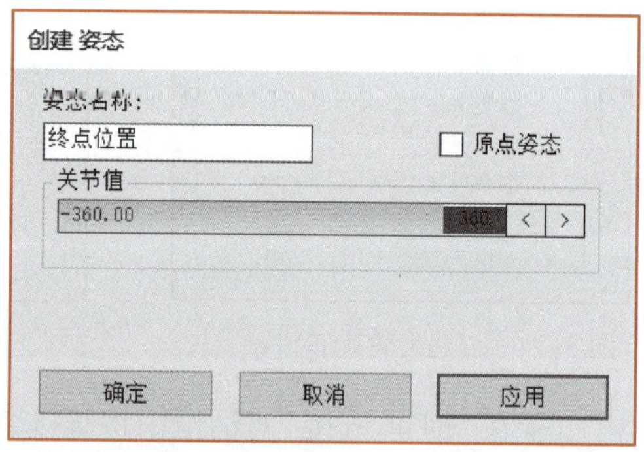

图 3-79 创建齿轮旋转机械装置终点位置

微课
创建齿轮旋转机械装置

5. 设置齿轮旋转机械装置不同姿态的转换时间

点击“姿态”对话框下方的“设置转换时间”按钮，在“设置转换时间”对话框中设置不同姿态的转换时间，本任务均设置为 5 s，然后点击“确定”按钮，关闭“创建 机械装置”对话框，如图 3-80 所示。至此，齿轮旋转机械装置创建完毕。

6. 手动运行齿轮旋转机械装置

齿轮旋转机械装置创建完成后，可以通过手动操作方式验证其运动特性。在“基本”功能选项卡中，选择“Freehand”中的“手动关节”，用鼠标左键拖动齿轮就可以实现

360° 旋转，如图 3-81 所示。

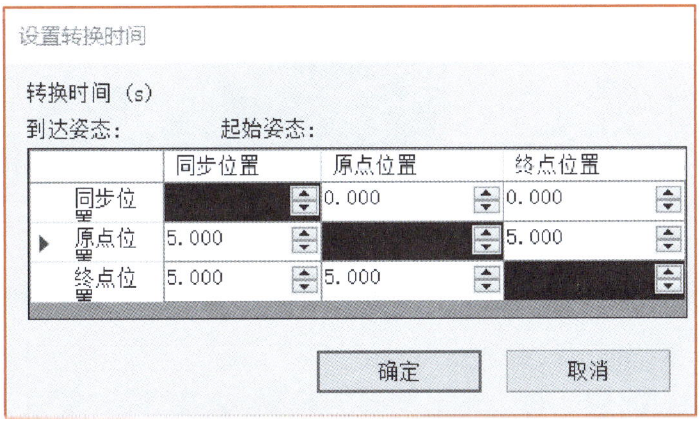

图 3-80　设置齿轮旋转机械装置转换时间

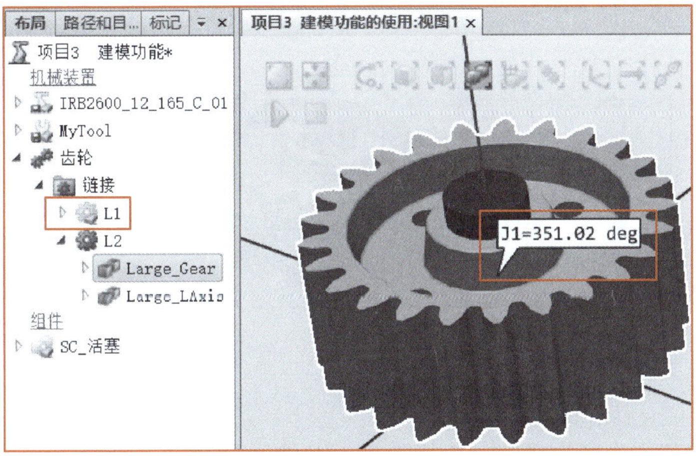

图 3-81　手动操作齿轮旋转机械装置

> 提示
> ① 为便于操作和观察，可取消齿轮机械装置中的 L1 链接的“可见”属性。
> ② 为便于后续工作使用该机械装置，也可将其作为库文件导出，保存起来。

若需齿轮机械装置回到原点，可以在左侧“布局”栏右键点击“齿轮”，在弹出的下拉菜单中选择“回到机械原点”命令。

3.3.6　创建齿轮传动 Smart 组件

1. 导入大小齿轮三维模型

① 在“基本”功能选项卡，点击“导入几何体”，选择“浏览几何体”，导入大齿轮 Large_Gear、大齿轮轴 Large_LAxis、小齿轮 Small_Gear、小齿轮轴 Small_LAxis 等三维模型，并适当调整其位置，完成模型装配，如图 3-82 所示。

② 在“建模”功能选项卡，点击“组件组”，创建“组_1”，并将大齿轮 Large_Gear、大齿轮轴 Large_LAxis 拖放到其中；创建“组_2”，并将小齿轮 Small_Gear、小齿轮轴 Small_LAxis 拖放到其中；完成大小齿轮组的装配，如图 3-83 所示。

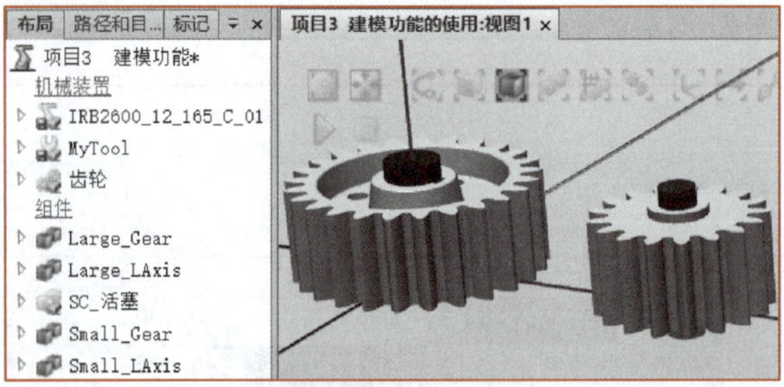

图 3-82 大小齿轮模型导入

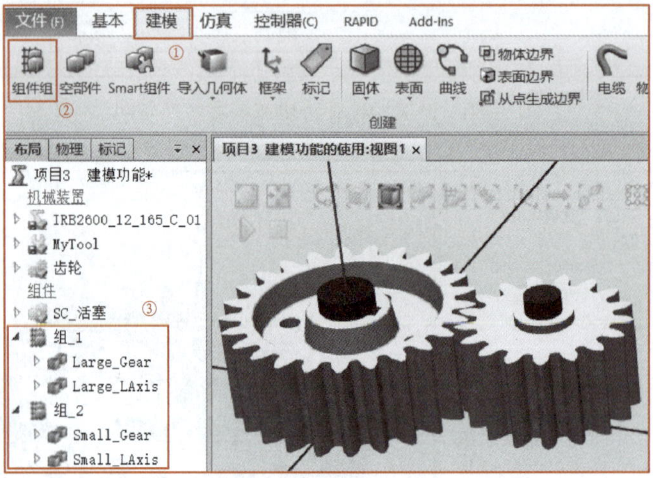

图 3-83 完成大小齿轮组的装配

2. 创建 SC_ 齿轮 Smart 组件

① 在“建模”功能选项卡，点击“Smart 组件”，新建 SmartComponent 并重命名为“SC_ 齿轮”，如图 3-84 所示。

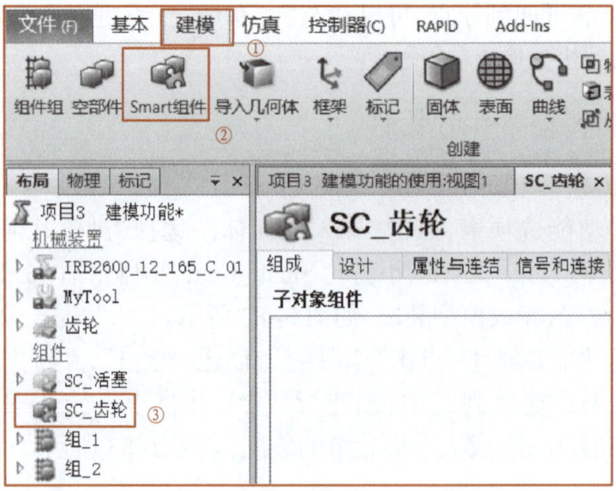

图 3-84 创建 SC_ 齿轮 Smart 组件

② 点击“SC_ 齿轮”编辑窗口中的“添加组件”，在下拉菜单中选择“本体→Rotator”命令，如图 3-85 所示。

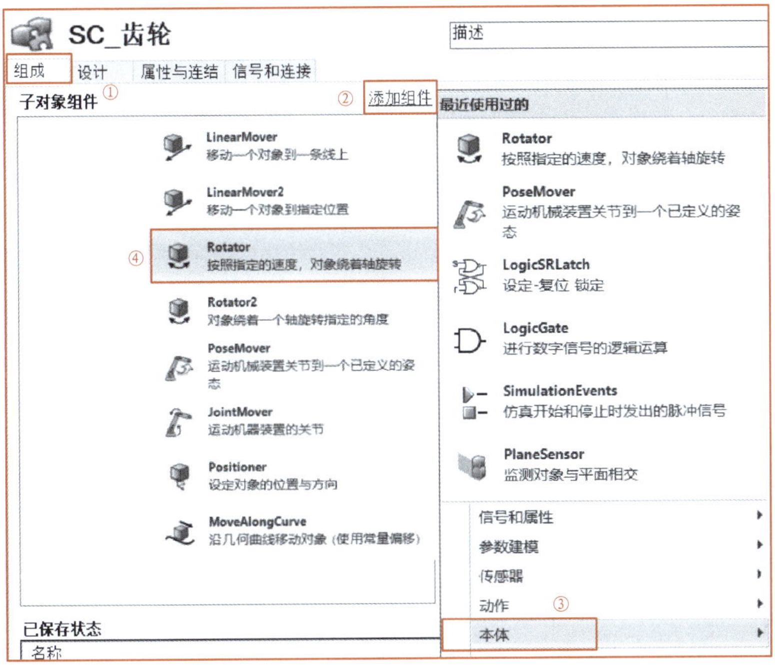

图 3-85　添加 SC_ 齿轮 Smart 组件子组件

③ 在“属性:Rotator_1”栏中将 Object 设为“组_1”，CenterPoint 设为大齿轮轴 Large_LAxis 上表面中心点（切换至主视图窗口，捕捉该中心点即可），Axis 设为(0,0,100)，Speed 设为 10，其余参数采用默认值，点击“Execute”，然后点击“应用”按钮，点击“关闭”按钮，如图 3-86 所示。

④ 重复上述步骤，创建新的子组件“Rotator_2”，然后在“属性:Rotator_2”栏中将 Object 设为“组_2”，CenterPoint 设为小齿轮轴 Small_LAxis 上表面中心点（切换至主视图窗口，捕捉该中心点即可），Axis 设为(0,0,100)，Speed 设为 -10，其余参数采用默认值，点击“Execute”，然后点击“应用”按钮，点击“关闭”按钮，如图 3-87 所示。

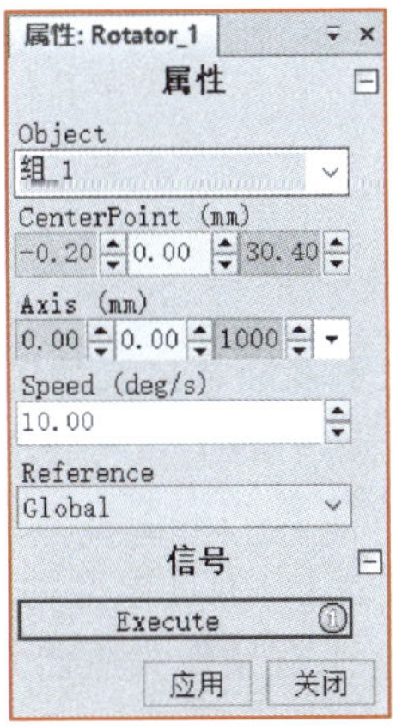

图 3-86　设置子组件 Rotator_1 的属性

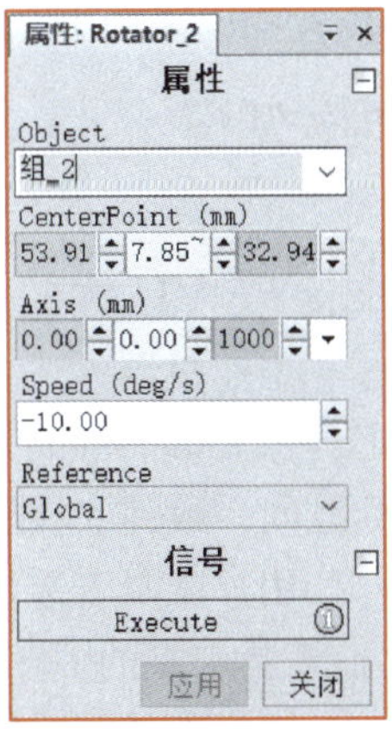

图 3-87　设置子组件 Rotator_2 的属性

至此，SC_ 齿轮 Smart 组件创建完成。

3. 验证 SC_ 齿轮 Smart 组件

① 在“仿真”功能选项卡，点击“仿真设定”，在“仿真设定”窗口中勾选“SC_ 齿轮”后的复选框，如图 3-88 所示。

② 在“仿真”功能选项卡，点击“播放”，程序开始执行，SC_ 齿轮 Smart 组件

提示

① 为便于操作和管理，Rotator 类型子组件分别重命名为 Rotator_1 和 Rotator_2。

② 除往复、旋转机械装置，还可以创建四杆机械装置，请读者自行实践。

微课

创建 SC_ 齿轮 Smart 组件

开始旋转运动。仿真结果表明，SC_ 齿轮 Smart 组件能够正常运行。

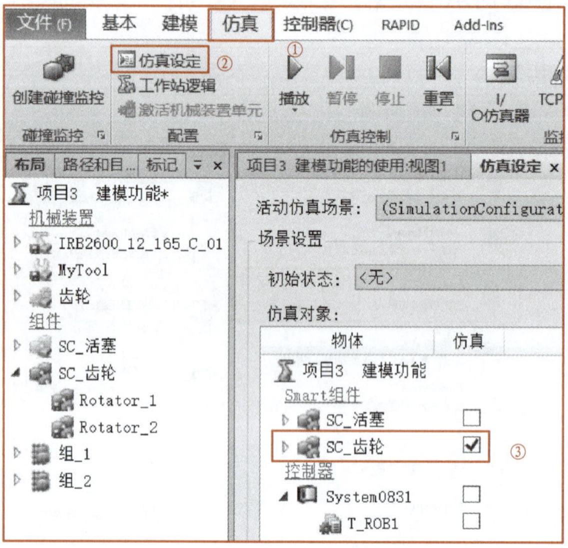

图 3-88 SC_ 齿轮 Smart 组件仿真设定

任务 4 创建工具

任务分析

创建工业机器人工作站时，RobotStudio 模型库自带工具有时无法满足用户的个性化需求。因此，需要用户自行创建机器人用的工具。本任务将基于已有的三维模型创建一个机器人用的工具。

相关知识

3.4.1 用户工具安装原理

工业机器人法兰盘末端经常会安装用户自定义的工具，安装时要求用户自定义的工具像 RobotStudio 模型库中的工具一样，能够自动安装到机器人法兰盘末端并保证坐标方向一致，同时能够在工具的末端自动生成工具坐标系，从而避免工具方面的误差。

用户工具安装原理：用户工具模型的本地坐标系与机器人法兰盘坐标系 Tool0 重合，工具末端的工具坐标系框架作为机器人的工具坐标系。

用户工具创建过程：

① 在工具法兰盘末端创建本地坐标系框架；

② 在工具末端创建工具坐标系框架；

③ 创建并验证工具。

任务实施

3.4.2　创建用户工具

1. 设定用户工具的本地原点

① “基本”或“建模”功能选项卡中，点击“导入几何体”，选择“浏览几何体”命令，找到要导入的用户工具模型 UserTool，点击“打开”按钮，完成模型的导入，如图 3-89 所示。

② 用户工具模型 UserTool 的“工具末端”和“法兰盘末端”，如图 3-90 所示。

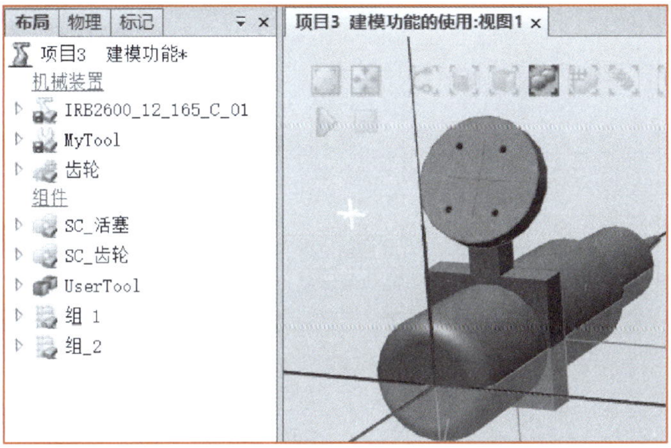

图 3-89　用户工具模型 UserTool 导入完成

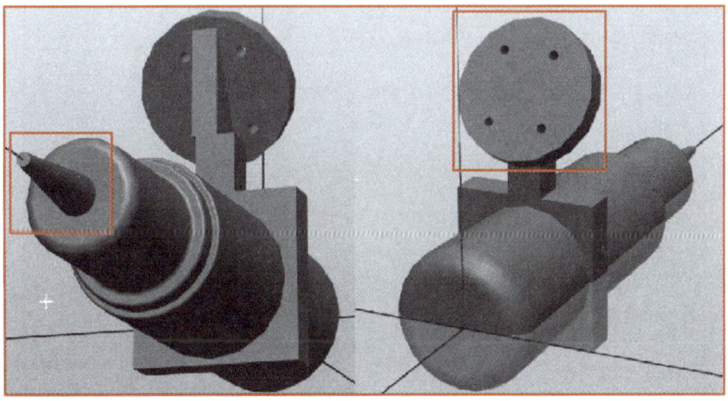

图 3-90　用户工具模型 UserTool 的“工具末端”和“法兰盘末端”

③ 适当调整用户工具模型 UserTool 的位置。

在左侧“布局”栏右键点击“UserTool”，选择下拉菜单中的“位置→放置→三点法”命令，如图 3-91 所示。

在“放置对象：UserTool”栏中各参数值分别按照图 3-92 所示进行选择，然后点击“应用”按钮，调整后法兰盘所在平面与 *XY* 平面重合。

右键点击“UserTool”，选择下拉菜单中的“位置→旋转”命令，在“旋转：UserTool”栏中，选择“Y”轴，旋转角度设为 180°，如图 3-93 所示，然后点击“应用”按钮。

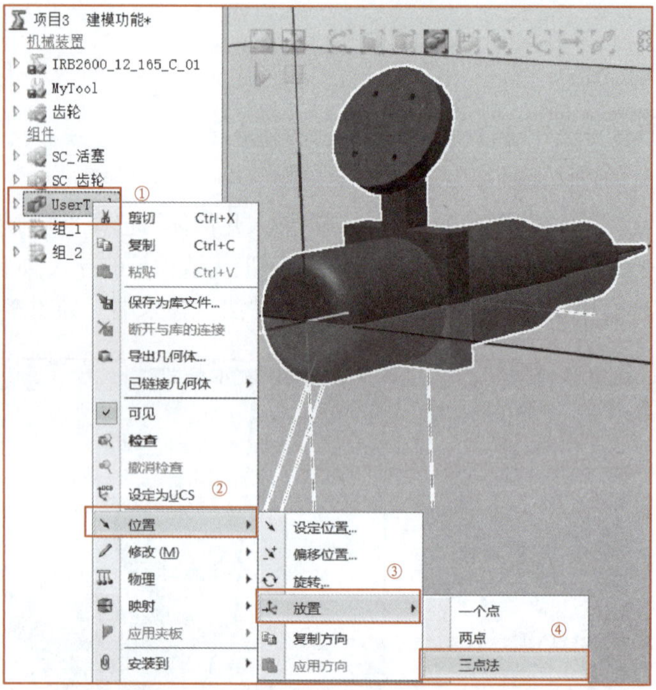

图 3-91　“三点法”放置用户工具模型 UserTool

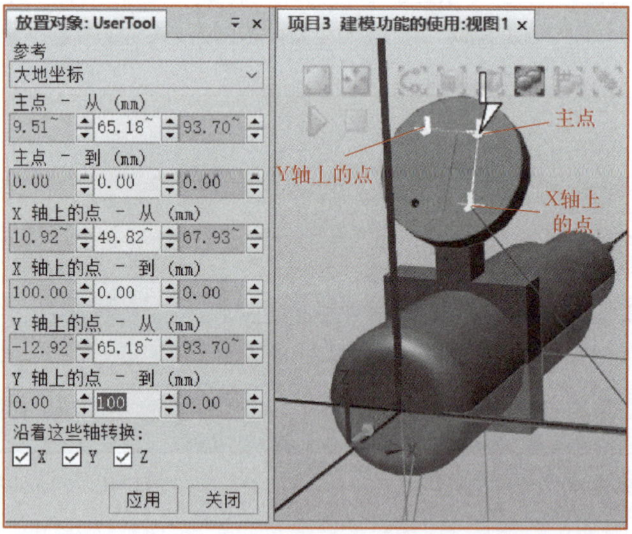

图 3-92　设置三个点的坐标

为了便于观察和设定本地原点，将用户工具模型 UserTool 沿 *Z* 轴移动一段距离。点击“Freehand”中的“移动”，选中 UserTool，拖动 *Z* 轴坐标向正方向移动一段距离，如图 3-94 所示。

④ 设定用户工具模型 UserTool 法兰盘本地原点。

右键点击“UserTool”，选择下拉菜单中的“修改→设定本地原点”命令，如图 3-95

所示。

在“设置本地原点:UserTool”栏中,捕捉法兰盘中心点作为本地原点的位置,方向设为(180,0,0),如图 3-96 所示,然后点击“应用”按钮。

⑤ 设定用户工具模型 UserTool 位置,使其本地坐标系与机器人法兰盘坐标系 Tool0 重合。

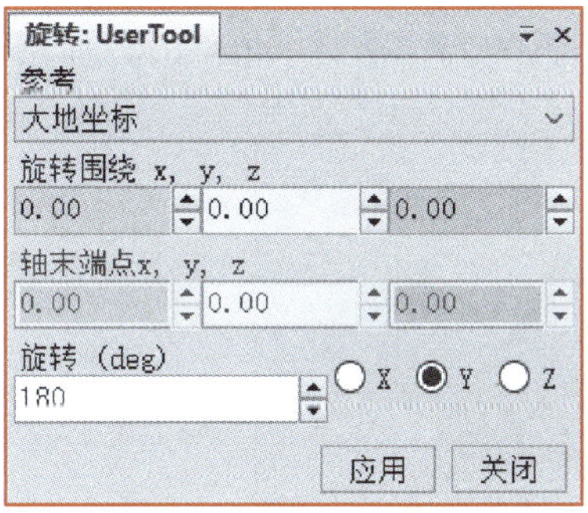

图 3-93　设置用户工具模型 UserTool 旋转角度

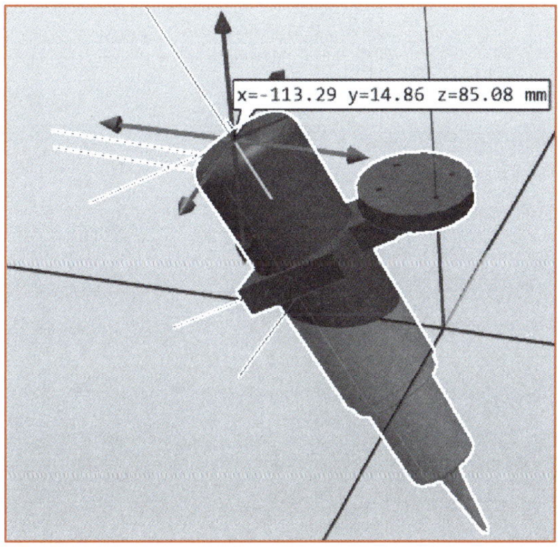

图 3-94　沿 *Z* 轴正向移动用户工具模型 UserTool

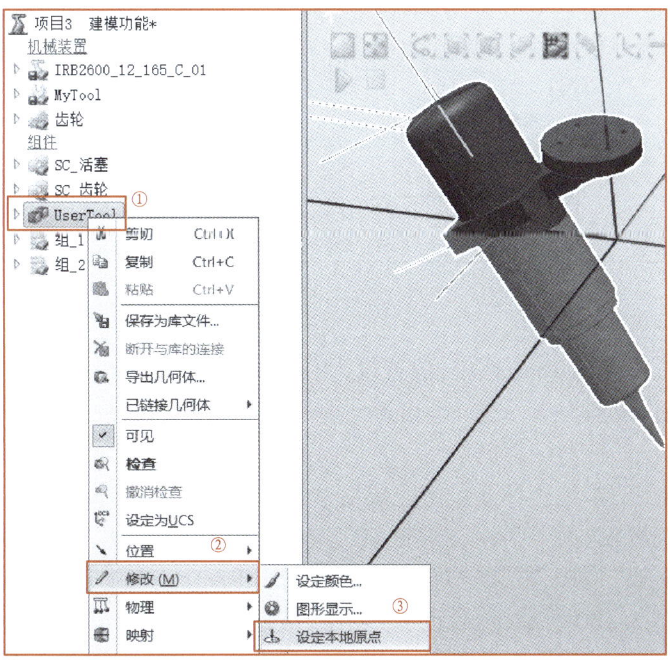

图 3-95　选择“设定本地原点”命令

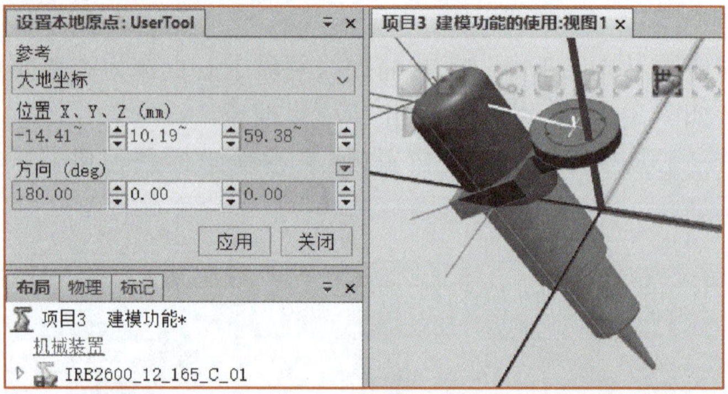

图 3-96 设定用户工具模型 UserTool 本地原点

右键点击“UserTool”，选择下拉菜单中的“位置→设定位置”命令，如图 3-97 所示。

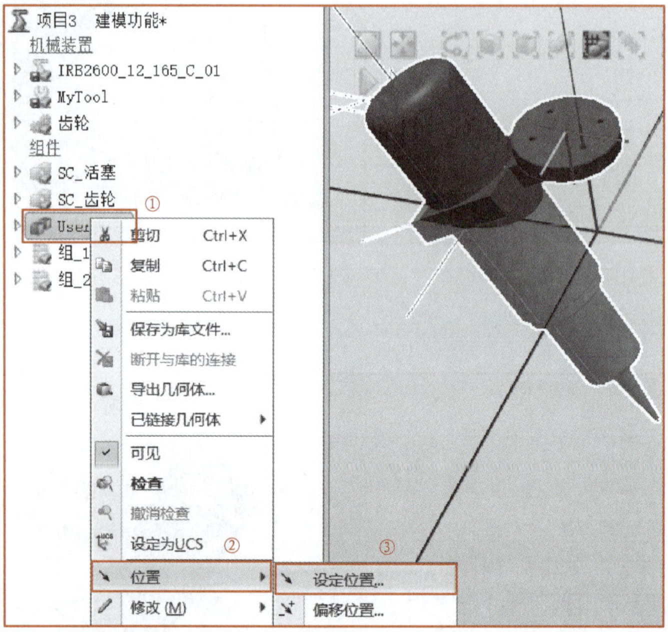

图 3-97 选择“设定位置”命令

微课

设定用户工具的本地原点

在“设置位置：UserTool”栏中，位置设为(0，0，0)，方向设为(0，0，0)，如图 3-98 所示，然后点击“应用”按钮。

2. 创建用户工具坐标系框架

① 工具模型的本地坐标系设定完成后，可以在工具模型末端创建工具坐标系。

在“基本”功能选项卡中，点击“框架”，选择“创建框架”命令，如图 3-99 所示。

在“创建框架”栏中，框架位置设为工具模型 UserTool 末端表面圆心，框架方向设为(0，0，0)，如图 3-100 所示，然后点击“创建”按钮。

② 一般期望生成的坐标系框架 Z 轴与工具末端表面垂直。图 3-100 中的 Z 轴并不垂直于工具末端表面，因此还要对坐标系框架进行调整。

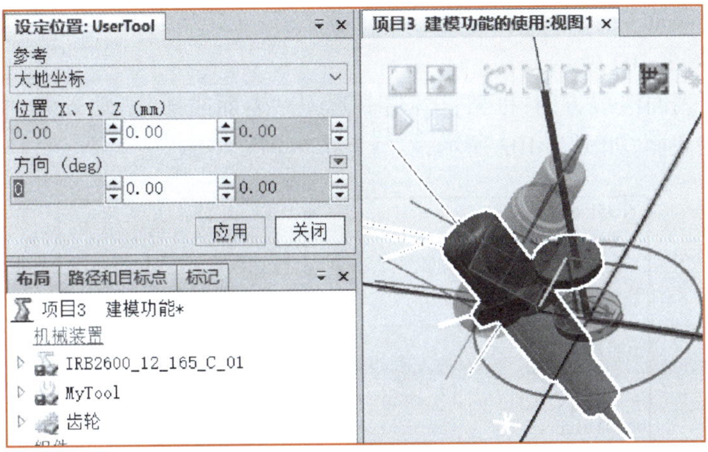

图 3-98　设定用户工具模型 UserTool 位置

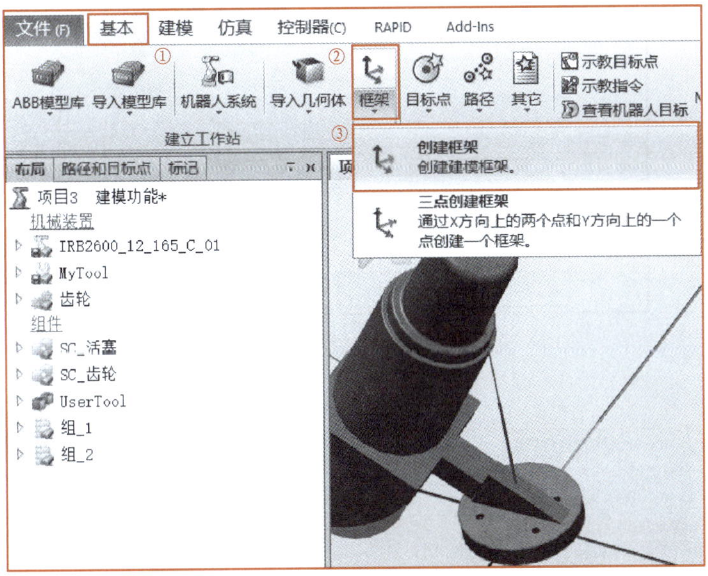

图 3-99　选择“创建框架”命令

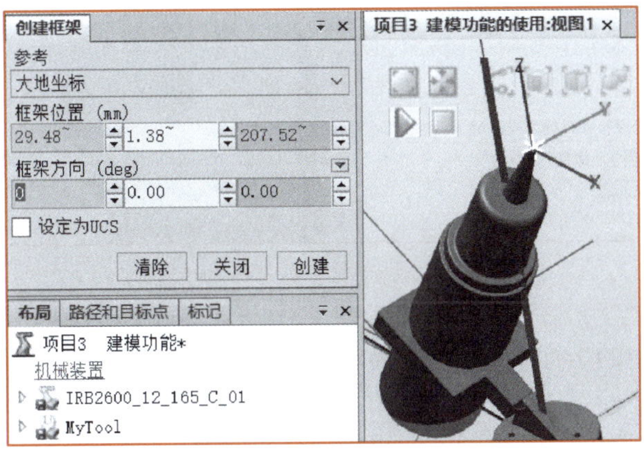

图 3-100　创建工具坐标系框架

在左侧“布局”栏，右键点击“框架 1”，选择下拉菜单中的“设定为表面的法线方向”命令，如图 3-101 所示。

在“设定表面法线方向：框架 _1”栏中，点击“表面或部分”输入框，捕捉工具模型 UserTool 末端表面，如图 3-102 所示，然后点击“应用”按钮。

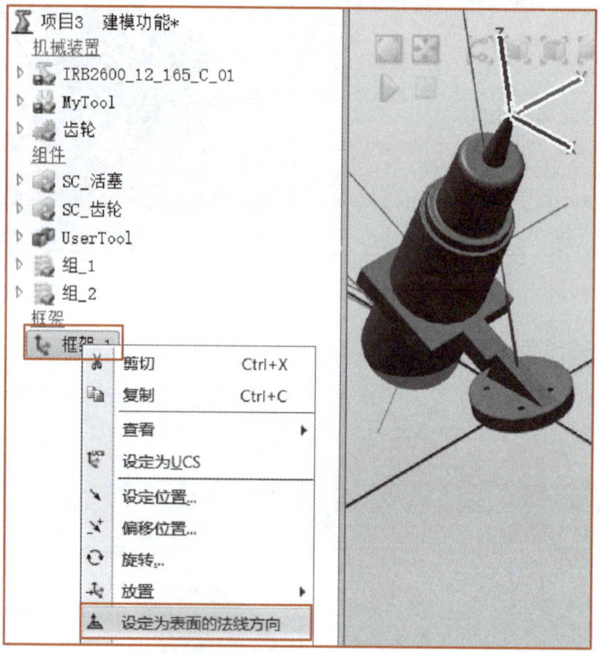

图 3-101 设定表面法线方向

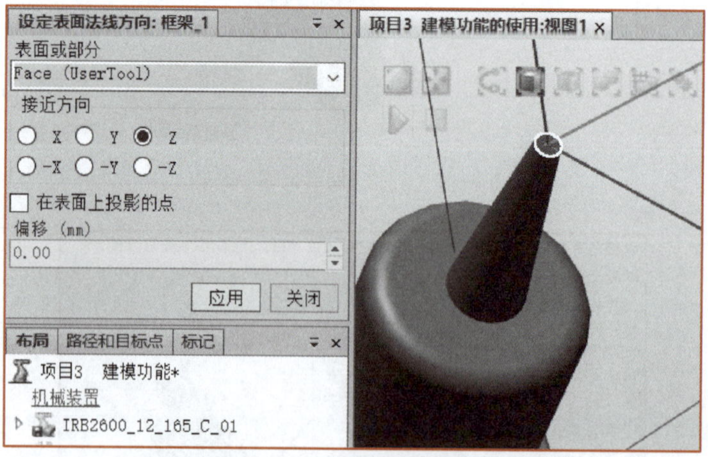

图 3-102 调整工具坐标系框架 Z 轴方向

RobotStudio 中的坐标系，蓝色表示 Z 轴正方向，绿色表示 Y 轴正方向，红色表示 X 轴正方向。工具坐标系 X 轴、Y 轴的方向一般按照经验设定，只要保证前面设定的模型本地坐标系是正确的，XY 轴的方向采用默认方向即可。

③ 移动工具坐标系框架。在实际应用过程中，工具坐标系原点一般与工具末端有一段距离，例如焊枪中的焊丝伸出的距离，激光切割枪、涂胶枪与待加工工件表面所保持的距离等。因此，本例中也做同样的处理，将工具坐标系框架沿其 Z 轴正方向移动一段距离。本任务中将工具坐标系框架沿 Z 轴正方向移动 10 mm。

在左侧“布局”栏，右键点击“框架 1”，选择下拉菜单中的“设定位置”命令，如图 3-103 所示。

在“设定位置：框架 _1”栏中，将位置设为（0，0，10），方向设为（0，0，0），如图 3-104 所示，然后点击“应用”按钮。

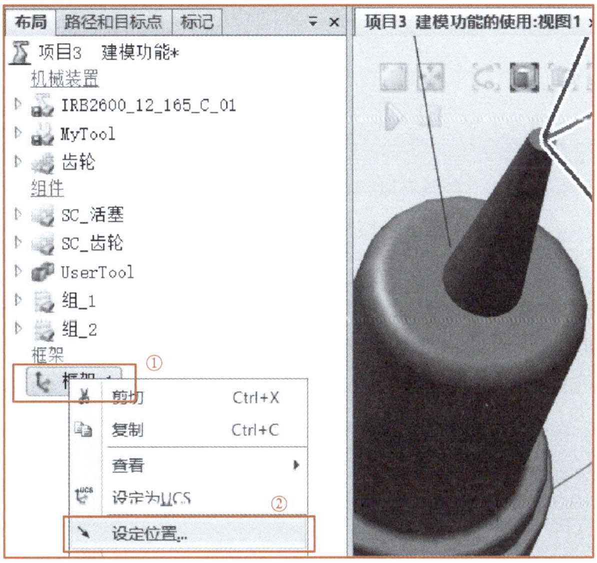

图 3-103　选择“设定位置”命令

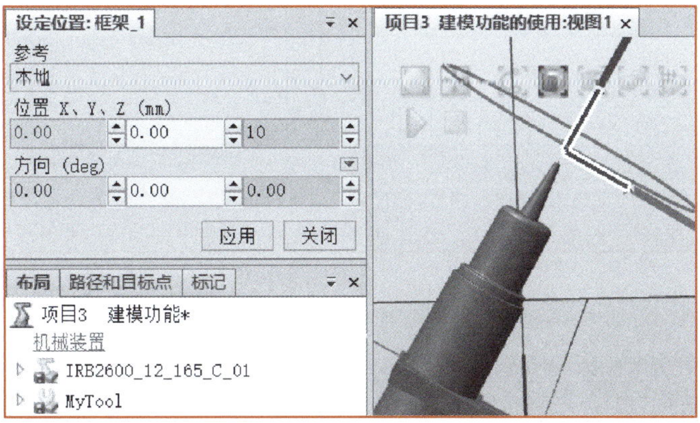

图 3-104　沿 Z 轴移动工具坐标系框架

微课
创建工具坐标系

3. 创建工具

① 在“建模”功能选项卡中，点击“创建工具”，在弹出的“创建工具”对话框中，将 Tool 名称设为“UserTool”，选择使用已有部件“UserTool”，其余参数为默认值，如图

3–105 所示，然后点击“下一个”按钮。

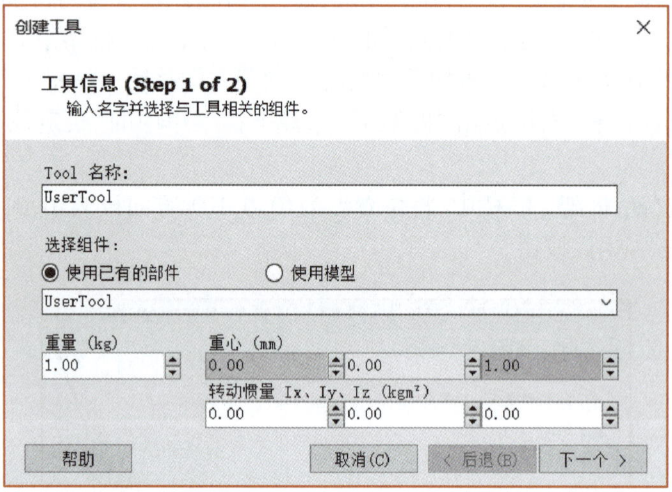

图 3–105 设置工具信息 1

② 在“创建工具”对话框中，将 TCP 名称设为“UserTool”，数值来自目标点 / 框架设为“框架 1”，点击添加按钮，如图 3–106 所示，然后点击“完成”按钮。

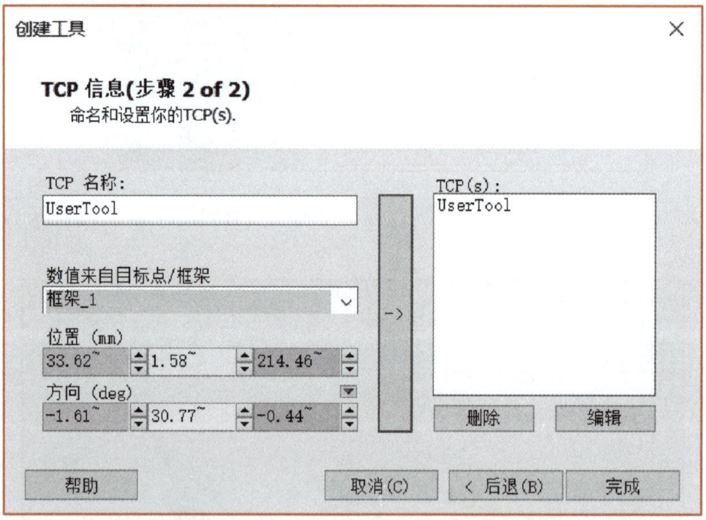

图 3–106 设置工具信息 2

微课
创建并验证工具

③ 工具创建完毕，在左侧“布局”栏中，生成名称为 UserTool 的工具，如图 3–107 所示。

4. 安装验证工具

用户工具创建完成后可以进行验证，也就是检查工具能否正确安装到机器人上。在左侧“布局”栏中，选择用户工具 UserTool，按住左键不松并拖动其到 IRB 2600 上，然后在弹出的“更新位置”提示框点击“是”按钮，完成工具的安装，如图 3–108 所示。可以看出，创建的用户工具已经安装到机器人的法兰盘上，其位置和姿态都是正确的。

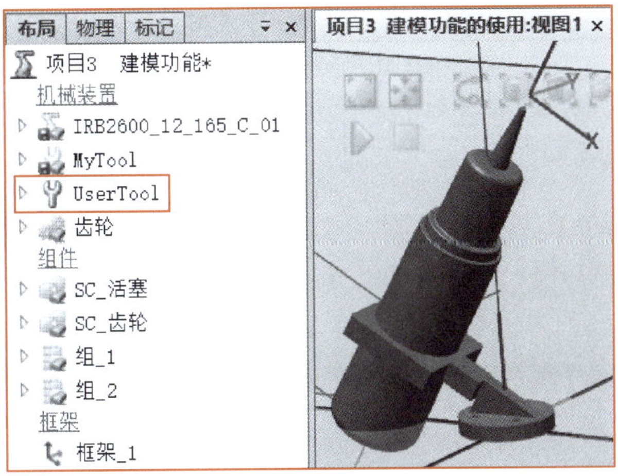

图 3-107 用户工具创建完成

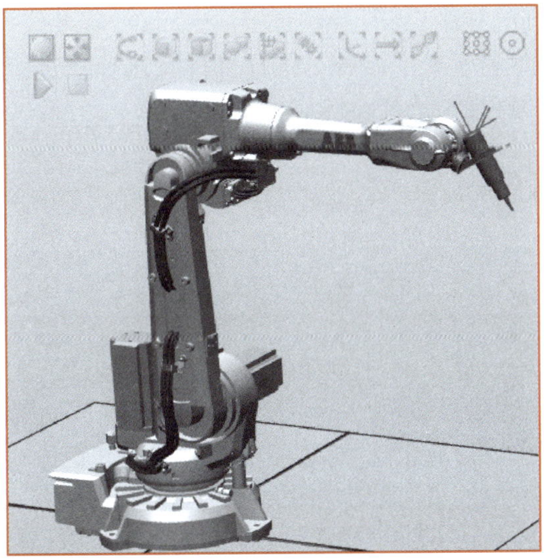

图 3-108 用户工具 UserTool 正确安装到机器人上

总 结

本项目主要介绍了用 RobotStudio 创建三维模型的基本方法、测量工具的使用方法、机械装置的创建方法、机械装置运动特性的设置方法、Smart 组件的创建方法、创建用户自定义工具的基本方法等内容。

习 题

一、填空题

1. RobotStudio 6.08 中建模功能的______、______、________CAD 操作可以实现

多个模型之间的相关操作。

2. RobotStudio 6.08 中三维模型创建完成后，其______不可以二次修改。

3. RobotStudio 6.08 中的建模功能具有______、______、______、从曲线生成表面 4 种不同的表面创建方法。

4. RobotStudio 6.08 中的建模功能可以实现______、______、______、圆锥体、椎体、球体 6 种不同的固体创建。

5. RobotStudio 6.08 中的测量工具可以对三维模型及部件的______、______、______、______、______等参数进行测量。

6. RobotStudio 6.08 中的测量物体间的______距离与测量的点位置无关，它是一个固定的数据。

7. 在 RobotStudio 6.08 中创建曲线有直线、圆、三点画圆、弧线、______、______、______、______、多段线、样条插补等不同的方法。

8. 在 RobotStudio 6.08 中修改曲线有______、______、______、反转曲线、拆分曲线、修剪曲线 6 种不同的方法。

9. 在“建模”功能选项卡中，点击“选择部件”，选择要进行测量的部件，然后选择“捕捉边缘”，选择“直径”，选择待测圆周上的任意______个点，可完成该圆直径的测量。

10. 在“建模”功能选项卡中，点击“角度”，选择要测量的角度，在其边上依次选取待测量角度的______点、待测量角度两条边上任意的点，点击左键，测量结果自动显示。

二、判断题

(　　)1. RobotStudio 6.08 中创建的三维模型，如果其尺寸参数不符合要求，可以进行二次修改，直到达到要求。

(　　)2. RobotStudio 6.08 中的建模功能具有表面矩形、表面圆、表面多边形、从曲线生成表面 4 种不同的表面创建方法。

(　　)3. RobotStudio 6.08 “建模”功能选项卡中可以创建所需三维模型，也可以导入第三方模型，但不能对导入的第三方模型进行测量。

(　　)4. 在“建模”功能选项卡中，点击“组合”，选择相应的模型进行结合，点击“创建”即完成组合，组合后产生新的部件，原部件自动删除。

(　　)5. RobotStudio 6.08 中机器人模型可以安装模型库中的工具，也可以安装用户自定义的工具。

(　　)6. RobotStudio 6.08 中只能导入“*.sat”格式的三维模型。

(　　)7. RobotStudio 6.08 中导入几何体后，其位置不需要进行相应的调整。

(　　)8. RobotStudio 6.08 中测量工具可以对三维模型的长度、角度、直径、距离、曲度等参数进行测量。

(　　)9. 在“建模”功能选项卡中，点击“选择部件”，选择要测量的部件，选择“捕捉边缘”，选择“直径”，选择圆周上的任意两点，可完成该圆直径的测量。

(　　)10. 在“建模”功能选项卡中，点击“角度”，选择要测量的角度，在其边上任意选取 A、B、C 三点，点击鼠标左键，测量结果自动显示。

( )11. RobotStudio 6.08 中测量工具可以测量任意角度的大小。

( )12. RobotStudio 6.08 中创建的工作站必须包含至少一台工业机器人。

( )13. 在“建模”功能选项卡中，点击“选择部件”，右键点击所选部件，可以设置“一个点”“两个点”“三个点”“框架”“两个框架”5 种放置方式。

( )14. 用户自定义工具安装原理：工具模型的本地坐标系与机器人法兰盘坐标系 Tool0 重合，工具末端的工具坐标系框架即作为机器人的工具坐标系。

( )15. RobotStudio 6.08 中的坐标系，蓝色表示 X 轴正方向，绿色表示 Y 轴正方向，红色表示 Z 轴正方向。

三、选择题

1. RobotStudio 6.08 中的建模功能可以实现矩形体、立方体、圆柱体、圆锥体、( )6 种不同的固体创建。

A. 多面体、球体　　D. 曲面体、球体

C. 马鞍体、球体　　D. 椎体、球体

2. RobotStudio 6.08 中的建模功能具有( )、表面圆、表面多边形、从曲线生成表面 4 种不同的表面创建方法。

A. 表面矩形　　B. 圆柱体表面　　C. 三角形　　D. 菱形

3. 创建机械装置的过程中设置机械装置的链接参数时，必须选择一个链接设置为( )，否则无法创建机械装置的链接。

A. Fartherlink　　B. Poplink　　C. Baselink　　D. TDlink

4. 对 RobotStudio 6.08 中创建的机械装置要设置其运动姿态，( )位置可以设置为原点位置。

A. 全部　　B. 中心　　C. 原点　　D. 同步

5. RobotStudio 6.08 中创建机械装置的过程中，设置机械装置的接点参数时，接点的类型有( )两种。

A. 局部链接、网格链接　　B. 父链接、子链接

C. 基础链接、活动链接　　D. 父链接、基础链接

6. 在创建机械装置的过程中设置机械装置的链接参数时，必须至少为其创建( )个链接。

A. 1　　B. 2　　C. 3　　D. 4

7. 在创建机械装置的过程中设置机械装置的接点参数时，接点限制类型有( )两种模式。

A. 常量、变量　　B. 可变量、常量

C. 可变量、变量　　D. 恒值、变量

8. 用户自定义的工具能够像 RobotStudio 模型库中的工具一样，安装时能够自动安装到机器人______末端并保证坐标方向一致，并且能够在工具的末端自动生成______，从而避免工具方面的误差。( )

A. 法兰盘、工件坐标系　　B. 法兰盘、大地坐标系

C. 法兰盘、本地坐标系　　D. 法兰盘、工具坐标系

9. 创建工具坐标系的框架主要有( )两种方法。

A. 创建框架、一点创建框架　　B. 创建框架、二点创建框架
C. 创建框架、三点创建框架　　D. 创建框架、四点创建框架

10. 为确保工具末端与所加工件的表面保留一段距离，在创建工具坐标系框架时，一般要沿（　　）正向偏移坐标系。

A. *X* 轴　　B. *Y* 轴　　C. *Z* 轴　　D. 法兰盘表面

11. Smart 组件的 Hide、PoseMover 分别属于（　　）子组件（多选题）。

A. 动作　　B. 本体　　C. 参数建模　　D. 信号和属性

12. Smart 组件主要包括组成、设计、（　　）四部分内容（多选题）。

A. 属性　　B. 信号　　C. 属性和连结　　D. 信号和连接

13. RobotStudio 6.08 “建模”功能选项卡中的 CAD 操作主要包括交叉、减去、结合、（　　）等操作（多选题）。

A. 拉伸表面　　B. 拉伸曲线
C. 从法线生成直线　　D. 修改曲线

14. RobotStudio 6.08 “建模”功能选项卡中的测量操作主要包括（　　）等测量方式（多选题）。

A. 点到点　　B. 角度　　C. 直径　　D. 最短距离

15. RobotStudio 6.08 “建模”功能选项卡中创建的机械装置类型主要有（　　）（多选题）。

A. 机器人　　B. 外轴　　C. 设备　　D. 工具

16. RobotStudio 6.08 “建模”功能选项卡中创建的机械装置的链接可以有多个，但必须有一个（　　）链接。

A. 活动　　B. 基础　　C. 备用　　D. 中心

17. RobotStudio 6.08 中创建工具时可选择的组件包括（　　）（多选题）。

A. 已有工具　　B. 第三方模型　　C. 已有的部件　　D. 使用模型

18. RobotStudio 6.08 “建模”功能选项卡中“机械”选项组中主要有（　　）（多选题）。

A. 创建机械装置　　B. 创建工具　　C. 创建输送链　　D. 创建连接

19. RobotStudio 6.08 创建机械装置的关节类型主要有（　　）（多选题）。

A. 旋转型　　B. 往复型　　C. 四杆　　D. 凸轮机构

20. RobotStudio 6.08 创建的四杆型机械装置包括（　　）（多选题）。

A. 子链接　　B. 父链接　　C. 曲柄链路　　D. 摇臂链路

四、设计题

1. 根据给定的轴 Axis、法兰盘 Flange 模型创建旋转型机械装置，如图 3-109 所示，旋转范围为 -360°~360°。完成后将该机械装置另存为库文件，并以此机械装置为基础创建 SC_旋转轴 Smart 组件。

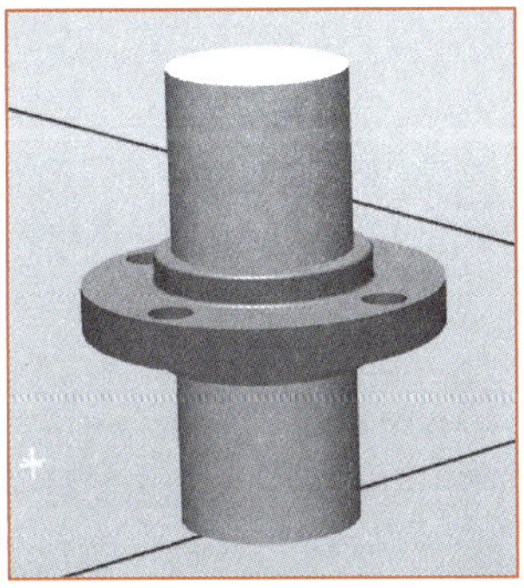

图 3-109　旋转机械装置

2. 根据给定的滑台 SkidPlatformAxis、滑块 SlidingBlock 模型创建往复型机械装置，如图 3-110 所示。完成后将该机械装置另存为库文件，并以此机械装置为基础创建 SC_滑台 Smart 组件。

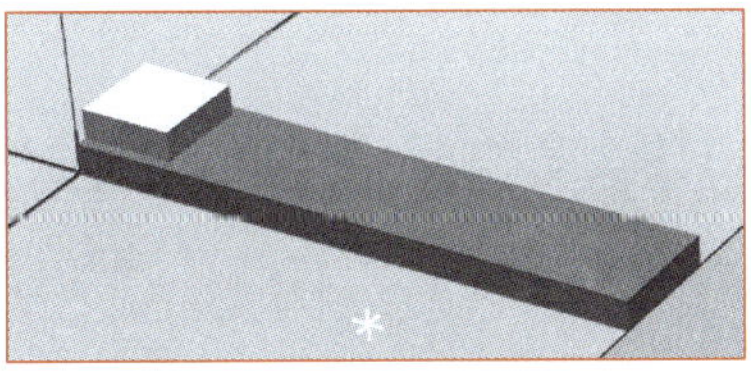

图 3-110　滑台机械装置

3. 自行创建如图 3-111 所示四杆机械装置，模型需自行创建。

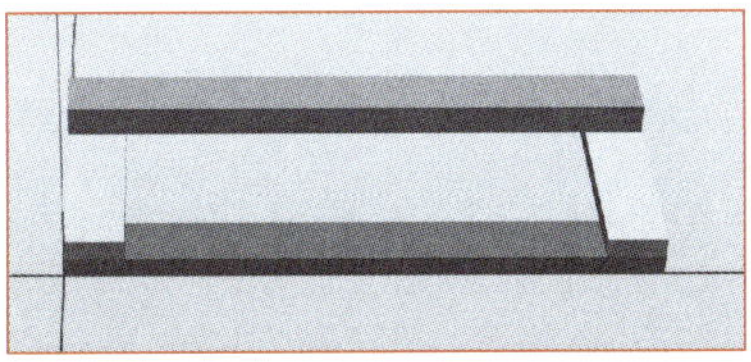

图 3-111　四杆机械装置

4. 根据如图 3-112 所示给定的工具模型 tGlueGun 创建工具，安装并验证工具的可用性。

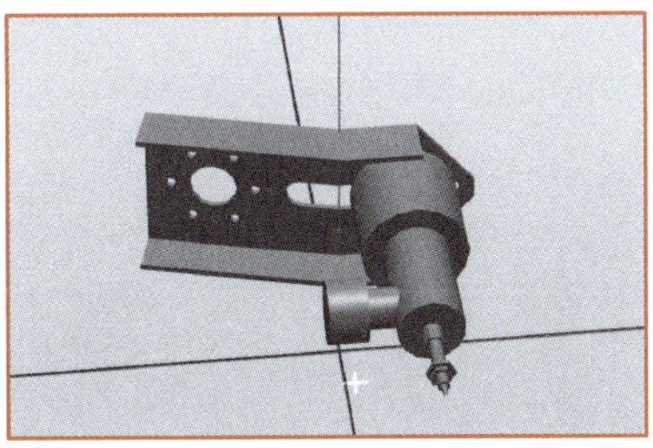

图 3-112　工具模型

参考答案

项目 3 习题

项目 4

工业机器人激光切割工作站

在工业机器人激光切割、涂胶、焊接等典型应用中，经常需要对一些不规则曲线进行处理。目前通常的做法是采用描点法处理，即根据工艺精度要求去示教相应数量的目标点，从而生成机器人的路径。但描点法处理曲线耗时长，效率低下，精度也不易保证。

ABB 离线编程能够解决描点法无法克服的问题，即根据已有三维模型的曲线特征自动转换并生成机器人的路径，此方法被称为图形化离线编程。图形化离线编程方法省时、省力，机器人路径精度得到可靠保障，进而缩短了产品开发周期，降低了企业生产成本。

学习目标

知识目标

- 理解图形化离线编程的基本原理。
- 理解离线路径目标调整的基本原理。

技能目标

- 掌握图形化离线编程的基本方法和技能。
- 掌握工业机器人离线路径目标点调整的方法。
- 掌握图形化离线程序的优化方法。
- 掌握工作站碰撞监控与 TCP 检测的方法。

技能树

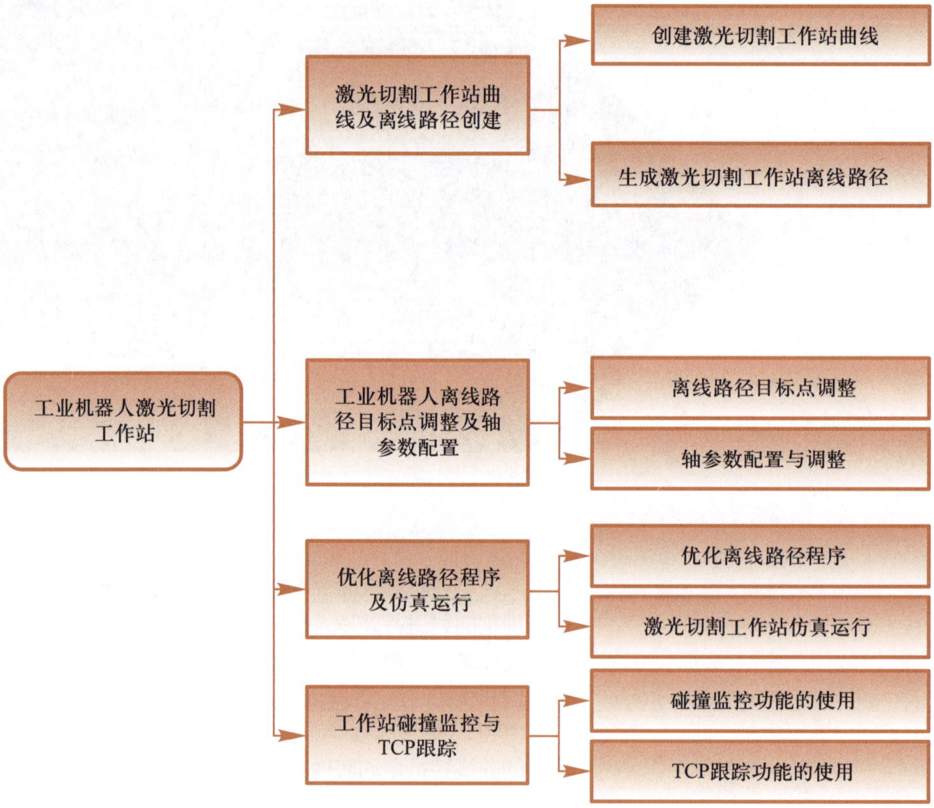

工业机器人激光切割工作站
激光切割工作站曲线及离线路径创建
创建激光切割工作站曲线
生成激光切割工作站离线路径
工业机器人离线路径目标点调整及轴参数配置
离线路径目标点调整
轴参数配置与调整
优化离线路径程序及仿真运行
优化离线路径程序
激光切割工作站仿真运行
工作站碰撞监控与TCP跟踪
碰撞监控功能的使用
TCP跟踪功能的使用

任务 1　激光切割工作站曲线及离线路径创建

任务分析

激光切割工作站需要机器人沿着工件的上表面边缘进行切割，其运动路径为三维曲线。根据工艺要求，采用描点法示教相应数量的目标点，从而生成机器人的路径，既费时又费力，精度也不易保证。本任务将根据给定的工件三维模型曲线，创建机器人路径。

任务实施

4.1.1　创建激光切割工作站曲线

1. 新建空工作站

新建空工作站，并保存为“项目 4 激光切割工作站”。在“基本”功能选项卡中，分别导入 ABB IRB 2600 机器人（参数默认）、工具 MyTool，并将工具 MyTool 安装到机器人法兰盘上，如图 4–1 所示。

2. 完成工作站布局

在“基本”功能选项卡中，分别导入待加工工件（轴向长度：500 mm）、加工平台（长 × 宽 × 高：700 mm × 600 mm × 400 mm）及围栏等模型，然后调整加工平台的位置，使其位于机器人的工作范围之内。以适当方式将待加工工件放置在工作站加工平台的中央，可以选择“一个点”放置方式，先将待加工工件放置在平台上，然后再根据工件及平台尺寸进行偏移，如图 4–2 所示。为便于后续操作，可将机器人、围栏等先隐藏。

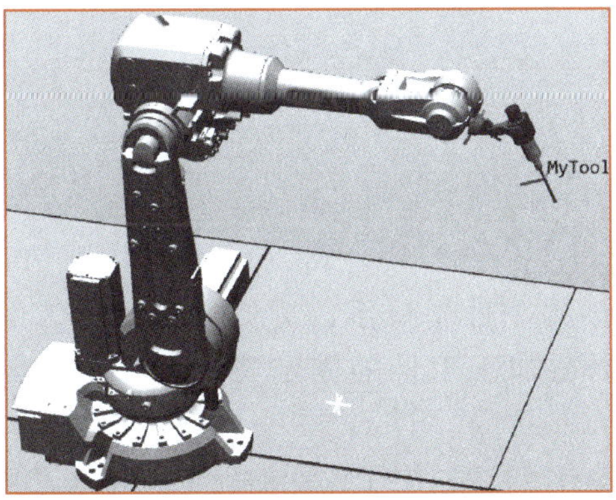

图 4–1　导入 ABB IRB 2600 机器人及工具 MyTool

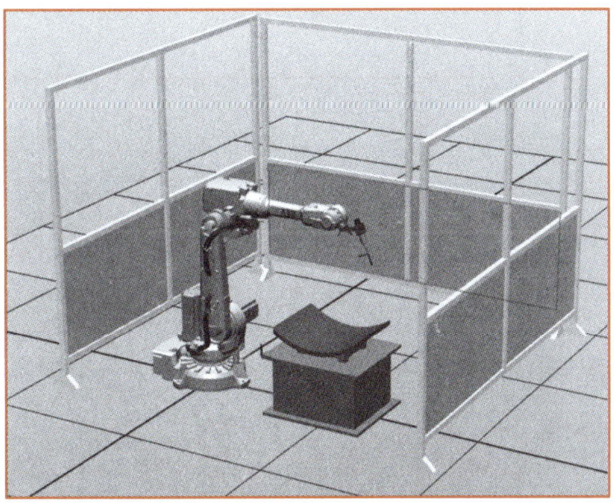

图 4–2　激光切割工作站布局

3. 创建机器人系统

工作站布局创建完成后，可以选择“从布局”创建机器人系统。

课件

项目 4

提示

本项目工作站模型 Materials 文件夹中提供了分立模型、组合体模型，为节省时间，提升效率，可根据需要自行选择合适的模型。

微课

创建激光切割工作站

4. 创建工件曲线

① 在“建模”功能选项卡中，将选择工具选为“选择表面”，点击“表面边界”。

② 单击“选择表面”输入框，选择待加工工件的上表面，然后点击“创建”按钮，如图 4–3 所示。

③ 创建完成后，点击“关闭”按钮。在“布局”栏中生成“部件 _1”，即为待加工工件上表面轮廓的曲线。

④ 为便于后续操作，可以将生成的“部件 _1”重命名为“离线路径”。

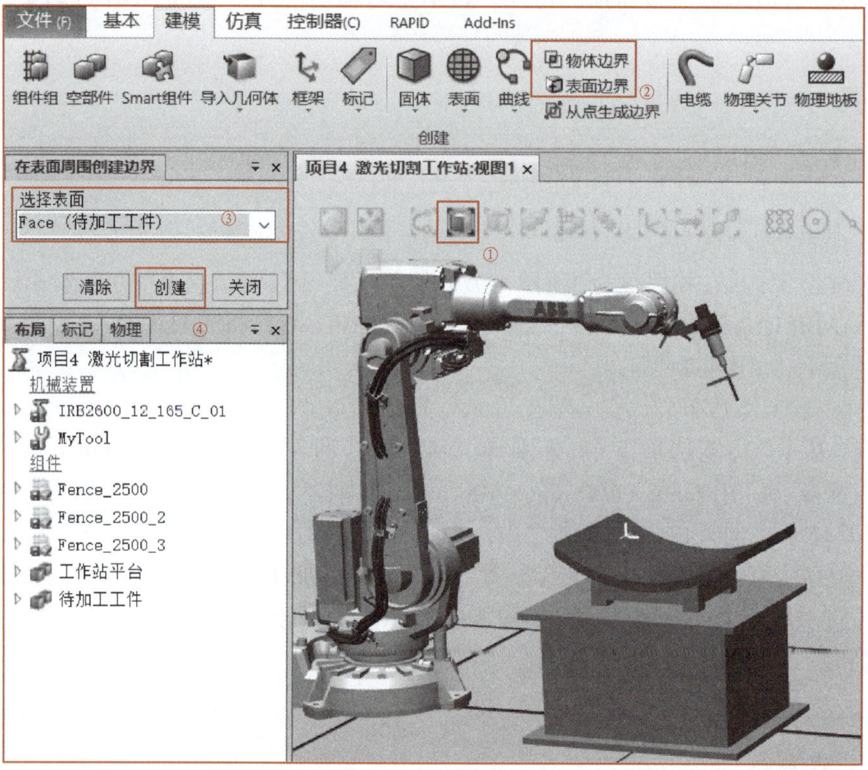

图 4–3 创建工件曲线

工作站素材

项目 4

4.1.2 生成激光切割工作站离线路径

微课

创建激光切割工作站曲线

在工业机器人实际应用中，一般需要创建工件坐标系以方便进行机器人编程和路径修改。创建工件坐标系时一般以待加工工件的固定装置的特征点为基准。

在实际应用过程中，固定装置上面一般设有定位销，用于保证加工工件与固定装置间的相对精度。因此，建议在实际应用中以定位销为基准来创建工件坐标系。本任务中以工作站平台的一个特征点作为基准创建工件坐标系。

1. 创建工件坐标系

① 在“基本”功能选项卡中，选择“其他→创建工件坐标”命令，如图 4–4 所示。

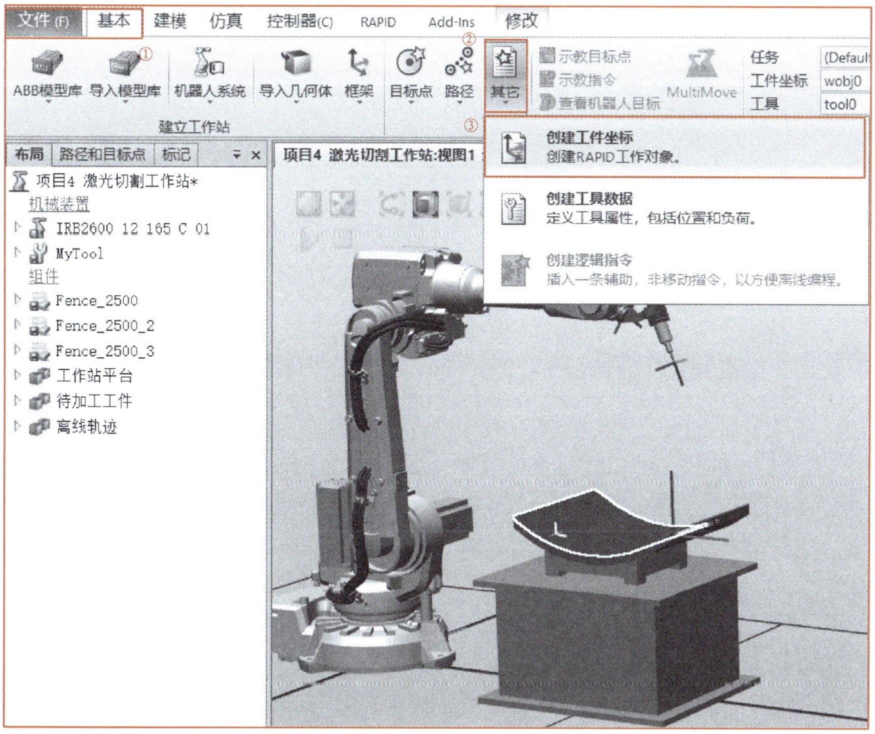

图 4-4　选择“创建工件坐标”命令

② 设置工件坐标的参数。

在“创建工件坐标”栏的“Misc 数据”中，名称默认为 Workobject_1。

点击“用户坐标框架”中的“取点创建框架”，选择三点法，依次捕捉图 4-5 中的三个点。

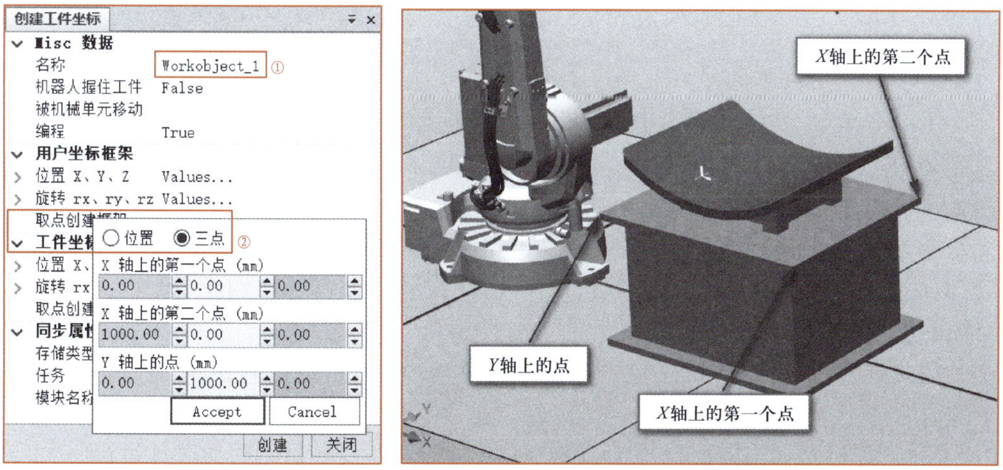

图 4-5　三点法创建工件坐标

点击“Accept”按钮，点击“创建”按钮，完成坐标系的创建。图 4-6 所示即为所创

提示

若创建的工件坐标系 Workobject_1 不在当前任务下，可以选中所创建的工件坐标系，按住鼠标左键将其拖放到当前任务中，不需要重新创建。

延伸阅读

赤诚匠心助力“飞天梦”

建的工件坐标系。

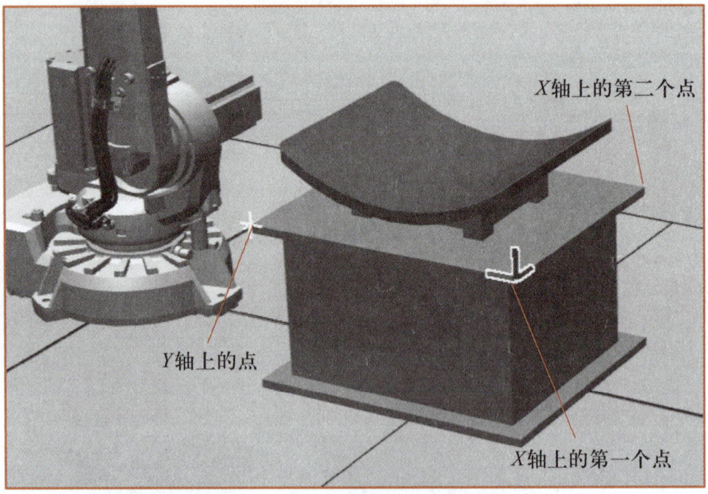

图 4-6 工件坐标系 Workobject_1 创建完成

2. 设置指令格式

① 在“基本”功能选项卡的“设置”选项中，将任务设为“System4 T_ROB1”，工件坐标设为“Workobject_1”，工具设为“Mytool”，如图 4-7 所示。

② 对运动指令也要进行相应的设置，主要修改速度、转角半径等参数，如图 4-8 所示。

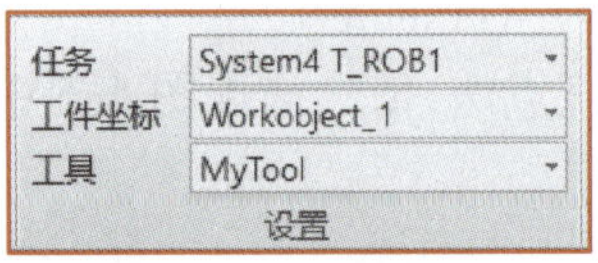

图 4-7 设置参数

图 4-8 设置指令参数

提示：不同的人创建的系统名称可能不一致，则此处在“任务”框中所选择的系统也不一样。

3. 自动生成离线路径

① 在“基本”功能选项卡中，单击“路径”，选择“自动路径”命令，如图 4-9 所示。

② 将选择工具选为“选择曲线”，捕捉方式选为“捕捉边缘”，捕捉之前创建的曲线“离线路径”，如图 4-10 所示。

③ 将选择工具选为“选择表面”，点击“参照面”输入框，捕捉待加工工件上表面，“近似值参数”“最小距离”等参数按照图 4-11 设置，然后点击“创建”按钮，完成离线路径的创建，如图 4-12 所示。

提示：选择曲线的顺序不一样时，生成的路径方向不一样。本例中按逆时针顺序选择曲线，因此路径方向是逆时针方向。

在此有必要对“自动路径”栏中的“反转”“参照面”“近似值参数”等参数进行简单的说明。

反转：运行路径方向反置，默认方向为顺时针运行，反转后则为逆时针运行。

参照面：运行路径的目标点 Z 轴方向与参照面垂直。

近似值参数：离线路径的最小距离，详见表 4-1。

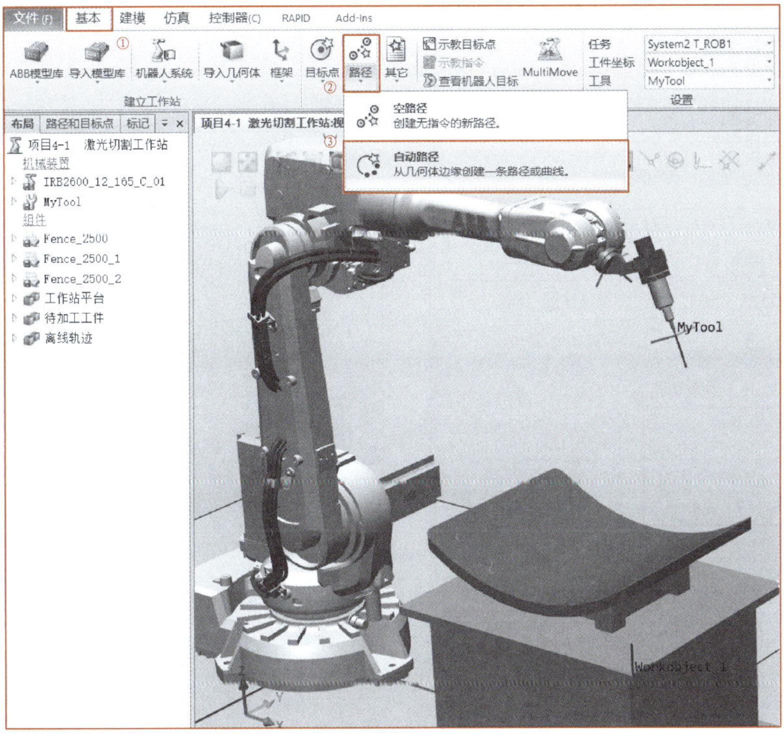

图 4-9　选择“自动路径”

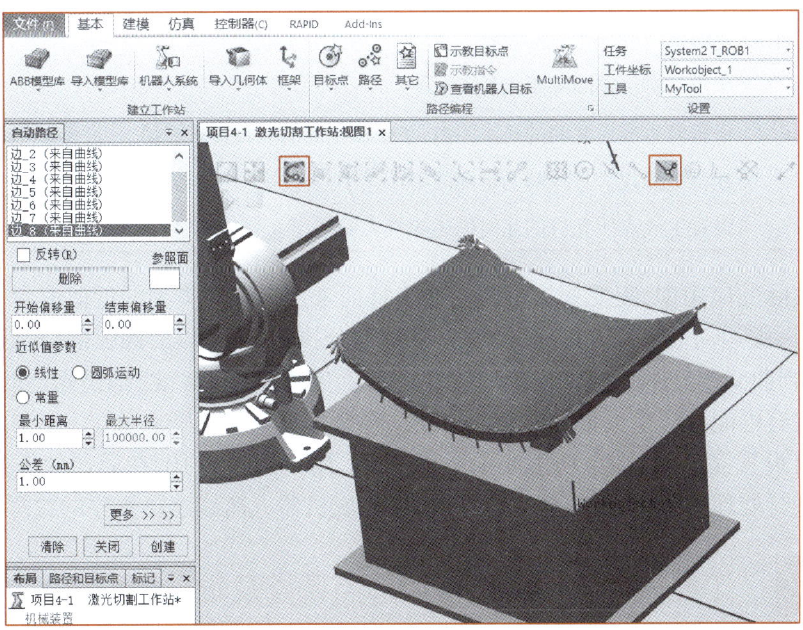

图 4-10　捕捉离线路径曲线

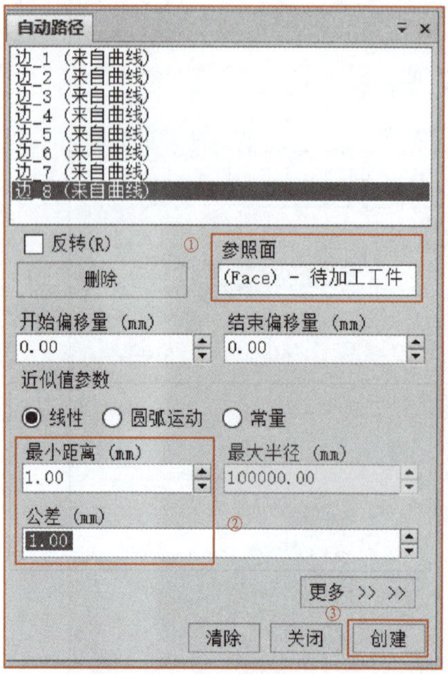

图 4-11 设置自动路径相关参数

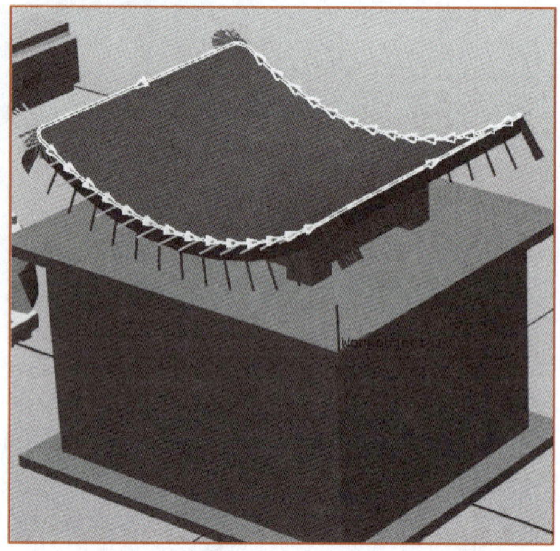

图 4-12 离线路径 Path_10 创建完成

表 4-1 近似值参数说明

选项	说明
线性	为每个目标生成线性指令，圆弧作为分段线性处理
圆弧运动	在圆弧特征处生成圆弧指令，在线性特征处生成线性指令
常量	生成具有恒定间隔距离的点
最小距离	设置两生成点之间的最小距离，小于该距离的点将被过滤掉
最大半径	在将圆弧视为直线前确定圆的半径大小，直线视为半径无限大的圆
公差	设置生成点所允许的几何描述的最大偏差

微课

生成激光切割工作站离线路径

在实际的应用中，需要根据不同的曲线特征来选择不同类型的近似值参数。但通常选择“圆弧运动”，该模式处理曲线时，线性部分执行线性运动，圆弧部分执行圆弧运动，不规则曲线部分则执行分段式的线性运动。“线性”和“常量”都是固定的模式，处理曲线时有可能会产生大量的多余点位或路径精度不佳等问题。

所有设置完成后，则自动生成了图 4-12 所示路径 Path_10，在后面的任务中会对此路径进行处理，并转换成机器人程序代码，完成机器人离线路径程序的编写。

任务 2 工业机器人离线路径目标点调整及轴参数配置

任务分析

在项目 4 任务 1 中，已根据待加工工件边缘曲线自动生成了一条机器人离线路径

Path_10。路径中可能存在部分目标点姿态使得机器人难以到达，所以机器人暂时还不能直接按照此路径运动。本任务将对机器人目标点的姿态进行调整，从而使机器人能够顺利到达各个目标点，完成离线路径的运行。

任务实施

4.2.1 离线路径目标点调整

1. 查看目标点工具姿态

① 在“路径和目标点”栏中，展开“工件坐标 & 目标点→Workobject_1→Workobject_1_of”选项，全部目标点就显示出来，路径 Path_10 的目标点为 Target_10~Target_480，如图 4-13 所示（部分目标点）。

② 右键点击要查看的目标点，选择“查看目标处工具”，如图 4-14 所示，勾选工具“MyTool”，可以查看该点处的工具。

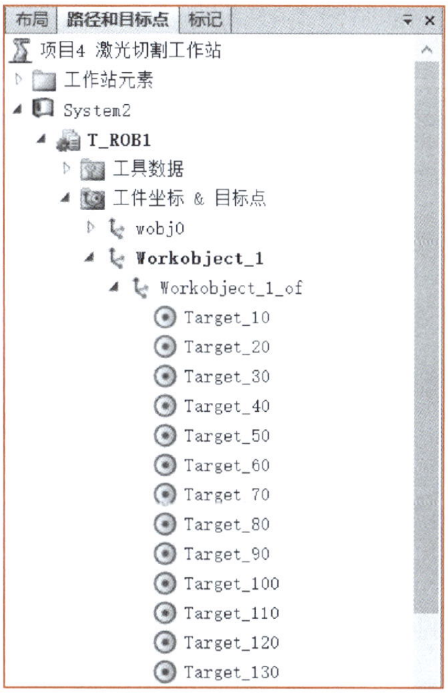

图 4-13 路径 Path_10 的目标点

> 提示
>
> 不同的路径生成方法中，Target 目标点数量可能不一样。

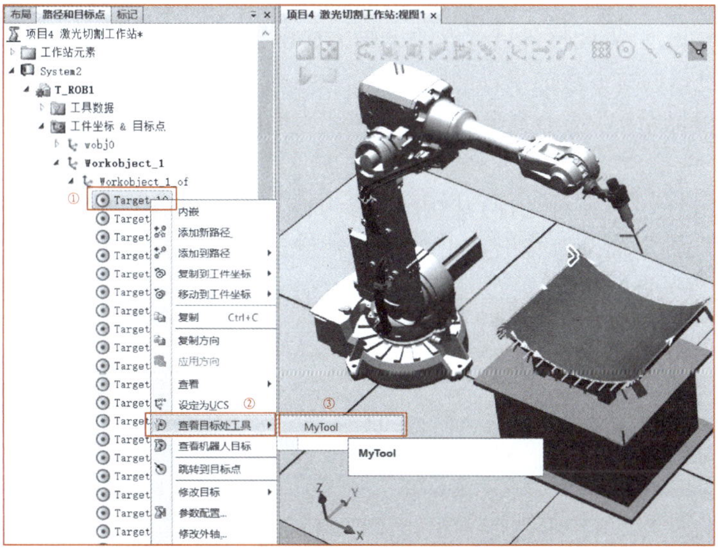

图 4-14 查看 Target_10 目标点处的工具姿态

查看工具在目标点处的姿态，便于进行目标点的调整。图 4-14 中部分目标点，如“Target_10”处的工具姿态，使机器人难以到达，有必要进行适当调整，使机器人能够顺利到达该处。

2. 调整目标点工具姿态

① 右键点击目标点“Target_10”，选择快捷菜单中的“修改目标→旋转”命令。

② 在“旋转：Target_10”栏中，将参考设为“本地”，旋转设为 90、Z 轴，点击“应用”

按钮，如图 4–15 和图 4–16 所示。

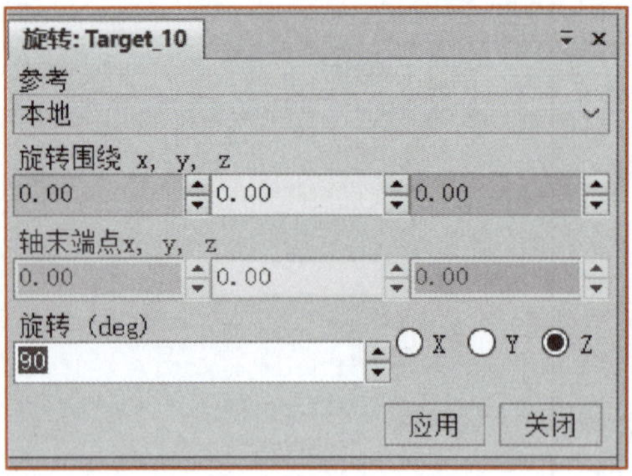

图 4–15　设置旋转参数

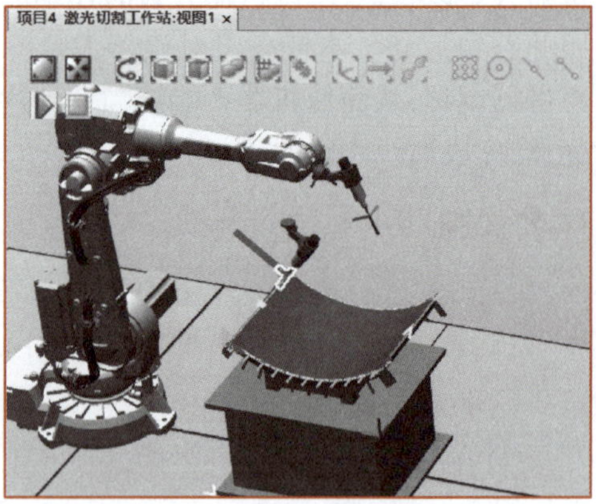

图 4–16　目标点工具姿态调整完成

对比图 4–14 和图 4–16 可以看出，目标点 Target_10 处工具的姿态已经调整完毕，调整后机器人更容易到达此处。

目标点 Target_10 调整完毕后，可以根据需要调整其余目标点。在处理大量目标点时，为提高效率可批量调整。在本地任务中，当前自动生成的目标点的 *Z* 轴方向均为工件上表面的法线方向，因此 *Z* 轴不需要修改。通过上述步骤中目标点 Target_10 的调整结果可知，只需调整各目标点的 *X* 轴方向即可。

目标点批量调整方法如下：

"Shift+ 鼠标左键"选中剩余的所有目标点，点击右键，选择"修改目标→对准目标点方向"命令。

在"对准目标点:(多种选择)"栏中，将参考设为"Target_10 (System2/T–ROB1)"，对准轴设为"X"，锁定轴设为"Z"，点击"应用"按钮，如图 4–17 所示。

提示

本工作站的系统为 System2，实践操作时根据实际情况选择相应的系统。

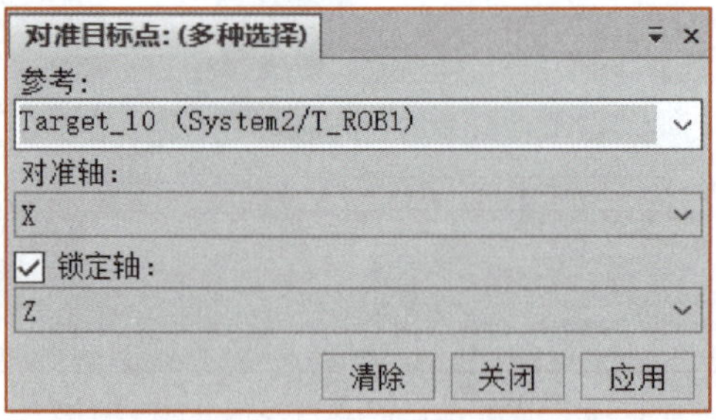

图 4–17　设置"对准目标点:(多种选择)"栏的参数

微课

调整机器人目标点姿态

所有目标点调整完毕的效果如图 4–18 所示。所有目标点的 *X* 轴方向对准了已经调整好姿态的目标点 Target_10 的 *X* 轴方向。

4.2.2　轴参数配置与调整

为保证机器人能够顺利到达各个目标点，可能需要多个关节轴配合运动。因此，需要为多个关节轴配置参数，也就是说要为自动生成的目标点调整轴参数配置。

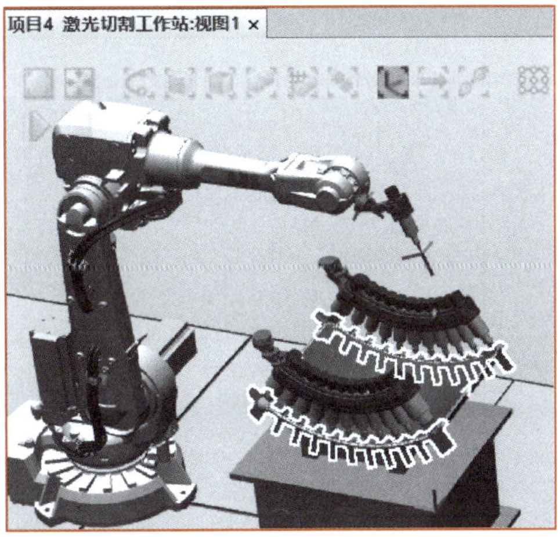

图 4-18　所有目标点调整完毕

1. 调整轴参数配置

(1) 右键点击目标点 Target_10，在快捷菜单中选择“参数配置”。

(2) 在“配置参数:Target_10”栏中选择合适的轴参数，本任务选择使用默认的第一种轴参数，即选择“Cfg1(0,0,0,0)”，然后点击“应用”按钮，如图 4-19 所示。

选择轴参数时，可查看“关节值”，作为参考。“配置参数”栏中的“之前”“当前”的含义如下。

之前：目标点原先的轴参数对应的各关节轴度数。

当前：当前勾选的轴参数对应的各关节轴度数。

如果要详细配置机器人达到该目标点时各关节轴的度数，可勾选“包含转数”，如图 4-20 所示。

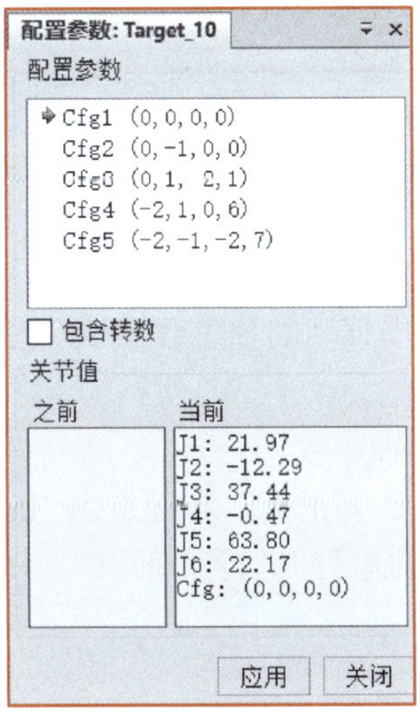

图 4-19　配置轴参数

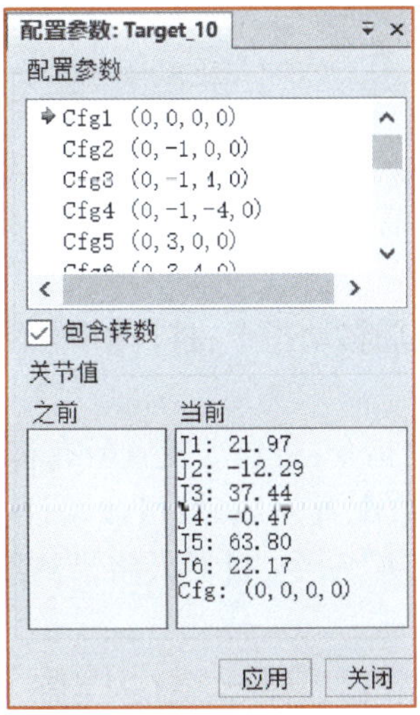

图 4-20　配置包含转数的轴参数

2. 自动配置轴参数

该工作站机器人目标点较多，单独配置目标点轴参数将是一项烦琐的工作。在路径属性中，可以为所有目标点自动配置轴参数。

① 在“路径和目标点”栏中，展开“路径与步骤”，然后右键点击“Path_10”，选择“自动配置→所有移动指令”命令，机器人将沿路径自动运行一次，完成参数的自动配置，如图 4-21 所示。

提示

选择相应的轴参数后，视图窗口会出现该参数下机器人的姿态，根据机器人的姿态可以判断此参数是否合适。

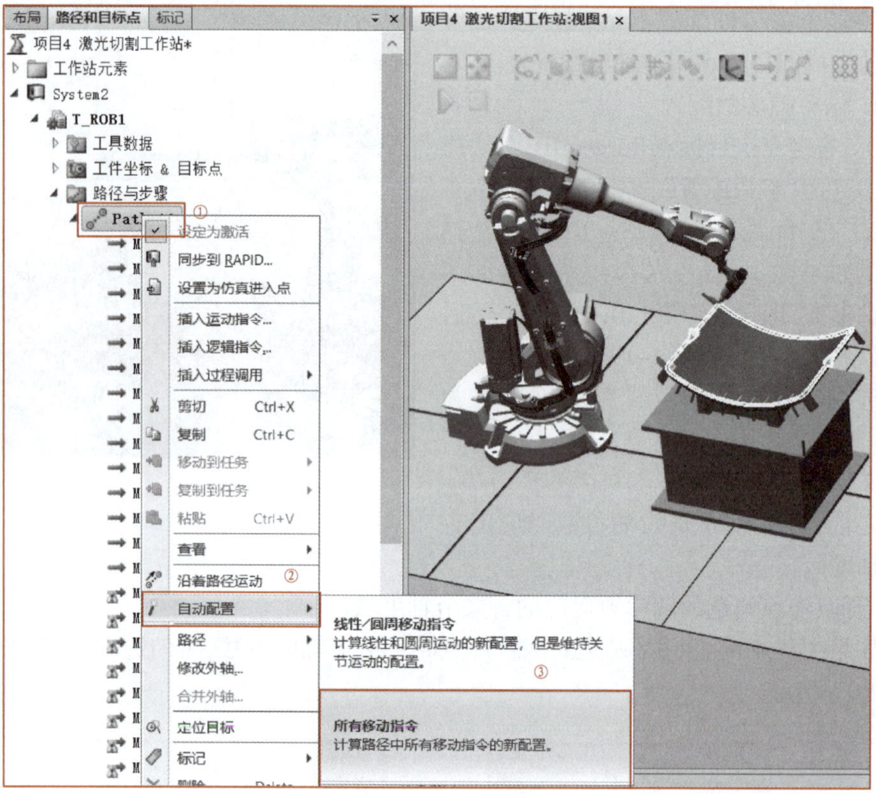

图 4-21 自动配置轴参数

提示

建议将路径Path_10中的第一条线性移动指令 MoveL Target10 修改为关节运动指令 MoveJ Target10，否则机器人无法运行；修改后若机器人运行到某点处卡死，说明该部分轴参数配置得不合理，则需要手动调整机器人参数，绕 Z 轴旋转角度等参数。

微课

配置机器人轴参数

“自动配置”下有“线性 / 圆周移动指令”“所有移动指令”两个选项，其含义如下。

线性 / 圆周移动指令：将自动配置线性和圆周移动的轴参数，但维持关节运动的轴参数。

所有移动指令：将自动配置所有移动指令的轴参数。

② 轴参数配置完成后，可以验证参数配置是否正确。右键点击“Path_10”，选择“沿着路径运动”命令，机器人将沿离线路径自动运行，进行验证。

任务 3 优化离线路径程序及仿真运行

任务分析

在项目 4 任务 1 中已经完成机器人激光切割离线路径的创建。在实际应用中，为确保安全生产和工件质量，往往还需要对机器人路径进行优化，加入起始接近点、结束离开点以及安全点。本任务将对机器人离线程序进行优化并仿真运行。

任务实施

4.3.1　优化离线路径程序

1. 创建路径起始接近点

在本项目中，工业机器人离线路径起始接近点是相对于路径起始点 Target_10 处，在其本身 Z 轴负方向偏移一段距离，以起到保护作用。具体操作过程如下。

① 在“路径和目标点”栏中，展开“工具坐标 & 目标点”，右键点击目标点“Target_10”，选择“复制”命令；右键点击上级节点“Workobject_1_of”或“Workobject_1，选择“粘贴”命令，生成新的目标点”Target_10_2”，如图 4-22 所示。

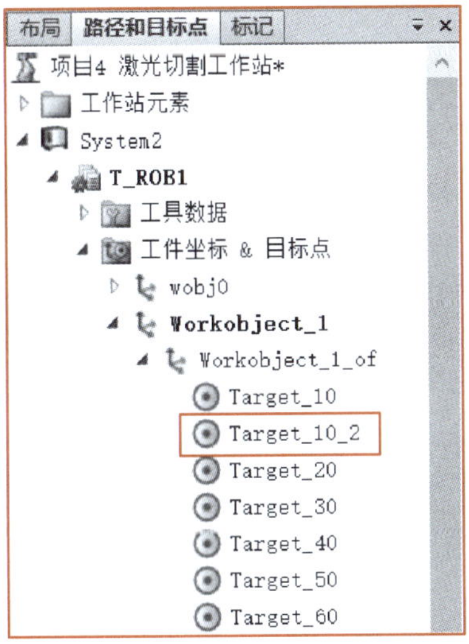

图 4-22　创建路径起始接近点

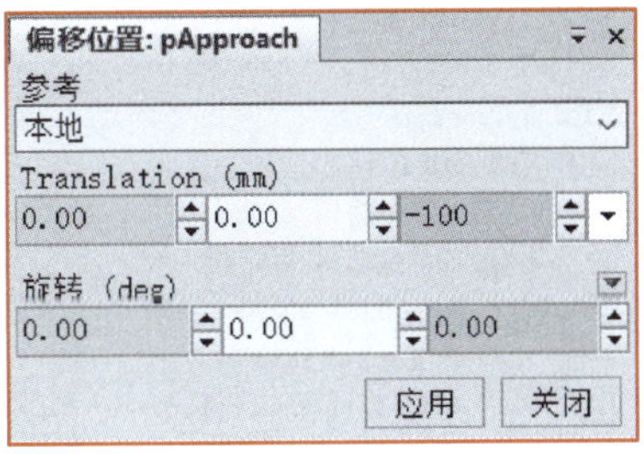

图 4-23　设置 pApproach 点的偏移参数

② 右键点击“Target_10_2”，选择“重命名”命令，将其改为“pApproach”。

③ 右键点击“pApproach”，选择“修改目标→偏移位置”命令，将参考设为“本地”，Translation 框中 Z 值设为 -100，点击“应用”按钮，如图 4-23 所示。

④ 将“pApproach”目标点添加至路径 Path_10 中的第一行。具体方法是右键点击“pApproach”，选择“添加到路径→ Path_10 → < 第一 >”命令，如图 4-24 所示。

2. 创建路径结束离开点

① 在本项目中，工业机器人离线路径结束离开点是相对于路径结束点 Target_480 处，在其本身 Z 轴负方向偏移一段距离，以起到保护作用。具体创建过程与路径起始接近点相同。路径结束离开点创建完成后可以命名为“pDepart”。

② 将“pDepart”目标点添加至路径 Path_10 中的最后一行，具体方法是右键点击“pDepart”，选择“添加到路径→ Path_10 → < 最后 >”命令，如图 4-25 所示。

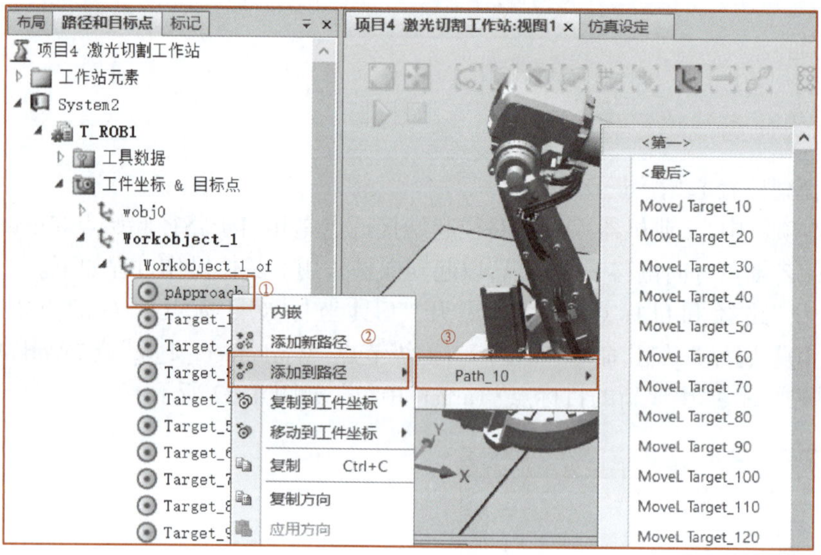

图 4-24　添加 pApproach 至 Path_10 路径中第一行

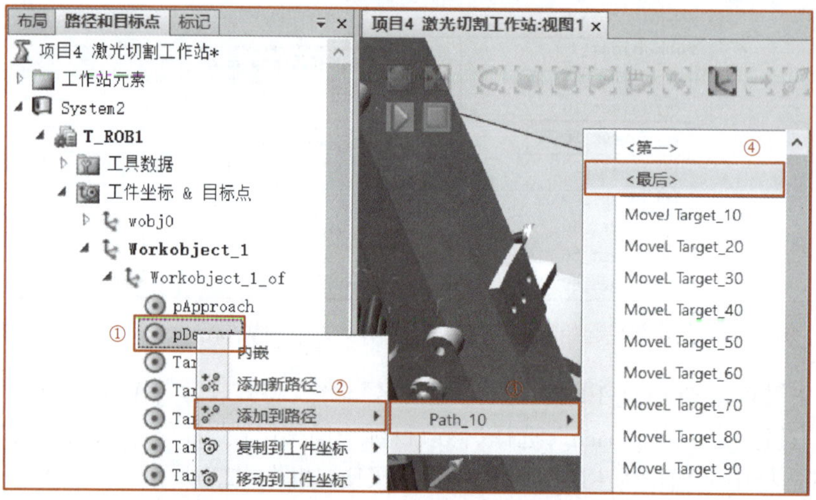

图 4-25　添加 pDepart 至 Path_10 路径中最后一行

提示

安全点尽量不设置在机械原点处，否则容易出现机器人卡死（也就是机器人到达奇异点）现象。

3. 创建安全点

安全点是工业机器人运行过程中的安全过渡点，可以根据工作站实际情况进行设置，本任务中可将工业机器人在原点处沿 Z 轴负方向、X 轴负方向偏移一段距离，作为安全点。

微课

优化机器人离线路径

① 在“布局”功能选项卡中，右键点击“IRB2600”，选择“回到机械原点”命令。

② 在“基本”功能选项卡中，将任务设为当前所建的任务，工件坐标设为“Workobject_1”，工具设为“MyTool”，如图 4-26 所示。

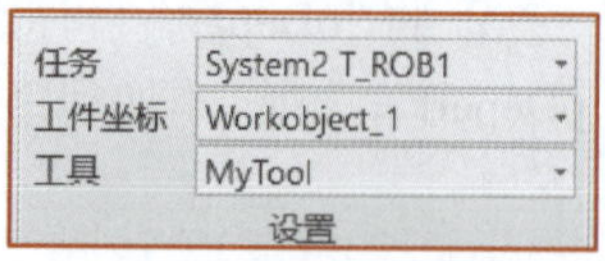

图 4-26　设置工件坐标和工具

③ 在“基本”功能选项卡中，通过手动线性等方式将工业机器人沿 Z 轴负方向、X 轴负方向偏移一段距离，然后点击“示教目标点”，并将新生成的目标点命名为“pHome”，如图 4–27 所示。

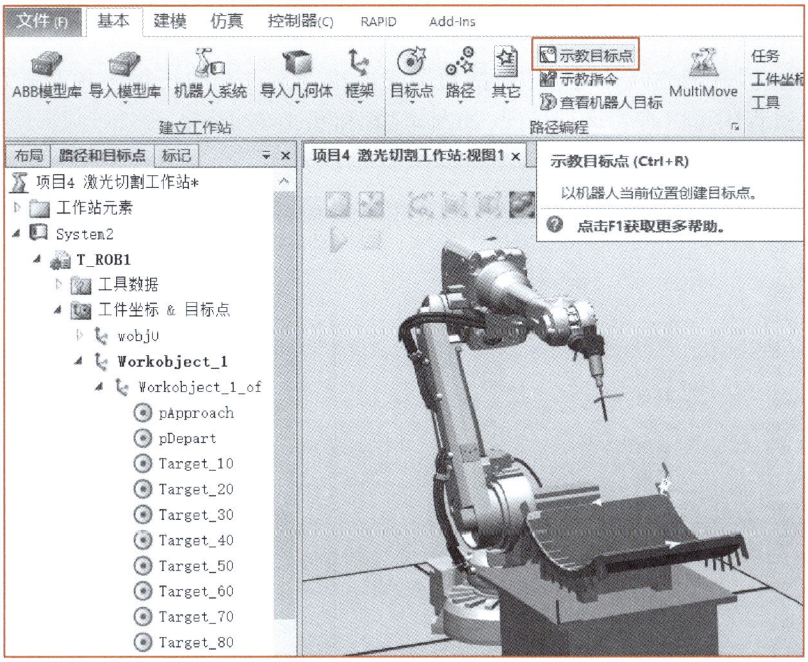

图 4–27　创建安全点 pHome

④ 将安全点 pHome 分别添加到路径 Path_10 的第一行和最后一行。

4. 修改相应的运动指令

(1) 展开“路径与步骤”，在路径 Path_10 中右键点击第一条 MoveL pHome 指令，选择“编辑指令”命令，将动作类型设为“Joint”，Speed 设为“v300”，Zone 设为“z20”，Tool 设为“MyTool”，如图 4–28 所示，然后点击“应用”按钮。

② 按照上述方法，修改路径 Path_10 中的 MoveL pApproach、MoveL pDepart 以及最后一条 MoveL pHome 指令，如图 4–29 至图 4–31 所示，然后点击“应用”按钮。

5. 自动配置轴参数

路径修改完成后，还需要对路径 Path_10 进行参数配置才能进行后续仿真工作。路径参数配置的具体方法如图 4–32 所示，在“路径和目标点”栏中，右键点击 Path_10，选择“自动配置→所有移动指令”命令，工业机器人将沿离线路径自动运行一次，完成参数的配置。

4.3.2　激光切割工作站仿真运行

1. 将工作站同步到 RAPID 程序

工作站若要进行仿真调试，必须先将工作站同步到 RAPID 程序。若 RAPID 程序有改变，则需要执行“同步到工作站”操作。在“基本”功能选项卡中，点击“同步”，选择“同步到 RAPID”，设置同步参数，然后点击“确定”按钮，如图 4–33 和图 4–34 所示。

2. 设定仿真参数

① 在“仿真”功能选项卡中，点击“仿真设定”，在“仿真设定”窗口中点击“T_ROB1”。

② 在“T_ROB1 的设置”区域将进入点选为“Path10”，如图 4-35 所示，然后关闭“仿真设定”窗口。

3. 工作站仿真运行

在“仿真”功能选项卡中点击“播放”，工业机器人自动执行程序并沿离线路径运行。仿真过程中可以查看运行情况，如图 4-36 和图 4-37 所示。

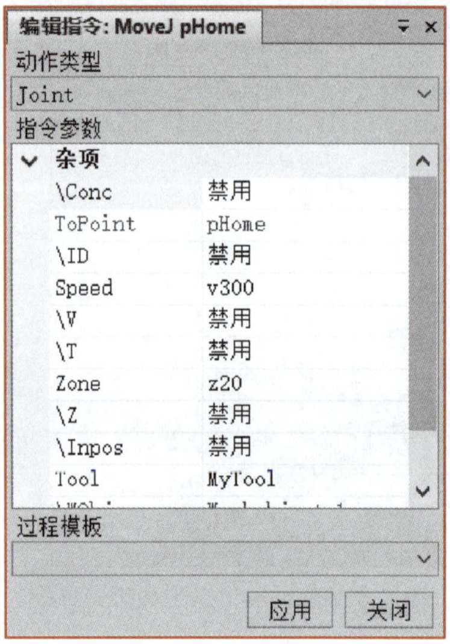

图 4-28 修改 MoveL pHome 运动指令 1

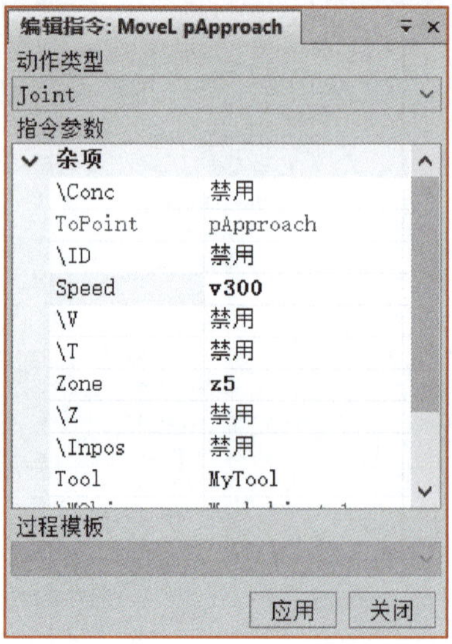

图 4-29 修改 MoveL pApproach 运动指令

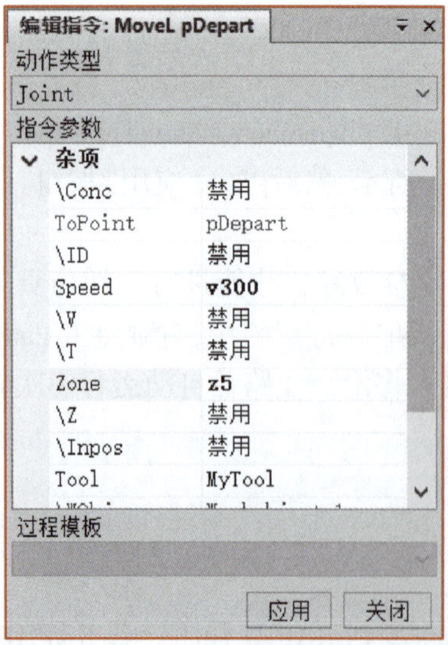

图 4-30 修改 MoveL pDepart 运动指令

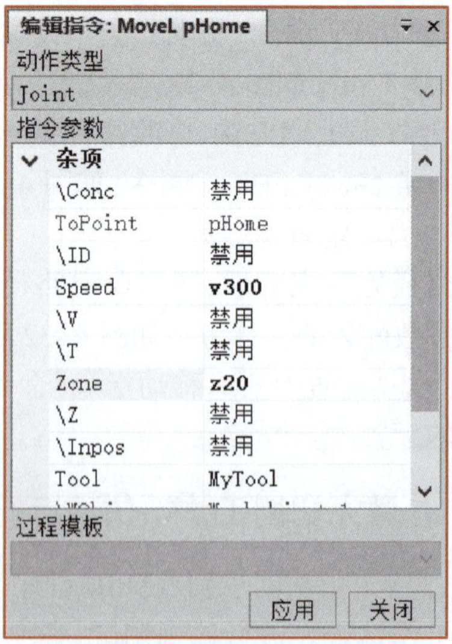

图 4-31 修改 MoveL pHome 运动指令 2

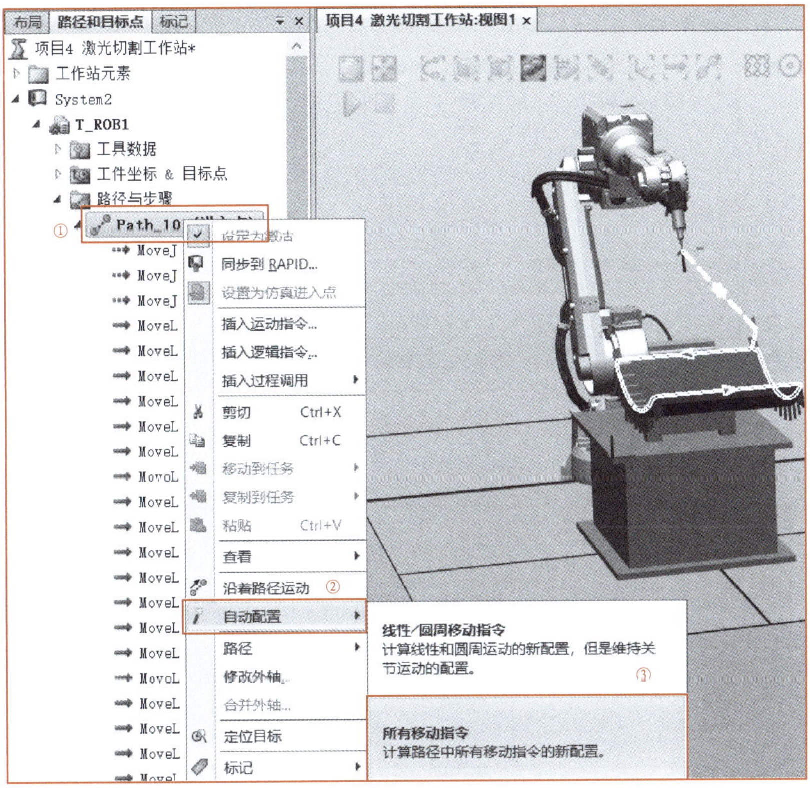

图 4-32　自动配置路径参数

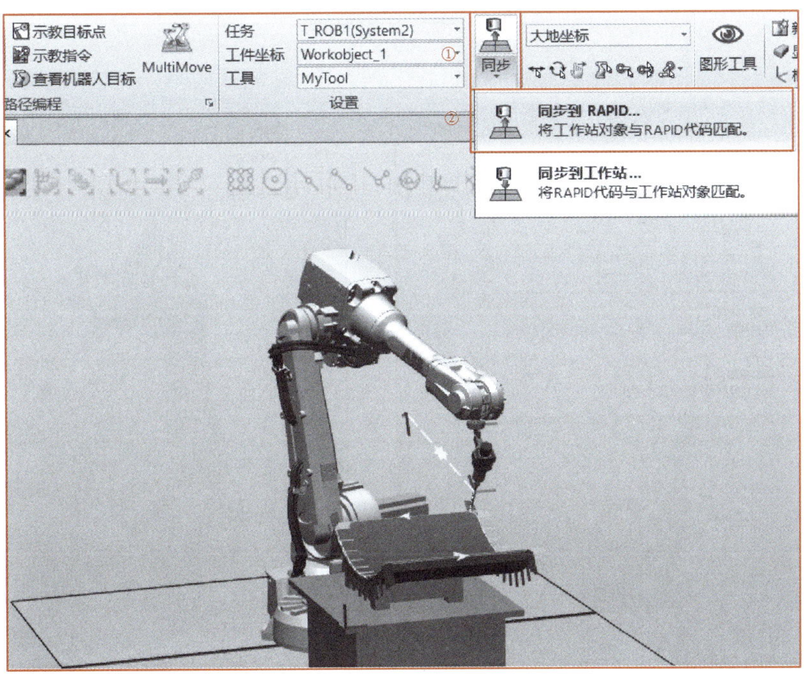

图 4-33　将工作站同步到 RAPID 程序

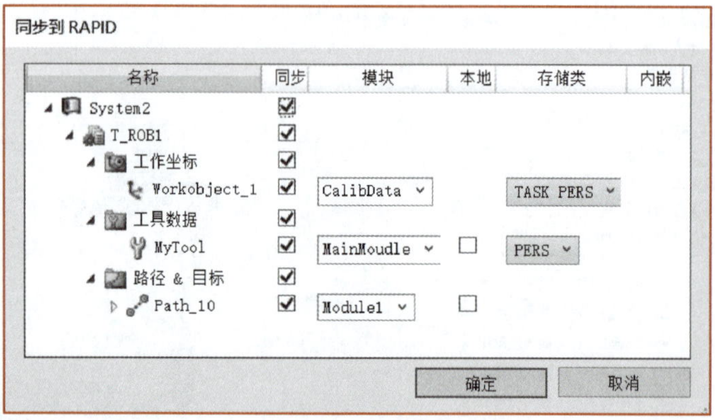

图 4-34 设置“同步到 RAPID”对话框

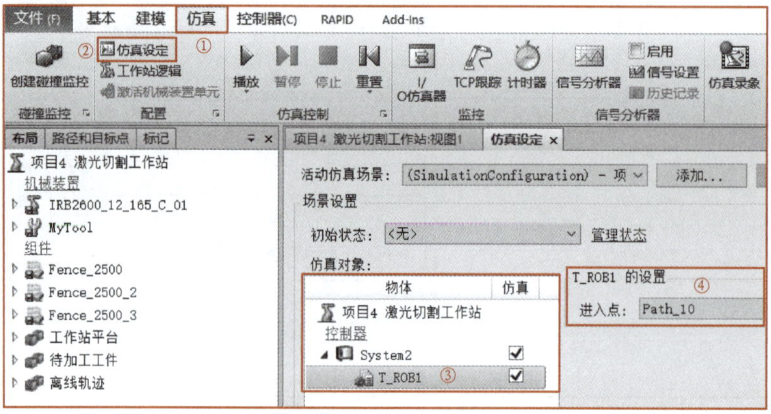

图 4-35 设置仿真参数

微课

激光切割工作站仿真运行

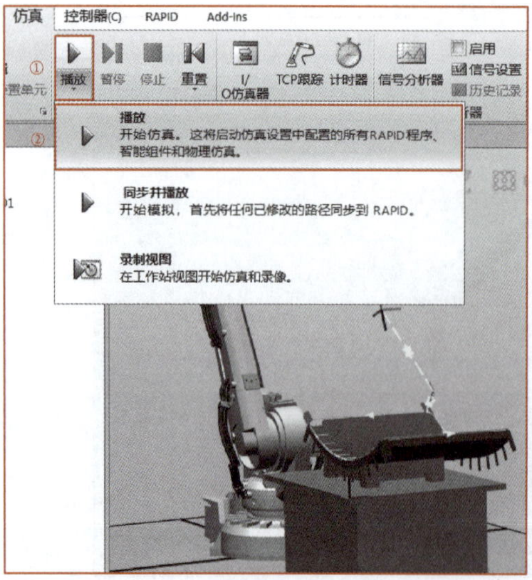

图 4-36 点击“播放”进行仿真

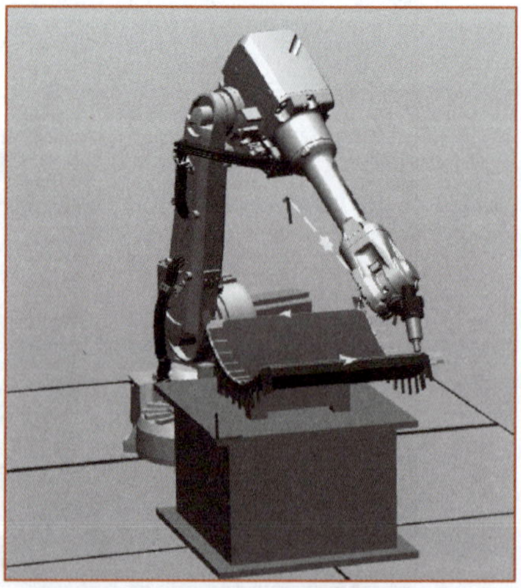

图 4-37 工作站仿真运行中

任务 4　工作站碰撞监控与 TCP 跟踪

任务分析

为防止工业机器人、夹具等与工件、周边设备发生干涉，工业机器人路径规划完成后，一般需要进行碰撞检测。此外，工业机器人完成路径运动后，有时需要对路径进行分析，查看工业机器人的运动路径是否满足需求。

RobotStudio 虚拟仿真的一个重要任务就是验证路径可行性，即验证工业机器人在运行过程中是否会与周边设备发生碰撞，从而发现潜在危险并予以消除。在实际应用中，如焊接、激光切割等，工业机器人工具实体尖端与工件表面的距离要保证在合理的范围内，既不能与工件发生碰撞也不能距离工件过远，从而保证工艺要求和工件质量。

本任务将对工业机器人激光切割工作站进行碰撞检测以及 TCP 跟踪，从而发现和解决问题。

任务实施

4.4.1　碰撞监控功能的使用

1. 创建碰撞监控

① 在“仿真”功能选项卡中，点击“创建碰撞监控”，创建“碰撞检测设定 _1”，如图 4-38 所示。

② 展开“碰撞检测设定 _1”，显示 ObjectsA 和 ObjectsB 两组对象，如图 4-39 所示。

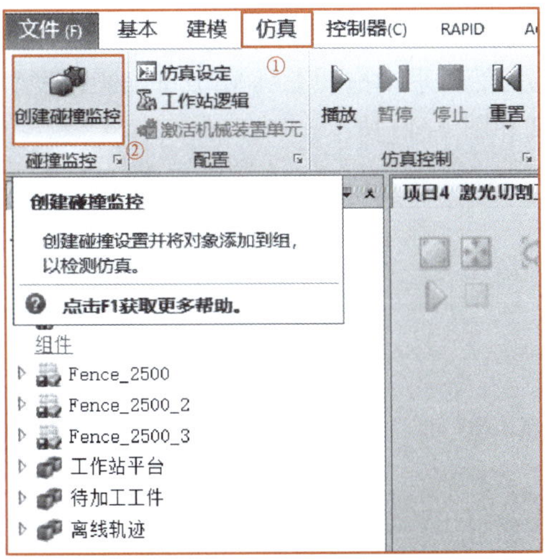

图 4-38　创建碰撞监控

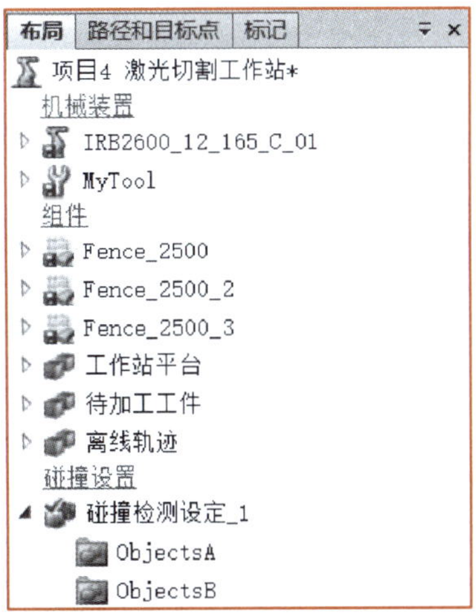

图 4-39　碰撞检测设定 _1 的对象集

将需要检测的对象放入碰撞集 ObjectsA 和 ObjectsB 中，只要 ObjectsA 中的任何对象与 ObjectsB 中的对象发生碰撞，碰撞信息都将显示在图形视图里并记录在输出窗口中，从而实现碰撞监控。一个工作站可以设置多个碰撞集，但每一个碰撞集只能包含两组对象。本任务中需要检测工业机器人、工具与待加工工件、工作站平台等对象是否会发生碰撞。

③ 在“布局”栏中，左键点击需要检测的对象不要松开，将其拖到相应的对象集中即可。碰撞集创建完成后，如图 4-40 所示。

2. 设置碰撞监控参数

在“布局”栏中，右键点击“碰撞检测设定_1”，选择“修改碰撞监控”命令，勾选“启动”复选框，如图 4-41 所示。

图 4-40 创建碰撞集

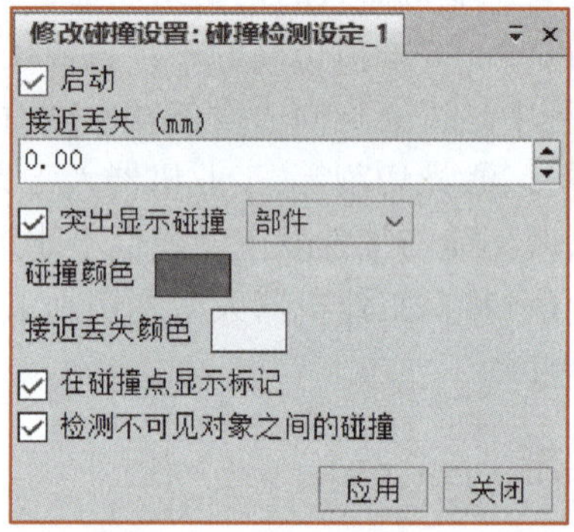

图 4-41 修改碰撞设置

“修改碰撞设置”栏的有关参数说明如下。

接近丢失：选择的两组对象之间的距离小于该数值时，则提示设置的相应颜色。

碰撞颜色：选择的两组对象之间发生了碰撞，则提示设置的相应颜色。

在碰撞点显示标记：在发生碰撞的地方做标记，以便后续查看。

检测不可见对象之间的碰撞：工作站隐藏的部件也可以进行碰撞检测。

3. 工业机器人碰撞监控

微课
碰撞监控

① 此处先采用图 4-41 所示的默认参数，然后手动拖动工具 MyTool 与工件发生碰撞，查看一下碰撞效果，碰撞信息如图 4-42 和图 4-43 所示。

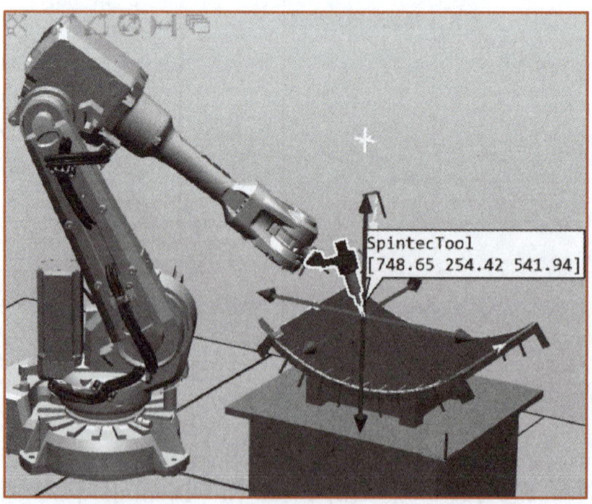

图 4-42 工具 MyTool 与工件发生碰撞

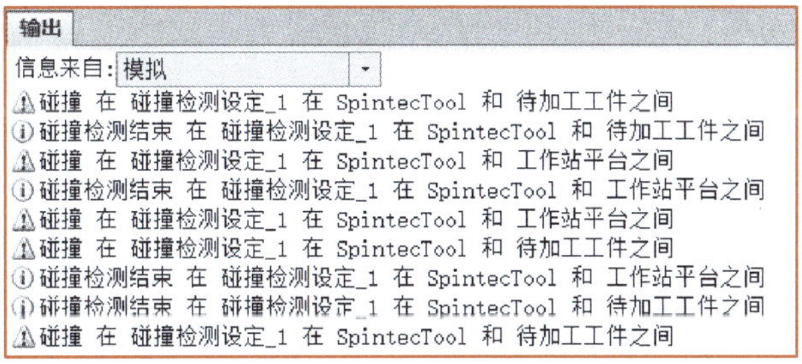

图 4-43　输出的碰撞信息

提示

若要关闭碰撞监控功能，可以在“修改碰撞设置”栏中取消勾选“启动”复选框；也可以在“布局”栏中，右键点击“碰撞检测设定_1”，在快捷菜单中取消勾选“启动”选项。

② 将“接近丢失”设定为 1 mm，则在仿真运行过程中可以监控工业机器人工具与待加工工件之间的距离是否过远，若大于设定值则不显示接近丢失颜色；若小于或等于设定值则显示接近丢失颜色。同时，若工具与待加工工件、工作站平台之间发生碰撞，则显示碰撞颜色。设置完成后，可以再次拖动机器人，查看碰撞监控效果。

4.4.2　TCP 跟踪功能的使用

工业机器人运行过程中，可以监控 TCP 的运行路径及运动速度，作为后续分析的资料使用。

1. 设置 TCP 参数

① 为便于观察和记录 TCP 路径，先隐藏工作站中的所有目标点和路径。在“基本”功能选项卡中，选择“图形”菜单中的“显示 / 隐藏”命令，取消勾选“全部目标点 / 框架”“全部路径”，如图 4-44 所示。

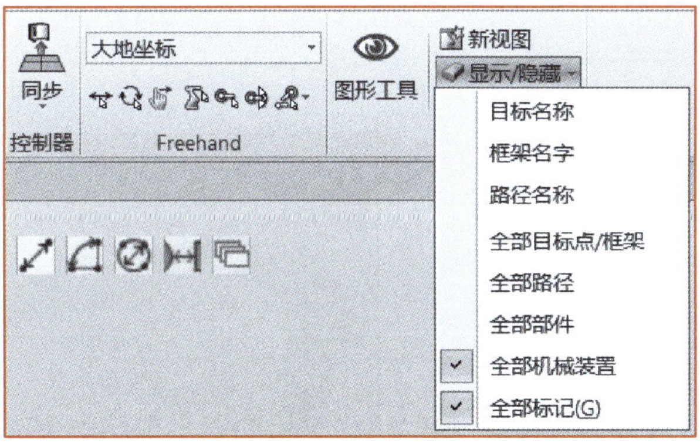

图 4-44　隐藏目标点和路径

② 在“仿真”功能选项卡中，选择“TCP 跟踪”，如图 4-45 所示。

③ 在“TCP 跟踪”栏中选择要跟踪的工业机器人，勾选“启用 TCP 跟踪”，再根据需要设置 TCP 路径颜色等参数，如图 4-46 所示。

2. TCP 跟踪功能的使用

① 设置完成后，在“仿真”功能选项卡中，点击“播放”，系统开始记录工业机器人运行路径。

② 工业机器人运行结束后，可根据系统记录的工业机器人路径进行后续分析。工业机器人完整的运行路径如图 4-47 所示。

③ 若想清除记录的路径，可在“TCP 跟踪”栏中点击“清除 TCP 轨迹”按钮，清除已生成的路径。

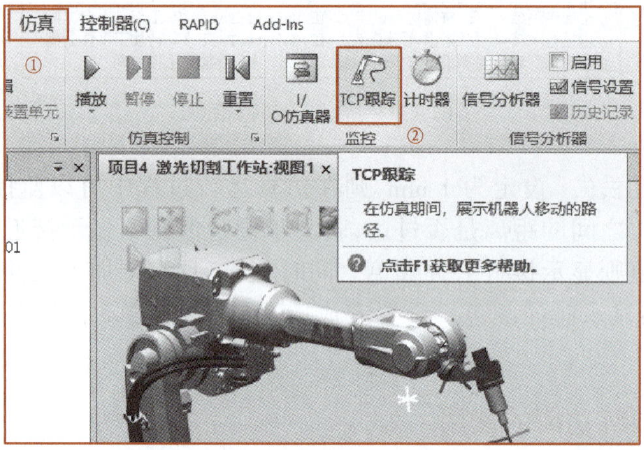

图 4-45　打开 TCP 跟踪

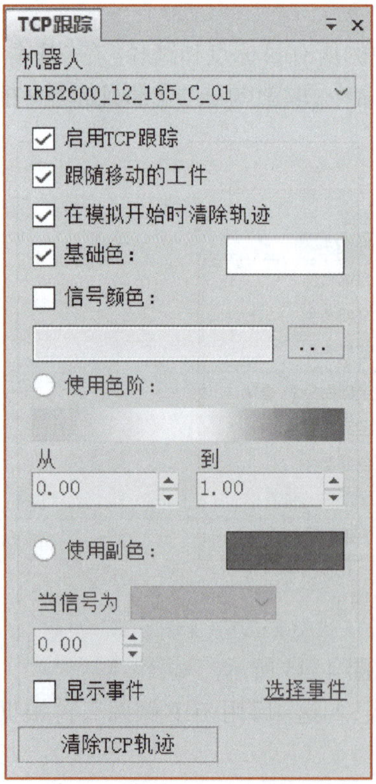

图 4-46　设置 TCP 跟踪参数

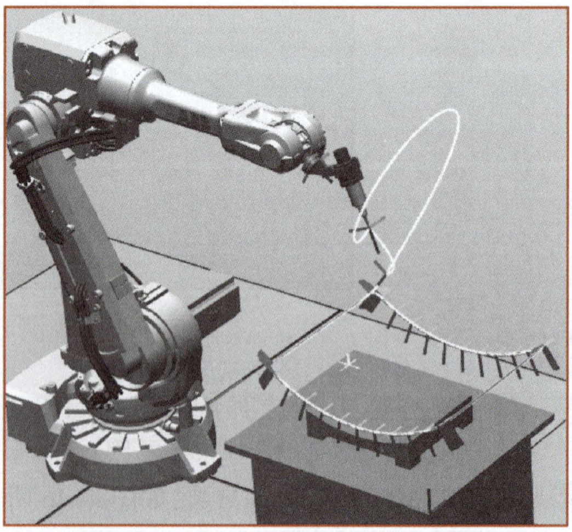

图 4-47　工业机器人完整的运行路径

微课

TCP 跟踪功能

总　结

本项目通过工业机器人激光切割工作站，完成了工业机器人图形化编程、工业机器人离线路径目标点调整、工业机器人离线程序的优化以及工作站碰撞监控功能与TCP跟踪功能的使用。本项目充分体现了工业机器人离线编程的优势，解决了描点法无法克服的问题。

习　题

一、填空题

1. 创建工件坐标系时取点创建框架主要有______和______两种基本形式。

2. RobotStudio 6.08 中为机器人创建路径有______和______两种基本形式。

3. RobotStudio 6.08 中为机器人创建自动路径时，“近似值参数”有______、______、______三种选项可以选择。

4. 根据工件边缘曲线自动生成的路径中可能存在部分目标点姿态使得机器人难以到达，因此必须对目标点的______进行调整，从而让机器人能够到达各个目标点。

5. 在修改目标点位置时，“参考”输入框中选择要修改的目标点，“对准轴”设为______，“锁定轴”设为______，然后点击“应用”按钮。

6. 机器人路径创建完成后，为保证路径的正确，还必须对路径的______进行验证。

7. 为机器人目标点进行轴参数配置主要有______和______两种方法。

8. 在实际应用中，往往还需要对机器人路径进行优化，加入路径______点、______点和______点。

9. MoveL p1,v100,z10,tool1 指令使机器人做______运动；MoveL p2,v100,z10,tool1 指令使机器人做______运动；MoveC p1,p2,v100,z10,tool1 指令使机器人做______运动。

10. 机器人路径优化完成后，需在“基本”功能选项卡中执行______操作，选择______，完成相应的同步工作。

二、判断题

(　　)1. 工业机器人处理不规则曲线时，可以采用描点法或图形化离线编程方法进行处理。

(　　)2. 在实际应用过程中，固定装置上面一般设有定位销，用于保证加工工件与固定装置间的相对精度。因此，建议在实际应用中以定位销为基准来创建工件坐标系。

(　　)3. “自动路径”栏中的“反转”是指将运行路径方向反置，默认方向为逆时针运行，反转后则为顺时针运行。

(　　)4. “自动路径”栏中的“近似值参数”下的“线性”选项用于为每个目标生成线性指令，圆弧作为分段线性处理。

(　　)5. “近似值参数”下的“圆弧运动”和“常量”都是固定的模式，处理曲线时有可能会产生大量的多余点位或路径精度不佳等问题。

(　　)6. 根据工件边缘曲线自动生成机器人运行路径 Path_10 后，机器人可直接按照此路径运动。

(　　)7. RobotStudio 6.08 中，目标点可以单个调整，也可以批量调整，但批量调整时必须有参考目标点。

(　　)8. 配置轴参数时“配置参数”栏中的“关节值”下的“当前”表示：当前勾选的轴参数对应的各关节轴度数。

(　　)9. 机器人到达目标点，可能需要多个关节轴配合运动。因此，需要为多个关节轴配置参数，也就是说要为自动生成的目标点调整轴参数配置。

(　　)10. 在实际应用中，机器人路径中的安全位置点 Home 可以设置为机械原点。

(　　)11. 机器人路径中起始接近点要放置于工件加工路径目标点之前，而且其应该距离工件有一定的距离。

(　　)12. 进行仿真操作的基本设置时，应在“仿真”功能选项卡中，点击“仿真设定”，在“仿真设定”窗口中点击“T_ROB1”，“进入点”必须选择 Main，然后点击“关闭”按钮。

(　　)13. 使用碰撞监控功能时，一个工作站可以设置多个碰撞集，但每一个碰撞集只能包含 ObjectsA 和 ObjectsB 两组对象。

(　　)14. 碰撞监控参数设置完成后，只有在工作站仿真运行时才能检测出是否发生碰撞。

(　　)15. TCP 跟踪参数设置完成后，在“基本”功能选项卡中，点击“播放”，系统开始记录机器人运行路径并监控机器人运行速度是否超出限值。

二、选择题

1. 在激光切割、涂胶、焊接等工业机器人应用中，经常需要对一些不规则曲线进行处理。通常采用(　　)进行编程。

A. 在线描点法、离线示教法　　B. 在线拖拽法、离线图形化
C. 在线图形法、离线图形化　　D. 在线描点法、离线图形化

2. 在轨迹应用过程中，需要创建工件坐标系以方便进行机器人编程和路径修改。工件坐标系的创建一般以待加工工件的固定装置的(　　)为基准。

A. 任意点　　B. 特征点　　C. 任意中心　　D. 任意端点

3. 处理目标点时可以批量进行，(　　)加鼠标左键选中剩余的所有目标点，再统一调整。

A. Alt　　B. Ctrl　　C. Shift　　D. Shift+ Ctrl

4. 批量处理目标点时，选择要处理的目标点，点击鼠标右键后还要选择“修改目标”下的(　　)命令。

A. 对准目标点方向　　B. 设定表面法线方向
C. 对准框架方向　　D. 转换目标点到工件坐标

5. 进行轴参数配置时，可以显示(　　)的关节值信息。

A. 实时、当前　　B. 活动、当前　　C. 之前、当前　　D. 当前、预期

6. 根据工件边缘曲线自动生成的路径中，可能存在部分目标点姿态使得机器人难以到达，因此必须对目标点的(　　)进行调整，从而让机器人能够到达各个目标点。

A. 角度　　B. 姿态　　C. 速度　　D. 位移

7. 在实际的工业机器人工作站中，机器人路径中的(　　)点根据需要可以设置在机械原点处。

A. 原始　　B. 路径起始接近　　C. 路径结束离开　　D. 安全位置

8. 机器人路径起始接近点创建完成后，还需要点击机器人路径，选择"添加到路径"，将其添加到机器人路径的(　　)行。

A. 第一　　B. 第二　　C. 倒数第二　　D. 最后一

9. 机器人路径结束离开点创建完成后，还需要点击机器人路径，选择"添加到路径"，将其添加到机器人路径的(　　)行。

A. 第一　　B. 第二　　C. 倒数第二　　D. 最后一

10. 执行 TCP 跟踪后，若想清除记录的机器人路径，可在(　　)栏中点击"清除 TCP 轨迹"，完成路径的清除。

A. 仿真设定　　B. 碰撞检测　　C. TCP 跟踪　　D. 碰撞设定

11. RobotStudio 6.08 碰撞检测设定中包含对象集(　　)(多选题)。

A. ObjectsA　　B. ObjectsB　　C. ObjectsC　　D. ObjectsD

12. RobotStudio 6.08 自动配置轴参数可以为(　　)等指令配置参数(多选题)。

A. 线性移动指令　　B. 圆周移动指令

C. 所有移动指令　　D. 逻辑指令

13. RobotStudio 6.08 插补路径时可插补的路径有(　　)等类型(多选题)。

A. 线性　　B. 圆周　　C. 绝对　　D. 相对

14. RobotStudio 6.08 镜像路径时可参考的平面有(　　)等类型(多选题)。

A. $X-Y$　　B. $X-Z$　　C. $Y-Z$　　D. $X-L$

15. RobotStudio 6.08 镜像路径时可镜像的方向有(　　)等类型(多选题)。

A. 翻转 X 轴　　B. 翻转 Y 轴　　C. 翻转 Z 轴　　D. 保持方向

16. RobotStudio 6.08 镜像路径有(　　)等实现方式(多选题)。

A. 平移　　B. 旋转　　C. 复制　　D. 替换

17. RobotStudio 6.08 旋转路径可参考的轴有(　　)(多选题)。

A. AX　　B. X　　C. Y　　D. Z

18. RobotStudio 6.08 有关路径的操作主要有(　　)(多选题)。

A. 插补路径　　B. 镜像路径　　C. 反转路径

D. 旋转路径　　E. 转换路径　　F. 分割路径

19. RobotStudio 6.08 的图形化编程主要通过操作部件的(　　)来实现(多选题)。

A. 物体边界　　B. 表面边界　　C. 中心　　D. 表面轮廓

20. RobotStudio 6.08 通过部件轮廓生成自动路径时，"近似值参数"主要有(　　)等选项(多选题)。

A. 曲线　　B. 线性　　C. 圆弧运动　　D. 常量

四、设计题

1. 根据给定的待加工工件 Model 模型，自行创建相应的工作站，如图 4-48 所示，通过图形化编程实现工件轮廓加工，仿真并录制视图。

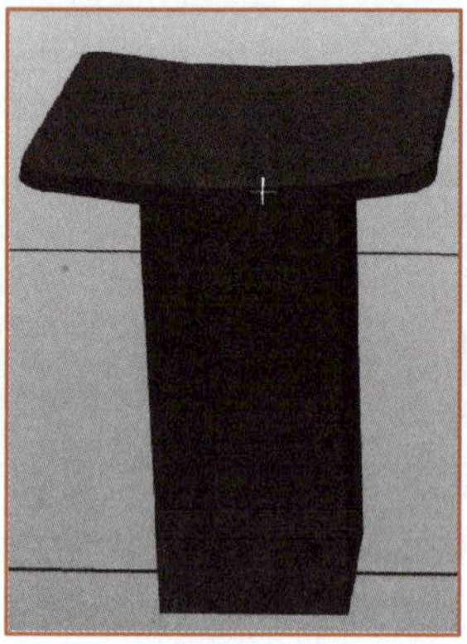

图 4-48 待加工工件 Model 模型

2. 根据给定的待加工玻璃 YGlass、支架 YGlass_Holder 模型，自行创建相应的工作站，如图 4-49 所示，通过图形化编程实现玻璃轮廓加工，仿真并录制视图。

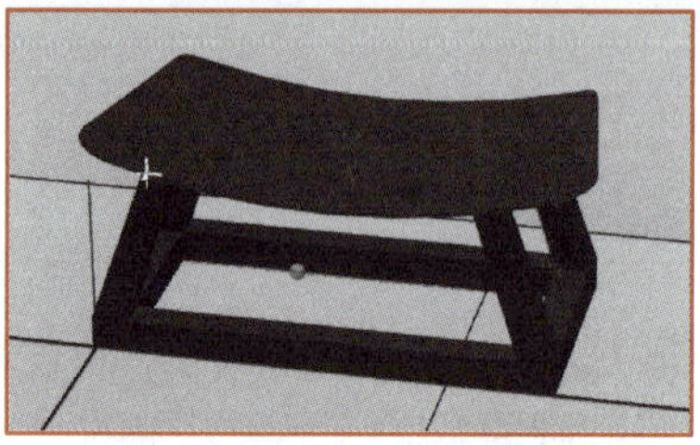

图 4-49 待加工玻璃 YGlass、支架 YGlass_Holder 模型

参考答案

项目 4 习题

项目 5

工业机器人搬运码垛工作站

在工业机器人应用中，ABB 工业机器人在搬运码垛应用方面有诸多成熟的案例，在食品、医药、化工、机械制造、3C 等领域均有广泛的应用。采用工业机器人搬运码垛可大幅提高生产效率，节省劳动力成本，提高定位精度并降低搬运过程中的产品损坏率。

学习目标

知识目标

- 掌握创建搬运码垛工作站的基本方法。
- 掌握工作站 I/O 信号连接的基本方法。

技能目标

- 掌握创建复杂工作站的基本方法。
- 掌握创建工作站 I/O 信号连接与属性的基本方法。
- 掌握工业机器人离线编程的基本方法。

技能树

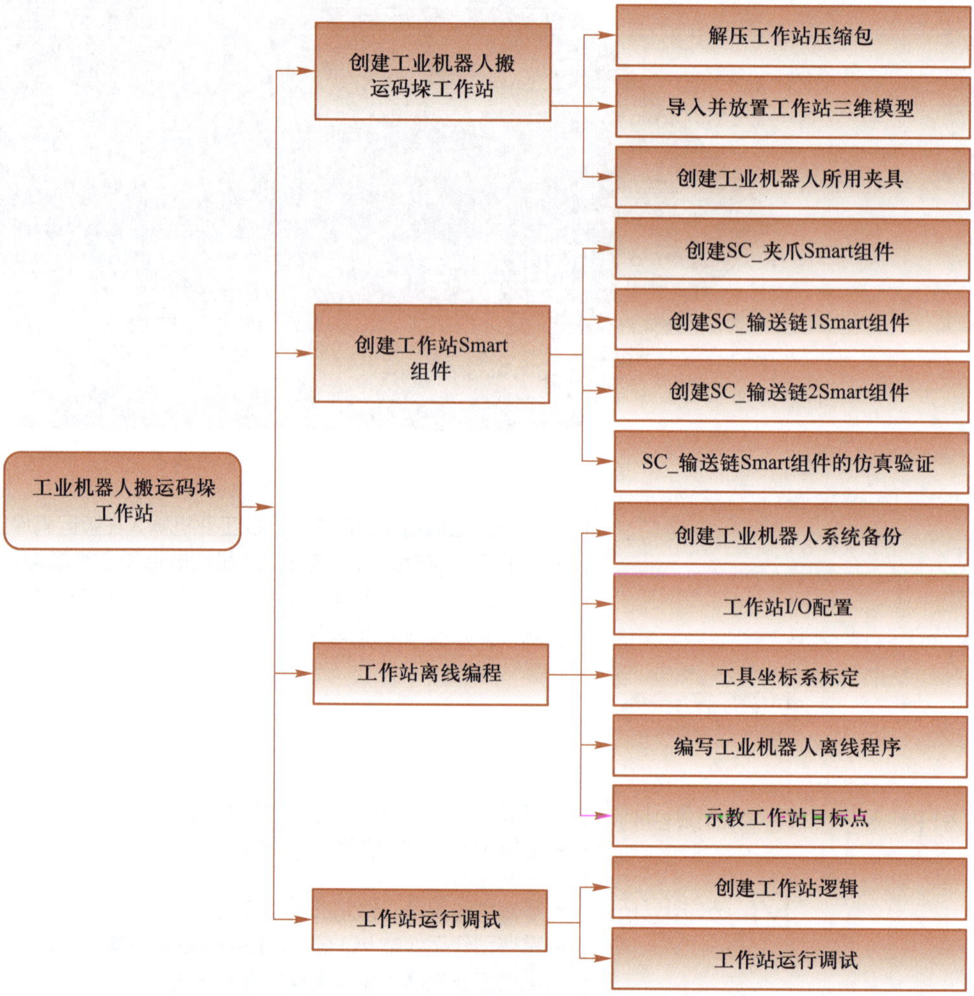
工业机器人搬运码垛工作站
创建工业机器人搬运码垛工作站
解压工作站压缩包
导入并放置工作站三维模型
创建工业机器人所用夹具
创建工作站Smart组件
创建SC_夹爪Smart组件
创建SC_输送链1Smart组件
创建SC_输送链2Smart组件
SC_输送链Smart组件的仿真验证
工作站离线编程
创建工业机器人系统备份
工作站I/O配置
工具坐标系标定
编写工业机器人离线程序
示教工作站目标点
工作站运行调试
创建工作站逻辑
工作站运行调试

任务 1　创建工业机器人搬运码垛工作站

任务分析

本项目以搬运普通产品为例，创建工业机器人搬运码垛工作站。工作站启动运行后，双输送链将工件自动送至输送链末端，ABB IRB 120 工业机器人将工件从输送带末端搬运到相应的垛板上，并按照垛型要求码垛。

本工作站只提供相应的三维模型，读者自行搭建工作站并依次完成工作站 I/O 配置、程序数据创建、目标点示教、程序编写及调试，最终完成整个工作站的搬运和码垛过程。工业机器人搬运码垛工作站如图 5–1 所示。

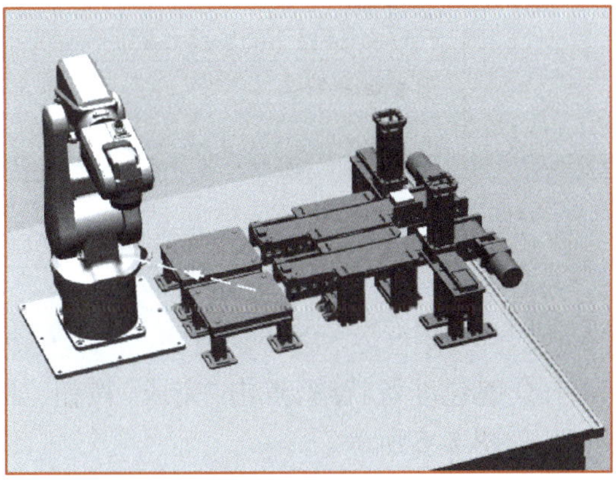

图 5–1　工业机器人搬运码垛工作站

任务实施

5.1.1　解压工作站压缩包

① 解压工作站压缩包（解包），双击压缩包文件“项目 5 搬运码垛工作站 .rspag”，打开解包向导，如图 5–2 所示。

② 根据解包提示，点击“下一个”按钮，选择和设置合适的解包路径（注意目标文件夹路径中不能出现中文字符），如图 5–3 所示。

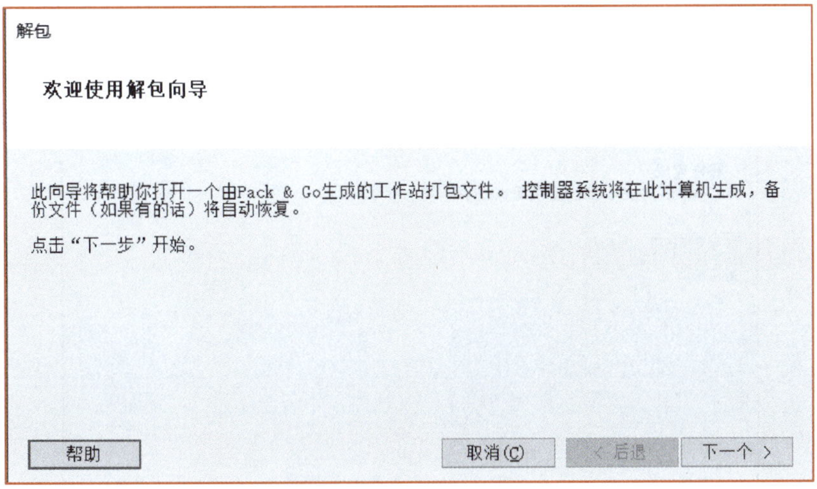

图 5–2　工作站解包向导

课件
项目 5

工作站素材
项目 5

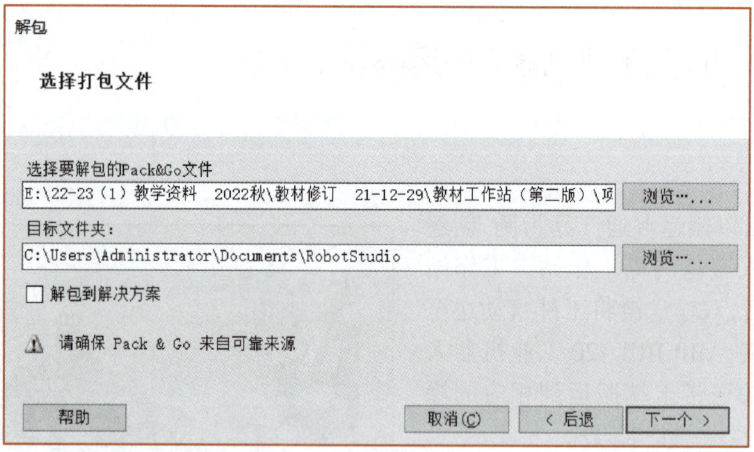

图 5-3 选择解包文件和路径

③ 解包准备就绪，点击“完成”按钮，如图 5-4 所示；等待解包完成，点击“关闭”按钮，如图 5-5 所示。

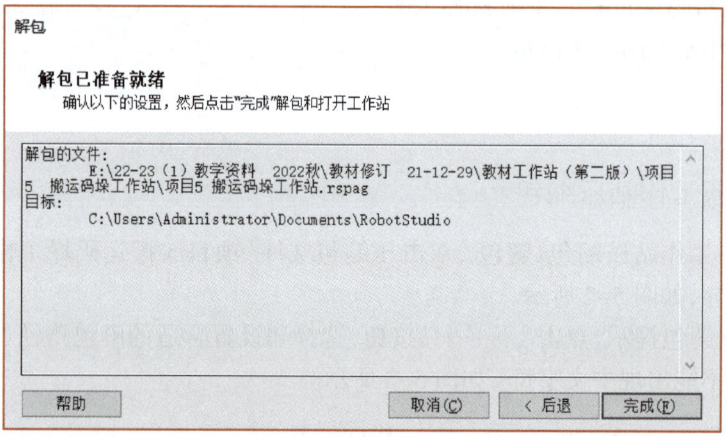

图 5-4 解包准备就绪

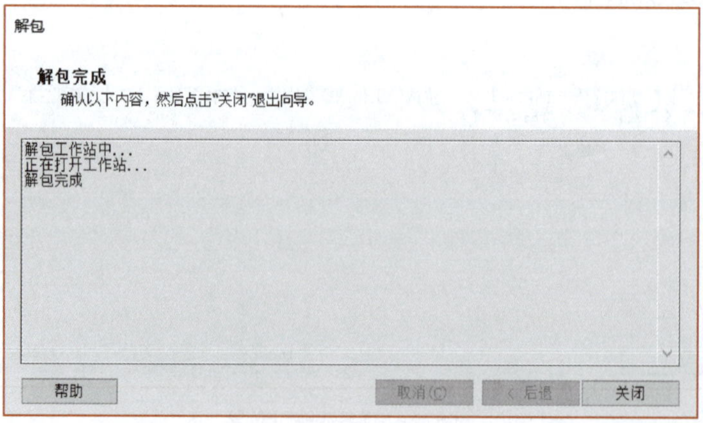

图 5-5 解包完成

提示

① 若所使用的 RobotStudio 版本高于原工作站版本，打开工作站后就无法使用旧版本再次打开工作站了（即 RobotStudio 具有“就高不就低”的特点）。

② 因原始工作站文件名中有中文字符，故其压缩包解压后的文件名中会出现乱码字符，为便于描述将解压后的工作站统一命名为“项目 5 搬运码垛工作站”。

微课

解包搬运码垛工作站

5.1.2　导入并放置工作站三维模型

1. 导入码垛－输送链 1 的模型

① 在“基本”功能选项卡中，点击“导入几何体”，选择“浏览几何体”，导入码垛－输送链 1 的三维模型，如图 5-6 和图 5-7 所示。

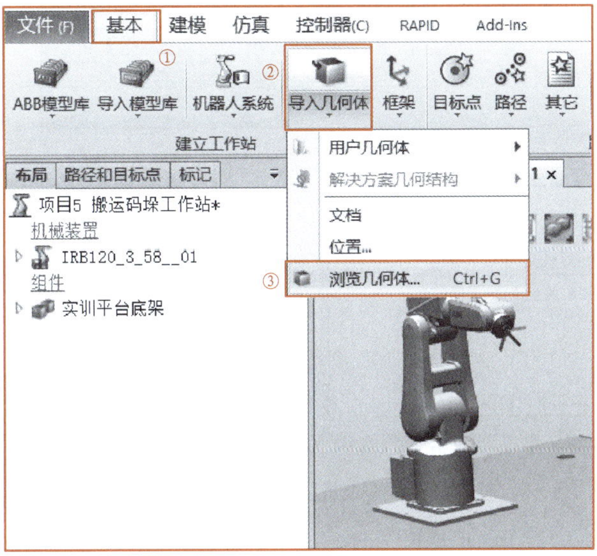

图 5-6　导入几何体

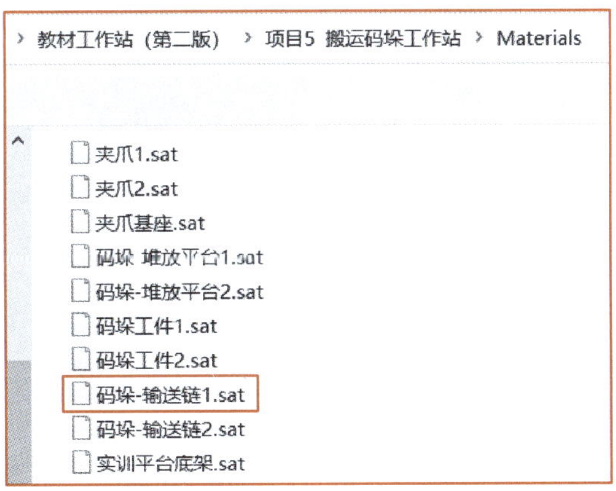

图 5-7　选择码垛－输送链 1 三维模型

② 码垛－输送链 1 的三维模型导入完成，如图 5-8 所示（图中白色轮廓的模型即是）。

③ 码垛－输送链 1 的三维模型导入后，其位置在大地坐标原点，不能直接使用，还需要调整其位置和方向，具体方法如下。

在“布局”栏中，右键点击“码垛－输送链 1”，在弹出的快捷菜单中选择“位置→设定位置”命令，如图 5-9 所示。

延伸阅读

工业机器人助力制造业智能化转型

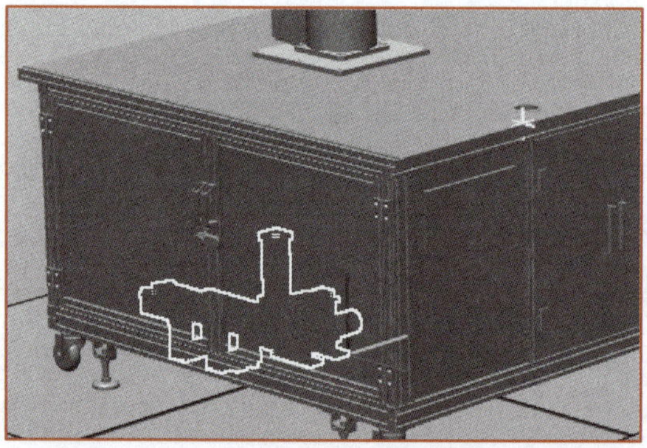

图 5-8 码垛 – 输送链 1 三维模型导入完成

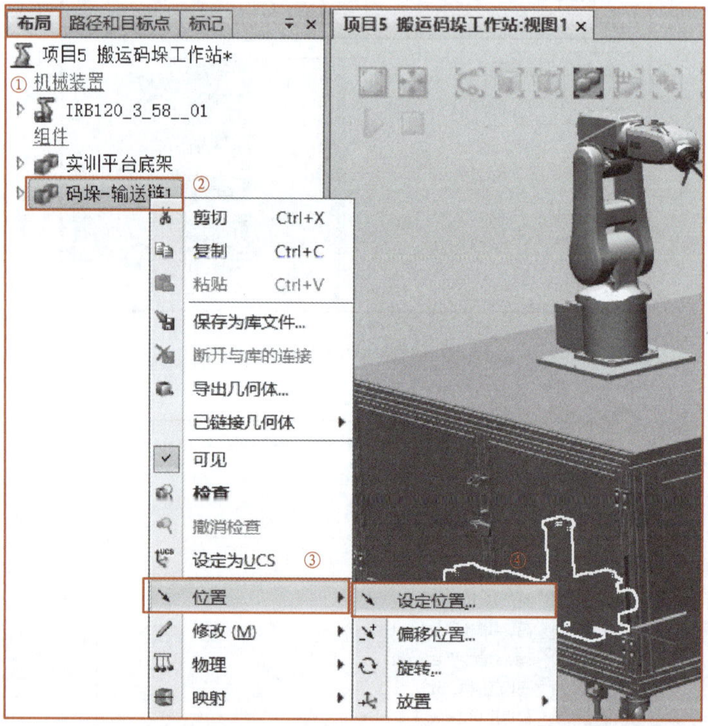

图 5-9 选择“设定位置”放置码垛 – 输送链 1

在“设定位置:码垛→输送链 1”栏中,将码垛 – 输送链 1 的位置参数设为(–280,875,787),方向参数设为(0,0,90),然后点击“应用”按钮,完成模型的放置,如图 5-10 所示。

2. 导入码垛 – 输送链 2 的模型

① 在“基本”功能选项卡中,点击“导入几何体”,选择“浏览几何体”,导入码垛_输送链 2 的三维模型,如图 5-11 所示。

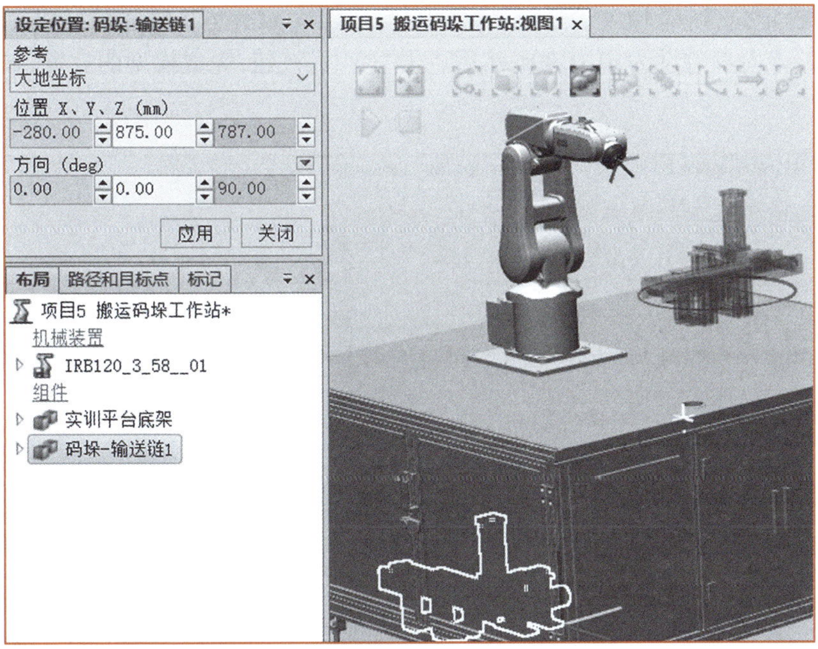

图 5-10　设定码垛－输送链 1 的位置

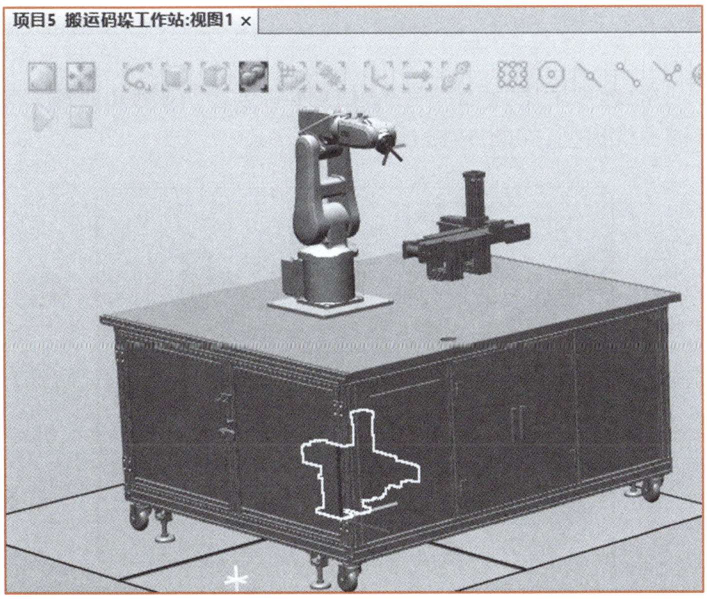

图 5-11　码垛－输送链 2 三维模型导入完成

② 码垛－输送链 2 的三维模型导入后，其位置在大地坐标原点，不能直接使用，还需要调整其位置和方向，具体方法如下。

在“布局”栏中，右键点击“码垛－输送链 2”，在弹出的快捷菜单中选择“位置→设定位置”命令。

在“设定位置：码垛－输送链2”栏中，将码垛－输送链2的位置参数设为(407，875，787)，方向参数设为(0，0，90)，然后点击“应用”按钮，完成模型的放置，如图5-12所示。

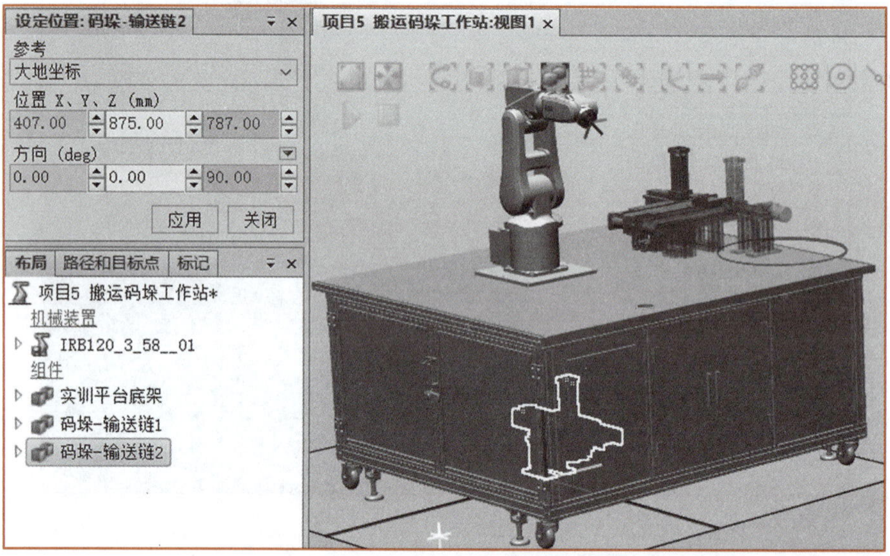

图5-12 设定码垛－输送链2的位置

微课
导入搬运码垛工作站三维模型

3. 导入码垛工件

在“基本”功能选项卡中，点击“导入几何体”，选择“浏览几何体”，导入码垛工件1、码垛工件2的三维模型，如图5-13所示。

提示
若码垛工件导入工作站后其位置不在输送链末端，可自行通过“设定位置”等方式将其放在图5-13所示位置。

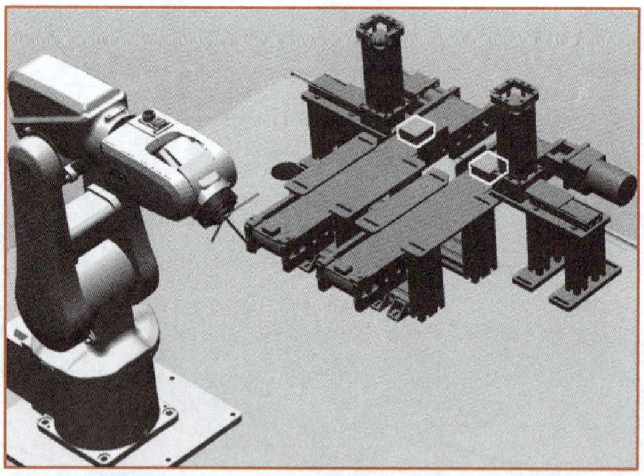

图5-13 码垛工件1、码垛工件2
三维模型导入完成

4. 导入码垛堆放平台

① 在“基本”功能选项卡中，点击“导入几何体”，选择“浏览几何体”，导入码垛－堆放平台1的三维模型，如图5-14所示。

图 5-14　码垛 - 堆放平台 1
三维模型导入完成

② 码垛 - 堆放平台 1 的三维模型导入后，其位置在大地坐标原点，不能直接使用，还需要调整其位置和方向，具体方法如下。

在“布局”栏中，右键点击“码垛 - 堆放平台 1”，在弹出的快捷菜单中选择“位置→设定位置”命令。

在“设定位置：码垛 - 堆放平台 1”栏中，将码垛 - 堆放平台 1 的位置参数设为（40，192，787），方向参数设为（0，0，180），然后点击“应用”按钮，完成模型的放置，如图 5-15 所示。

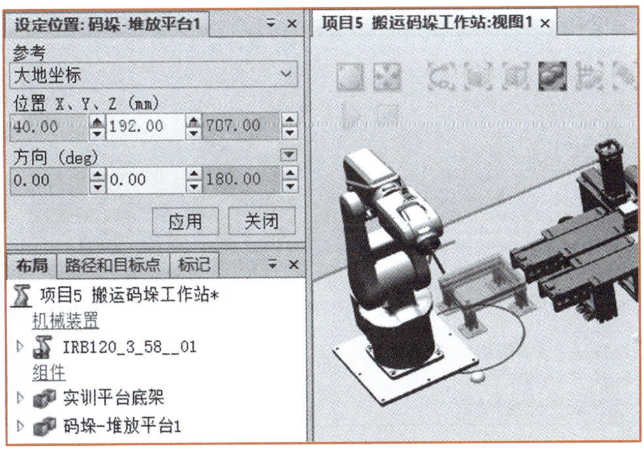

图 5-15　设定码垛 - 堆放平台 1 的位置

③ 在“基本”功能选项卡中，点击“导入几何体”，选择“浏览几何体”，导入码垛 - 堆放平台 2 的三维模型，如图 5-16 所示。

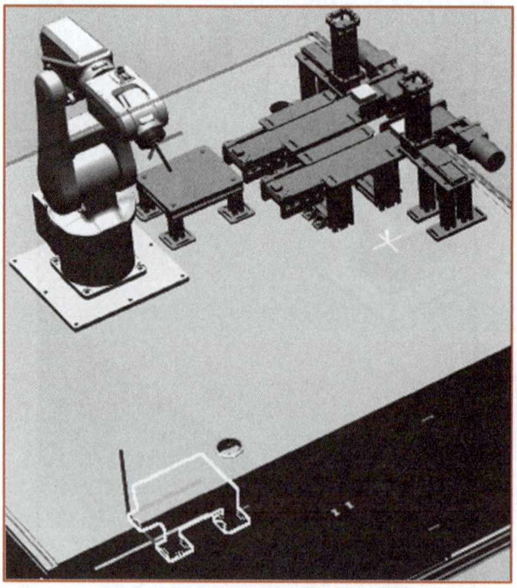

图 5–16 码垛 – 堆放平台 2 三维模型导入完成

④ 码垛 – 堆放平台 2 的三维模型导入后，其位置在大地坐标原点，不能直接使用，还需要调整其位置和方向，具体方法如下。

在“布局”栏中，右键点击“码垛 – 堆放平台 2”，在弹出的快捷菜单中选择“位置→设定位置”命令。

在“设定位置：码垛 – 堆放平台 2”栏中，将码垛 – 堆放平台 2 的位置参数设为(80，192，787)，方向参数设为(0，0，0)，然后点击“应用”按钮，完成模型的放置，如图 5–17 所示。

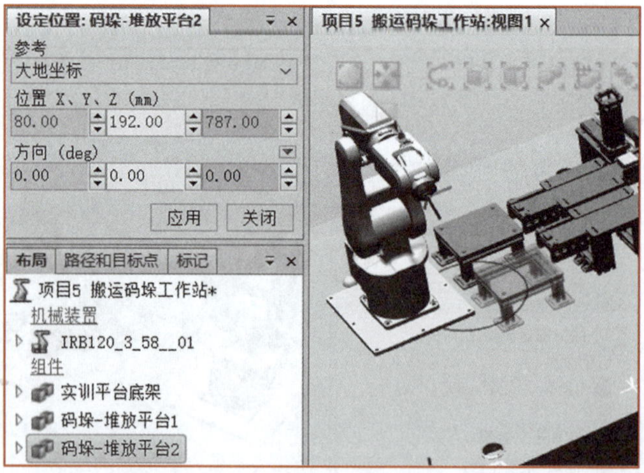

图 5–17 设定码垛 – 堆放平台 2 的位置

5.1.3 创建工业机器人所用夹具

工业机器人夹具主要的应用是拾取、转移并放置物件，具备可调节的力和行程特性，使机器人设备能够以类似人类的精度和灵巧度执行任务。工业机器人夹具型号多样，大多数有两到四个手指。本项目所用夹具是两指滑动式夹具。

在 RobotStudio 中夹具模型要实现夹取、放置等动作，必须将模型转为机械装置。为便于观察和操作，可先隐藏夹具（即夹爪）以外的其他部件和工业机器人。

1. 导入夹爪、夹爪基座模型

在“基本”功能选项卡中，点击“导入几何体”，选择“浏览几何体”，导入夹爪 1、夹爪 2、夹爪基座的三维模型，如图 5-18 所示。

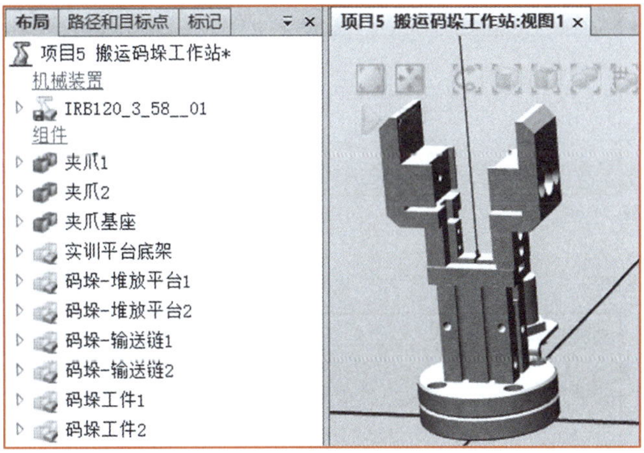

图 5-18　夹爪三维模型导入完成

2. 创建夹具机械装置的链接

① 在“建模”功能选项卡中，点击“创建机械装置”，在“创建 机械装置”对话框中，将机械装置模型名称设为“夹爪”，机械装置类型设为“工具”，如图 5-19 所示。

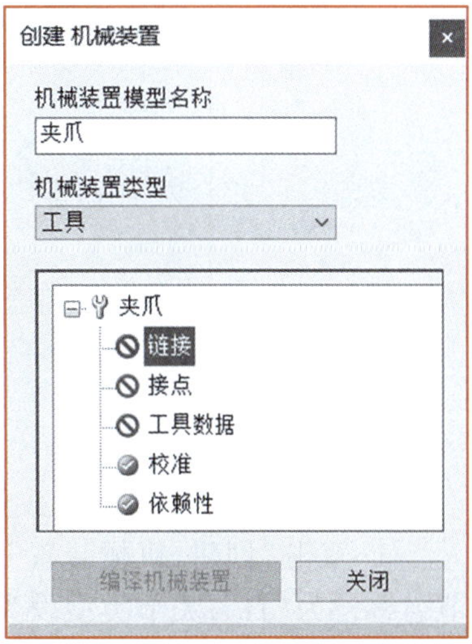

图 5-19　创建夹爪机械装置

② 双击“创建 机械装置”对话框中的“链接”，弹出“创建 链接”对话框，将链接名称设为“L1”，所选组件设为“夹爪基座”，并将其添加到“已添加的主页”框中，勾选“设置为 BaseLink”复选框，点击“确定”按钮，如图 5-20 所示。

③ 双击“创建 机械装置”对话框中的“链接”，弹出“创建 链接”对话框，将链接名称设为“L2”，所选组件设为“夹爪 1”，并将其添加到“已添加的主页”框中，点击“应用”按钮，如图 5-21 所示。

> 提示
>
> 提示：若点击“应用”按钮则直接进入创建下一个链接的步骤，可以根据需要自行选择点击“确定”或“应用”按钮。

④ 在新弹出的“创建 链接”对话框中，将链接名称设为“L3”，所选组件设为“夹爪 2”，并将其添加到“已添加的主页”框中，点击“确定”按钮，如图 5-22 所示。

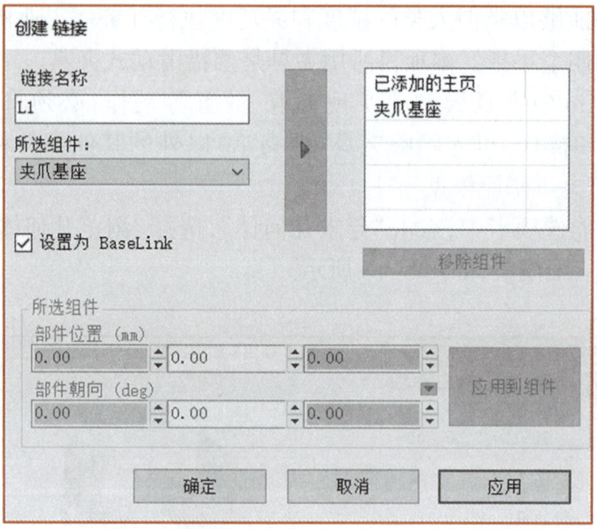

图 5-20 创建 L1 链接

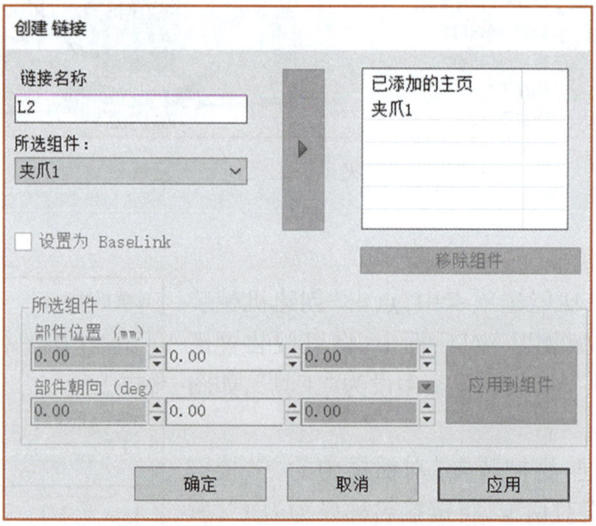

图 5-21 创建 L2 链接

3. 创建夹具机械装置的接点

① 双击“创建 机械装置”对话框中的“接点”，弹出“创建 接点”对话框，将关节名称设为“J1”，关节类型设为“往复的”，父链接设为“L1（BaseLink）”（默认值），子链接设为“L2”，勾选“启动”复选框，关节轴第一个位置设为(0,0,0)，第二个位置设为(0,1,0)，限制类型设为“常量”，关节最小限值设为 1，最大限值设为 8，然后点击“应用”按钮，如图 5-23 所示。

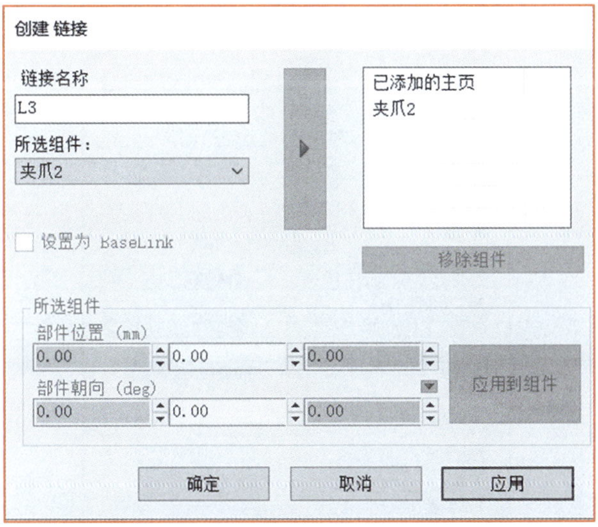

图 5-22　创建 L3 链接

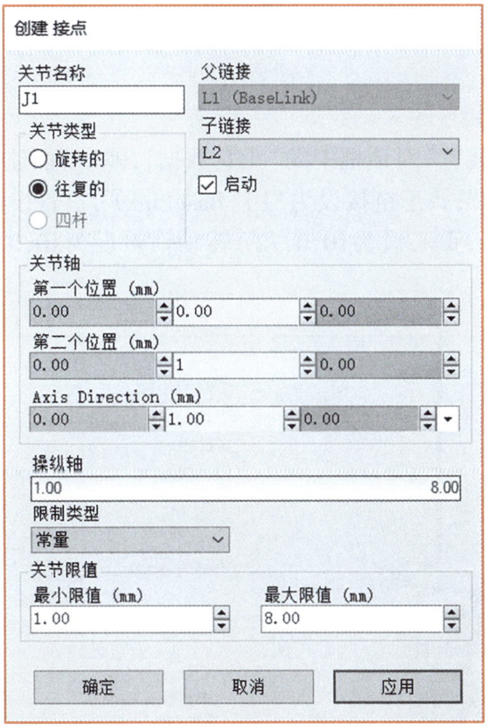

图 5-23　创建 J1 接点

② 在新弹出的“创建 接点”对话框中，将关节名称设为“J2”；关节类型设为“往复的”，父链接设为“L1（BaseLink）”，子链接设为“J3”，勾选“启动”复选框，关节轴第一位置设为（0，0，0），第二个位置设为（0，-1，0），限制类型设为“常量”，关节最小限值设为 1，最大限值设为 8，然后点击“确定”按钮，如图 5-24 所示。

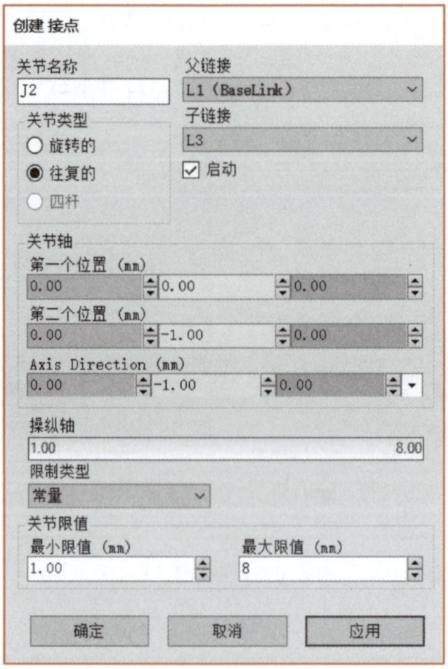

图 5-24 创建 J2 接点

4. 创建夹具机械装置的工具数据

双击“创建 机械装置”对话框中的“工具数据”，弹出“创建 工具数据”对话框，将工具名称设为“MyTool”；属于链接设为“L1（BaseLink）”，位置设为（0，0，136），方向设为（0，0，0），重量设为 1.00，重心设为（0，0，72），转动惯量设为（0，0，0），点击“确定”按钮，如图 5-25 所示。

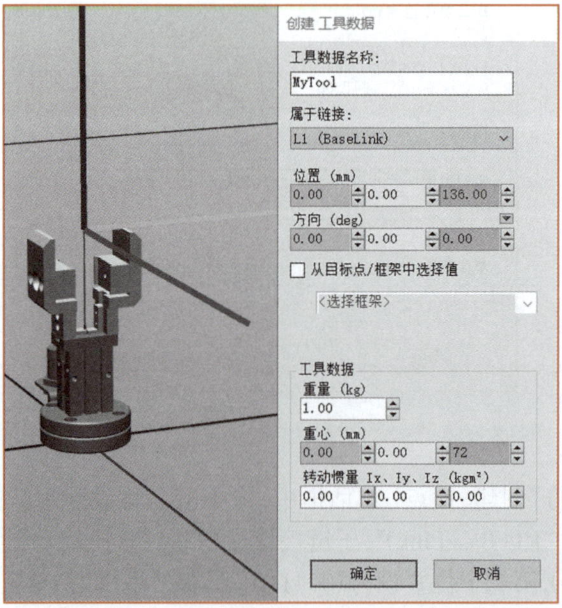

图 5-25 创建夹具机械装置的工具数据

5. 创建夹具机械装置的姿态

点击“创建 机械装置”对话框中的“编译机械装置”按钮，点击“添加”按钮，在“创建 姿态”对话框中先后创建“夹爪闭合”“夹爪张开”两个姿态，如图 5-26 和图 5-27 所示。

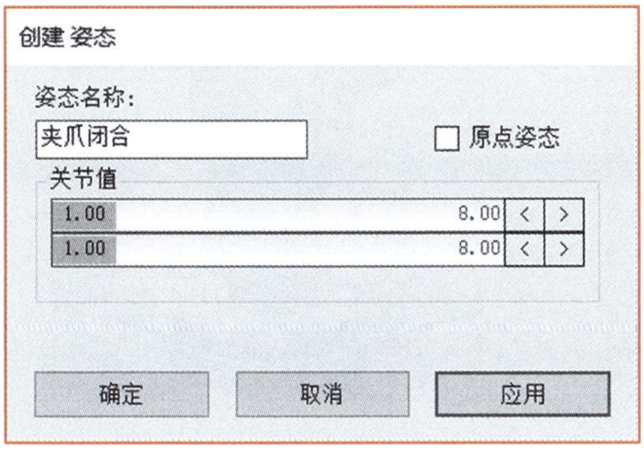

图 5-26　创建“夹爪闭合”姿态

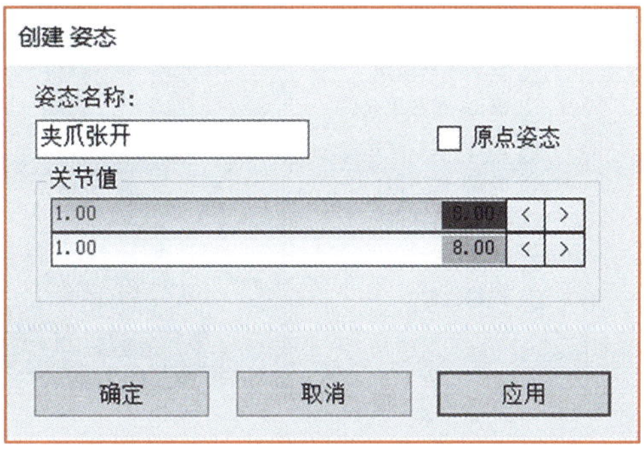

图 5-27　创建“夹爪张开”姿态

6 设置夹具机械装置姿态转换时间

点击“创建 机械装置”对话框中的“设置转换时间”按钮，在弹出的对话框中将“夹爪闭合”“夹爪张开”姿态的转换时间设置为 3 s，然后点击“确定”按钮，如图 5-28 所示。

> 提示
> 将“创建 机械装置”对话框拖动到主窗口，并适当放大，就能找到“设置转换时间”按钮。

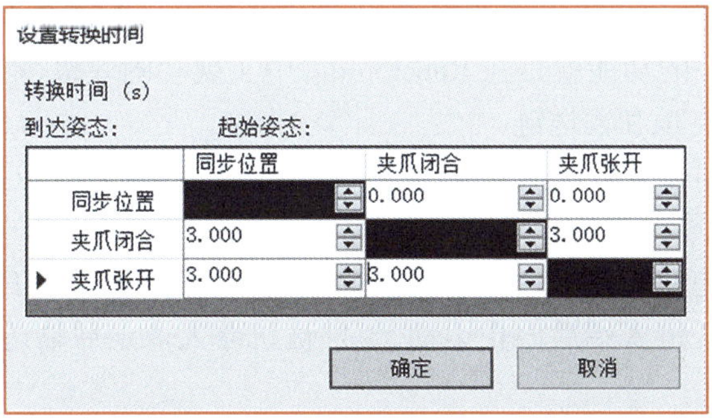

图 5-28　设置不同姿态的转换时间

> 微课
> 导入并创建夹具机械装置

不同姿态的转换时间设置完成后，夹具机械装置就创建完成了，在左侧“布局”栏中会出现夹爪工具的图标，如图 5-29 所示，然后关闭“创建 机械装置”对话框。

在“基本”功能选项卡中，选择“Freehand”中的手动关节运动模式，然后拖动夹爪中的任何一边都可以实现其机械运动，如图 5-30 所示。

> 提示
> 创建机械装置后，无法返回修改，若发现有错误，需要重新创建。

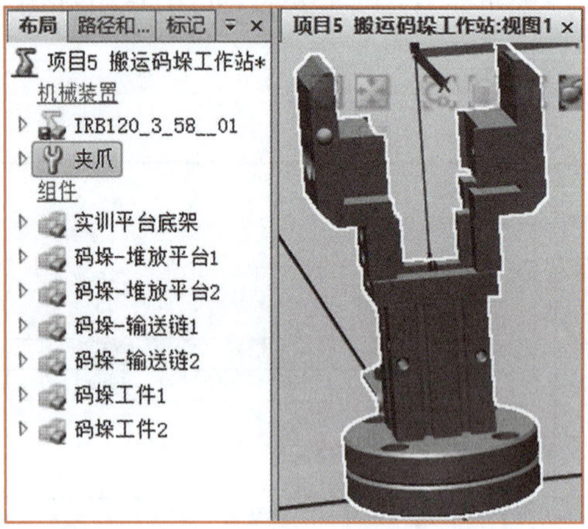

图 5-29　夹爪机械装置创建完成

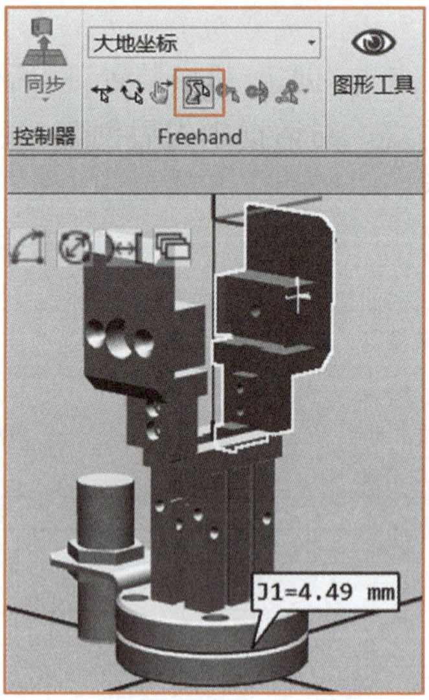

图 5-30　验证夹爪的运动特性

任务 2　创建工作站 Smart 组件

任务分析

在工业机器人搬运码垛工作站中，输送链的动态效果对整个工作站仿真起到关键的作用。Smart 组件的功能就是在 RobotStudio 中实现动画效果，本工作站将创建拥有动态属性的 Smart 夹爪和输送链。

Smart 夹爪的动态效果包括在输送链末端拾取工件，在放置位置释放工件，自动置位复位真空反馈信号。

Smart 输送链的动态效果包括在输送链前端自动生成工件，工件随着输送链向前运动，工件到达输送链末端后停止运动，工件被机器人取走后输送链前端再次生成工件，然后依次循环。

任务实施

5.2.1　创建 SC_ 夹爪 Smart 组件

1. 创建 SC_ 夹爪 Smart 组件

(1) 新建 Smart 组件

在“建模”功能选项卡中，点击“Smart 组件”，将新建的 SmartComponent_1 重命名为“SC_ 夹爪”，如图 5-31 所示。

(2) 添加夹爪到 SC_ 夹爪 Smart 组件中

在左侧“布局”栏中，将夹爪拖放到 SC_ 夹爪 Smart 组件中，如图 5-32 所示。

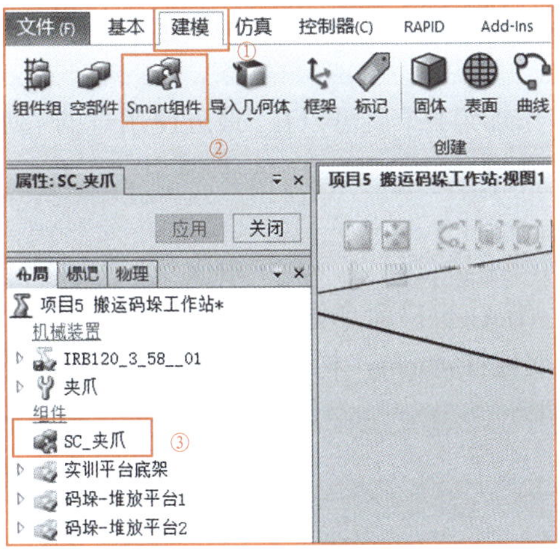

图 5-31　创建 SC_ 夹爪 Smart 组件

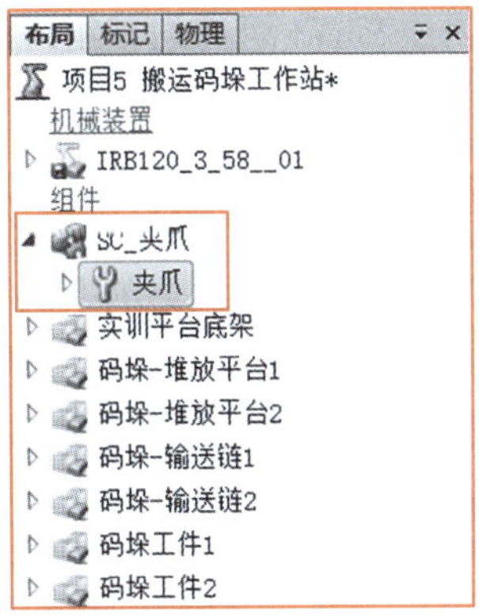

图 5-32　将夹爪拖放到 SC_ 夹爪 Smart 组件中

2. 创建 SC_ 夹爪 Smart 组件的子组件

(1) 创建动作 Attacher

① 创建动作 Attacher。在“布局”栏中，右键点击 SC_ 夹爪，在快捷菜单中选择“编辑组件”命令。在“SC_ 夹爪”编辑窗口中，选择“组成”选项，点击“添加组件”，在弹出的下拉菜单中选择“动作→ Attacher”命令，如图 5-33 所示。

② 设置动作 Attacher 的属性。在“属性:Attacher”栏中，将 Parent 设为“夹爪(SC_夹爪)”，Flange 设为“MyTool”，如图 5-34 所示，点击“应用”按钮，再点击“关闭”按钮。

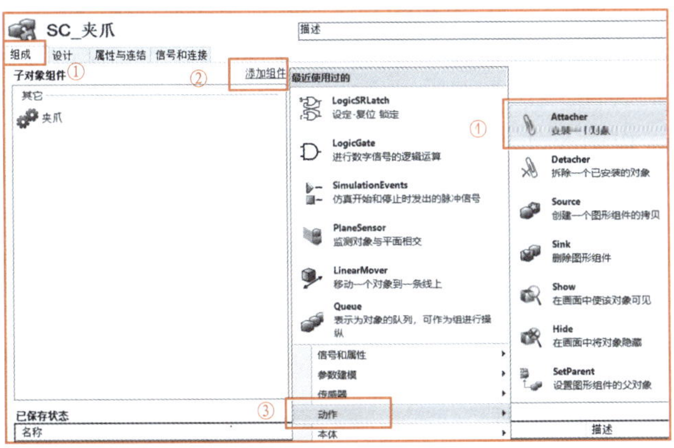

图 5-33　创建动作 Attacher

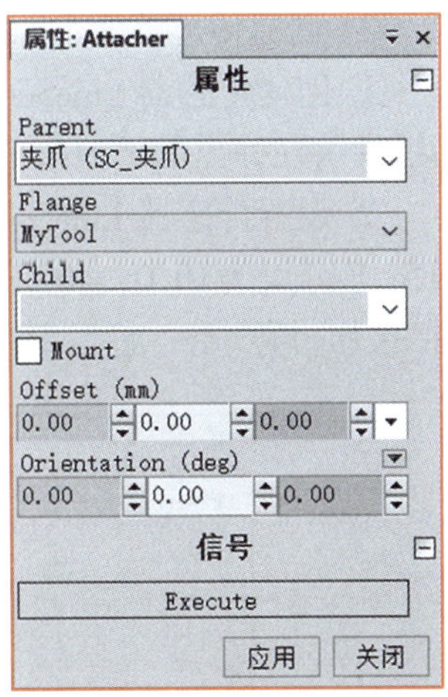

图 5-34　设置动作 Attacher 的属性

在前面的任务中创建夹爪机械装置时，若工具数据名称不是 MyTool，此处则无法选择 MyTool，可能是其他名称。

若“属性:Attacher”栏没有弹出，可以在子对象组件窗口中，右键点击 Attacher，在弹出的快捷菜单中选择“属性”命令，“属性:Attacher”栏就会出现,后面创建 Smart 子组件时均可使用该方法设置其相关属性。

创建 Smart 组件的子组件时,点击“添加组件”后可以在“最近使用过的”列表中查找要创建的子组件,以提高工作效率。

(2) 创建动作 Detacher

① 创建动作 Detacher。在“SC_ 夹爪”编辑窗口中,选择“组成”选项,点击“添加组件”,在弹出的下拉菜单中选择“动作→ Detacher”命令,如图 5-35 所示。

② 设置动作 Detacher 的属性。在“属性:Detacher”栏中,按照图 5-36 设置相关属性,点击“应用”按钮,再点击“关闭”按钮。

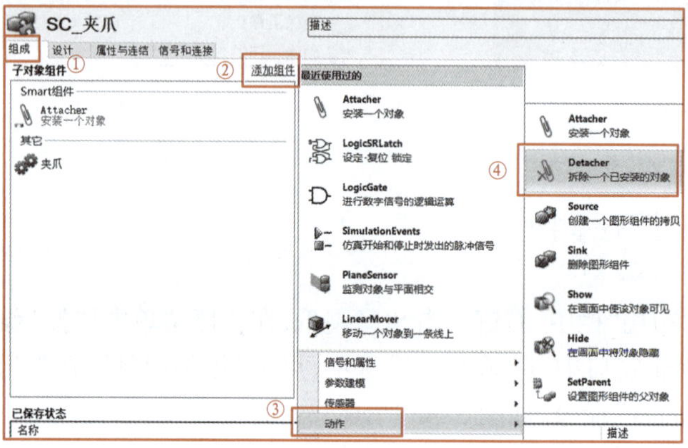

图 5-35 创建动作 Detacher

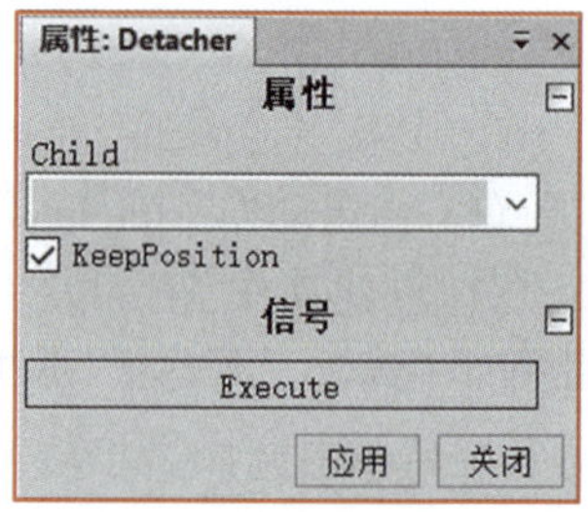

图 5-36 设置动作 Detacher 的属性

(3) 创建传感器 LineSensor

① 创建传感器 LineSensor。在“SC_ 夹爪”编辑窗口中,选择“组成”选项,点击“添加组件”,在弹出的下拉菜单中选择“传感器→ LineSensor”命令,如图 5-37 所示。

② 设置传感器 LineSensor 的属性。在“属性:LineSensor”栏中,将 Start 设为(0,0,66.5),End 设为(0,0,140),Radius 设为 8 ;信号 Active 设为 1,如图 5-38 所示,点击“应用”按钮,再点击“关闭”按钮。

提示

此处传感器起点位置选择夹具底座上表面中心点,自行操作时此坐标值可能会有所不同,长度不宜超出夹爪过多,适当即可。

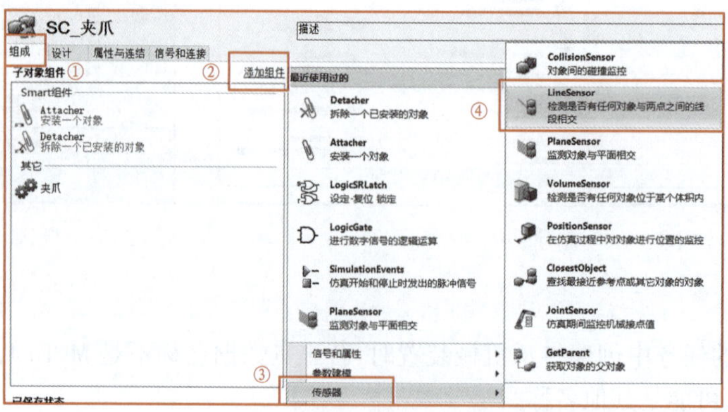

图 5-37 创建传感器 LineSensor

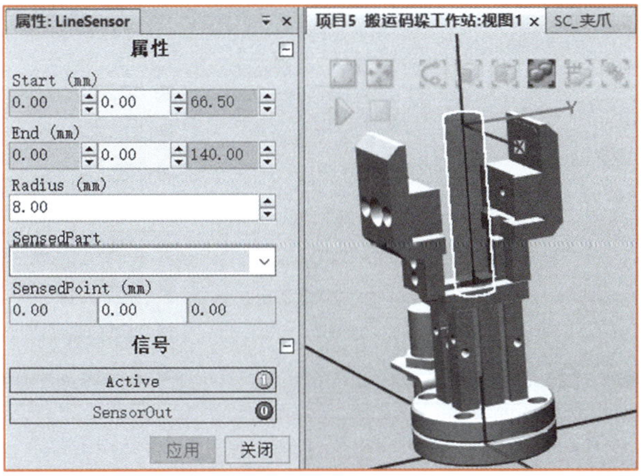

图 5-38　设置传感器 LineSensor 的属性

③ 安装传感器 LineSensor。在“布局”栏中，选择 LineSensor 子组件，按住鼠标左键将其拖放到夹爪上，然后释放鼠标左键，在弹出的“更新位置”对话框中点击“否”按钮，如图 5-39 所示，即可完成传感器 LineSensor 的安装。

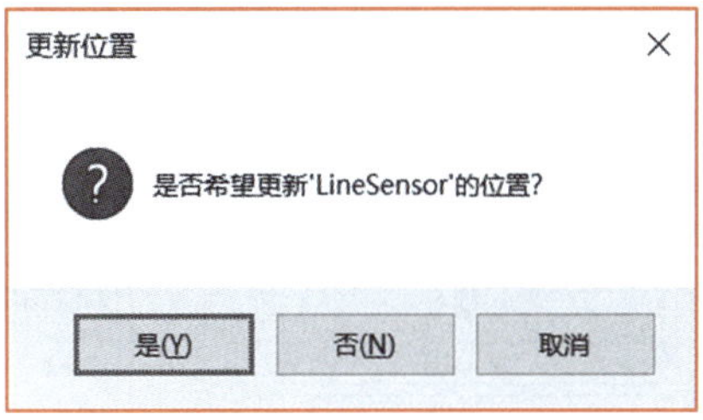

图 5-39　安装传感器 LineSensor

提示

如果点击“是”按钮，安装完成后传感器的位置可能会发生变化，还需要自行手动调整。

传感器 LineSensor 一次只能检测一个物体，因此要设置夹爪不能由传感器检测，否则工作站运行时夹爪将无法拾取工件。在左侧“布局”栏中，右键点击“夹爪”，在快捷菜单中取消勾选“可由传感器检测”选项，如图 5-40 所示。

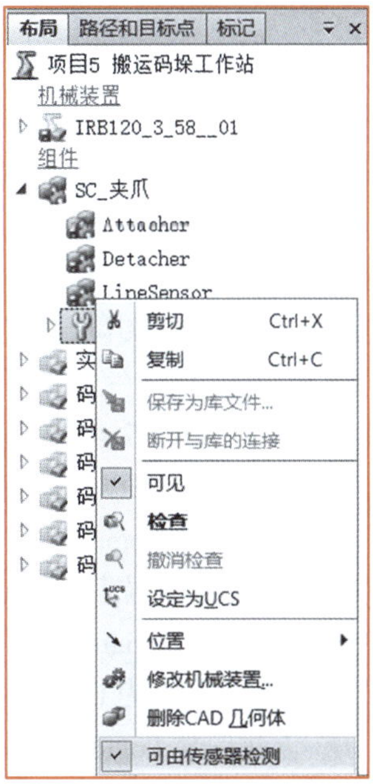

图 5-40　取消夹爪可由传感器检测

(4) 创建本体 PoseMover [0]

① 创建本体 PoseMover [0]。在“SC_夹爪”编辑窗口中，选择“组成”选项，点击“添加组件”，在弹出的下拉菜单中选择“本体→ PoseMover”命令，如图 5-41 所示。

② 设置本体 PoseMover [0]的属性。在“属性：PoseMover [0]”栏中，将 Mechanism 设为“夹爪(SC_夹爪)”，Pose 设为“夹爪张开”，Duration 设为 3，如图 5-42 所示，然后点击“应用”按钮，再点击“关闭”按钮。

(5) 创建本体 PoseMover_2 [0]

① 创建本体 PoseMover_2 [0]。在“SC_夹爪”编辑窗口中，选择“组成”选项，点击“添加组件”，在弹出的下拉菜单中选择“本体→ PoseMover”命令，如图 5-43 所示。

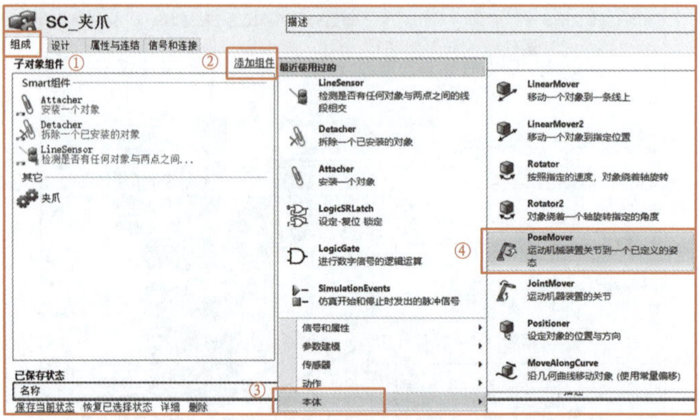

图 5-41 创建本体 PoseMover [0]

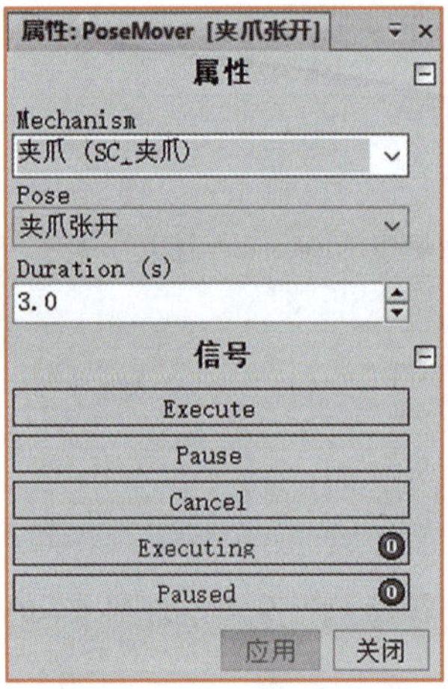

图 5-42 设置本体 PoseMover [0]的属性

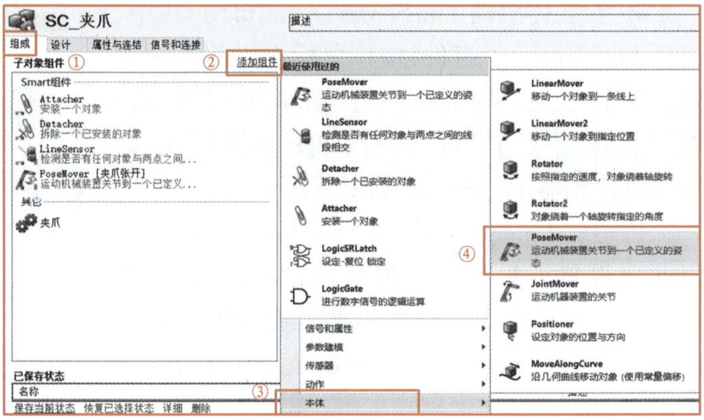

图 5-43 创建本体 PoseMover_2 [0]

② 设置本体 PoseMover_2 [0] 的属性。在“属性:PoseMover_2 [0]”栏中，将 Mechanism 设为“夹爪(SC_夹爪)”，Pose 设为“夹爪闭合”，Duration 设为 3，如图 5-44 所示，然后点击“应用”按钮，再点击“关闭”按钮。

为便于分析和阅读，可统一命名本体 PoseMover [0]、PoseMover_2 [0]的名字。本体属性设置完成后，在“布局”栏中双击本体 PoseMover_2 [0]，然后重命名为“PoseMover [夹爪闭合]”，如图 5-45 所示。

(6) 创建信号并设置属性

① 创建信号 LogicGate。在“SC_夹爪”编辑窗口中，选择“组成”选项，点击“添加组件”，在弹出的下拉菜单中选择“信号和属性→ LogicGate”命令，如图 5-46 所示。

② 设置信号 LogicGate 的属性。在“属性:LogicGate [NOT]”栏中，将 Operator 设为“NOT”，Delay 设为 0.0，如图 5-47 所示，点击“关闭”按钮。

③ 创建信号 LogicSRLatch。在“SC_夹爪”编辑窗口中，选择“组成”选项，点击“添加组件”，在弹出的下拉菜单中选择“信号和属性→ LogicSRLatch”命令，如图 5-48 所示。信号 LogicSRLatch 的属性采用默认值。

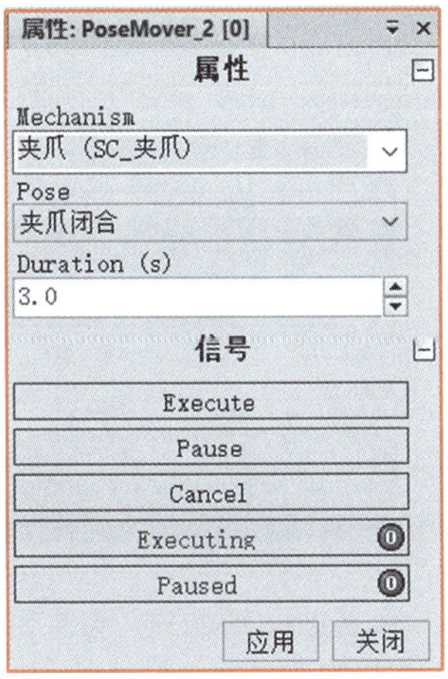

图 5-44　设置本体 PoseMover_2 [0]的属性

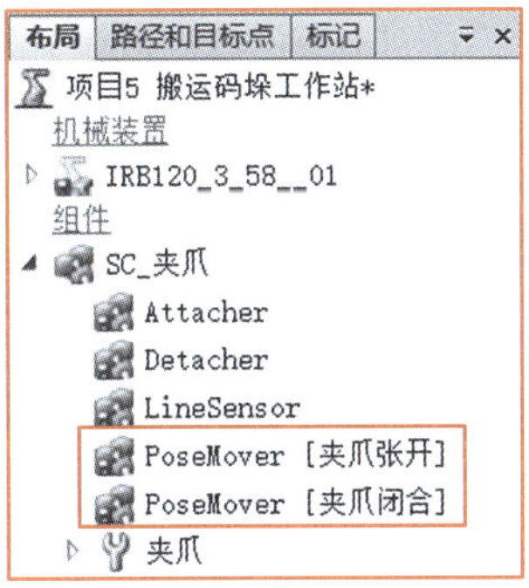

图 5-45　本体 PoseMover 创建完成

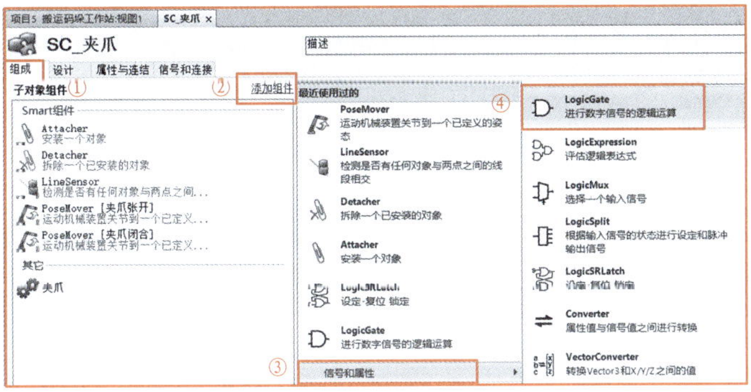

图 5-46　创建信号 LogicGate

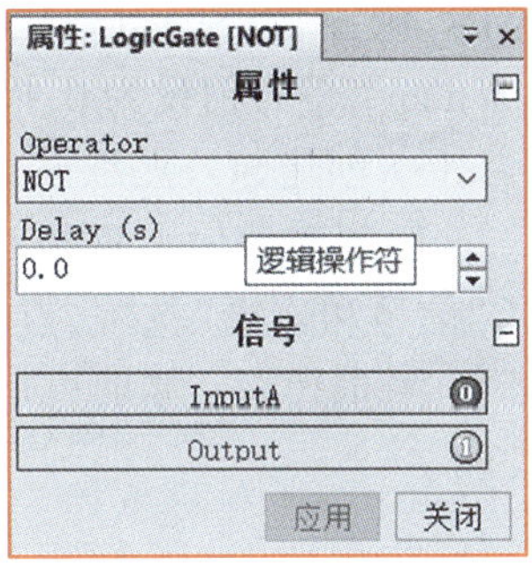

图 5-47　设置信号 LogicGate 的属性

至此,SC_夹爪 Smart 组件的子组件全部创建完成,如图 5-49 所示。

微课

创建 SC_夹爪 Smart 组件的子组件

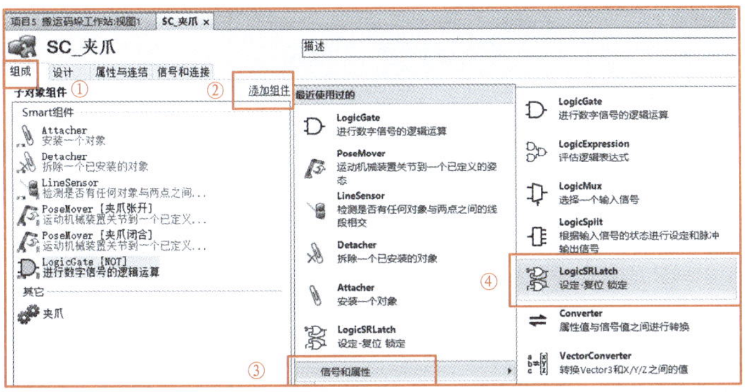

图 5-48　创建信号 LogicSRLatch

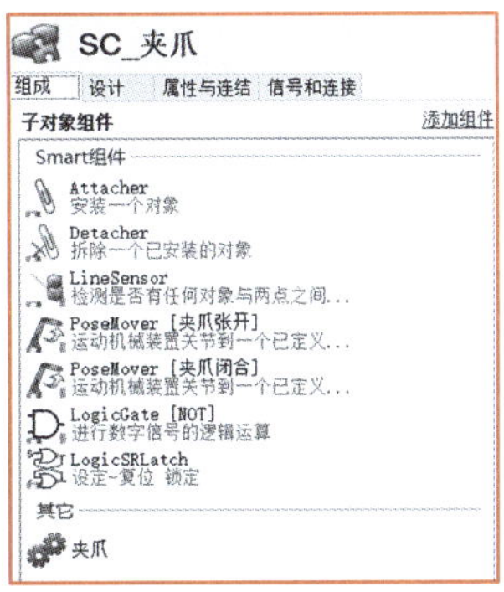

图 5-49　子组建创建完成

提示

若属性与连结创建有误，可以进行编辑或删除重建。

3. 创建 SC_ 夹爪 Smart 组件的属性与连结

① 在“SC_ 夹爪”编辑窗口中，选择“属性与连结”选项，单击“添加连结”，如图 5-50 所示。

② 在“添加连结”对话框中先后创建 LineSensor-Attacher、Attacher-Detacher 两个连结，如图 5-51 和图 5-52 所示。

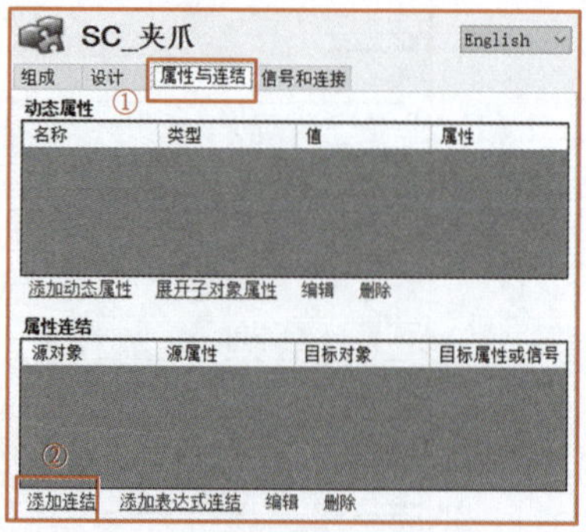

图 5-50 添加 SC_ 夹爪 Smart 组件的连结

4. 创建 SC_ 夹爪 Smart 组件的信号和连接

(1) 创建 SC_ 夹爪的输入信号

在“SC_ 夹爪”编辑窗口中，选择“信号和连接”选项，单击“添加 I/O Signals”，在弹出的“添加 I/O Signals”对话框中，将信号类型设为“DigitalInput”，信号名称设为“di_Grip”，信号值设为 0，描述设为“SC_ 夹爪输入信号”，如图 5-53 所示。

(2) 创建 SC_ 夹爪的输出信号

在“SC_ 夹爪”编辑窗口中，选择“信号和连接”选项，单击“添加 I/O Signals”，在弹出的“添加 I/O Signals”对话框中，将信号类型设为“DigitalOutput”，信号名称设为“do_Vacuum”，信号值设为 0，描述设为“SC_ 夹爪输出信号”，如图 5-54 所示。

(3) 创建 SC_ 夹爪 Smart 组件的 I/O Connection

① 创建 SC_ 夹爪与 LineSensor 的 I/O Connection。在“SC_ 夹爪”编辑窗口中，选择“信号和连接”选项，点击“添加 I/O Connection”，在弹出的“添加 I/O Connection”对话框中，创建 SC_ 夹爪与 LineSensor 的 I/O Connection，如图 5-55 所示，然后点击“确定”按钮。

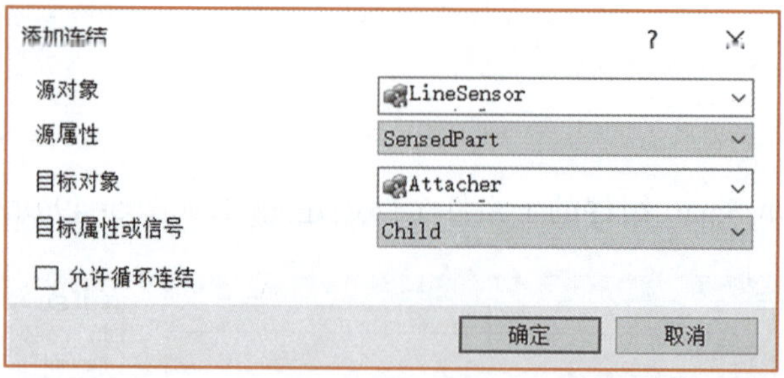

图 5-51 创建连结 LineSensor-Attacher

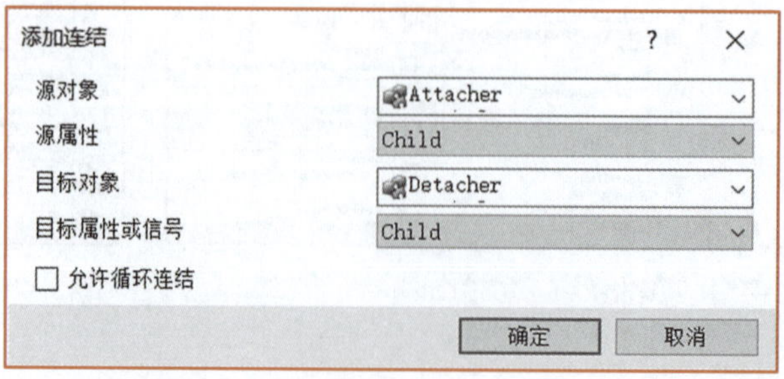

图 5-52 创建连结 Attacher-Detacher

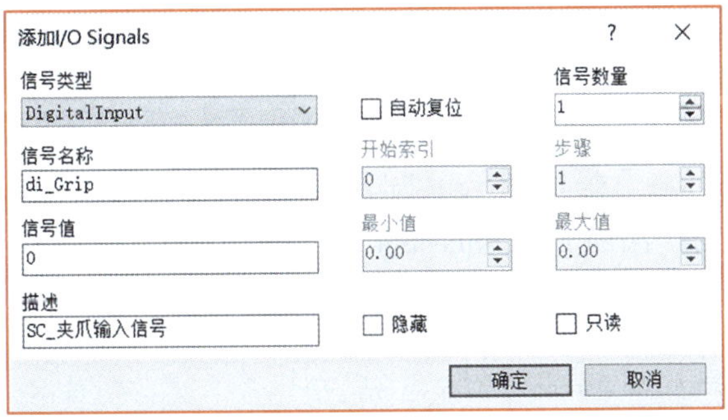

图 5-53　创建 SC_ 夹爪输入信号

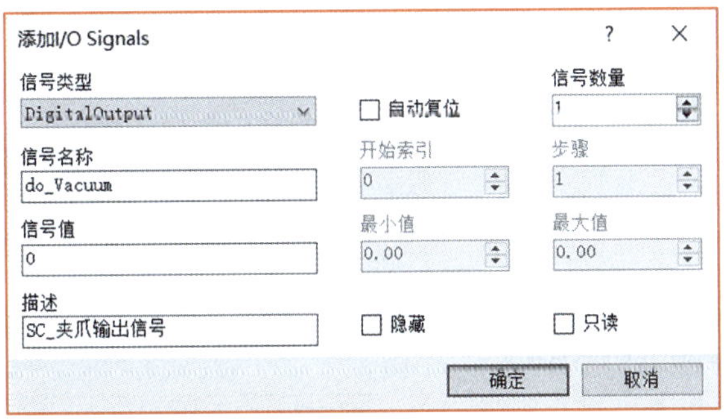

图 5-54　创建 SC_ 夹爪输出信号

② 创建 SC_ 夹爪与 PoseMover［夹爪闭合］的 I/O Connection。点击“添加 I/O Connection”，在弹出的“添加 I/O Connection”对话框中，创建 SC_ 夹爪与 PoseMover［夹爪闭合］的 I/O Connection，如图 5-56 所示，然后点击“确定”按钮。

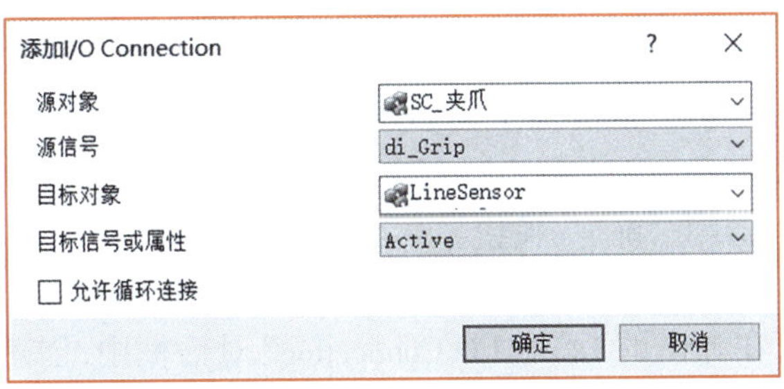

图 5-55　创建 SC_ 夹爪与 LineSensor 的 I/O Connection

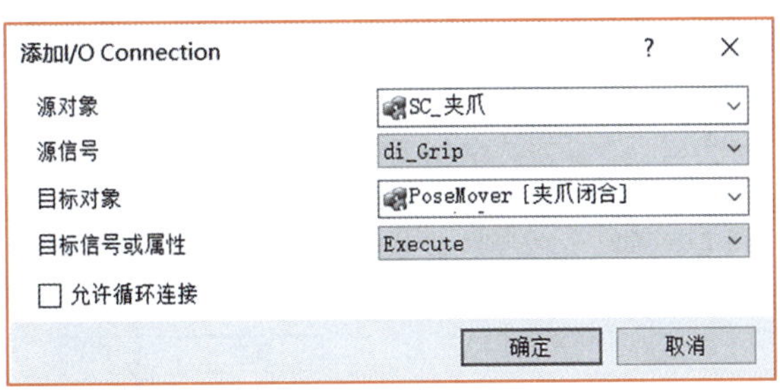

图 5-56　创建 SC_ 夹爪与 PoseMover［夹爪闭合］的 I/O Connection

③ 创建 SC_ 夹爪与 LogicGate [NOT]的 I/O Connection。点击“添加 I/O Connection”，在弹出的“添加 I/O Connection”对话框中，创建 SC_ 夹爪与 LogicGate [NOT]的 I/O Connection，如图 5-57 所示，然后点击“确定”按钮。

④ 创建 PoseMover [夹爪闭合]与 Attacher 的 I/O Connection。点击“添加 I/O Connection”，在弹出的“添加 I/O Connection”对话框中，创建 PoseMover [夹爪闭合]与 Attacher 的 I/O Connection，如图 5-58 所示，然后点击“确定”按钮。

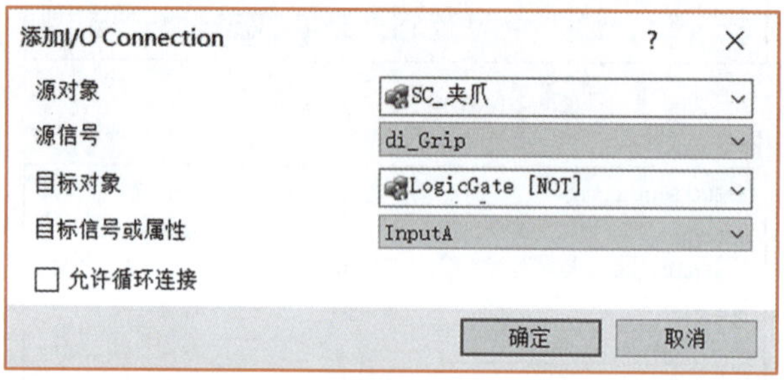

图 5-57 创建 SC_ 夹爪与 LogicGate [NOT]的 I/O Connection

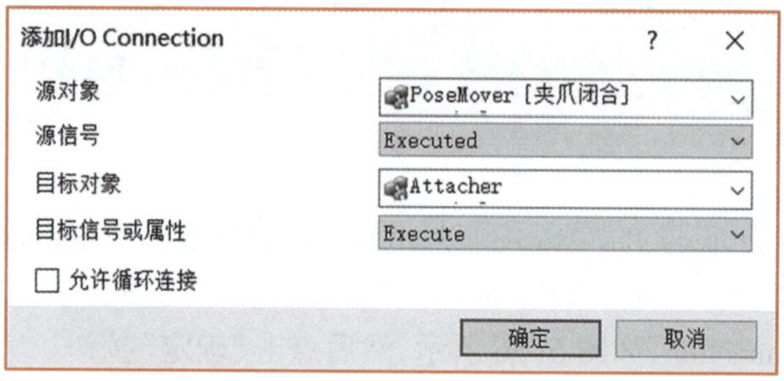

图 5-58 创建 PoseMover [夹爪闭合]与 Attacher 的 I/O Connection

⑤ 创建 Attacher 与 LogicSRLatch 的 I/O Connection。点击“添加 I/O Connection”，在弹出的“添加 I/O Connection”对话框中，创建 Attacher 与 LogicSRLatch 的 I/O Connection，如图 5-59 所示，然后点击“确定”按钮。

⑥ 创建 LogicGate [NOT]与 PoseMover [夹爪张开]的 I/O Connection。点击“添加 I/O Connection”，在弹出的“添加 I/O Connection”对话框中，创建 LogicGate [NOT]与 PoseMover [夹爪张开]的 I/O Connection，如图 5-60 所示，然后点击“确定”按钮。

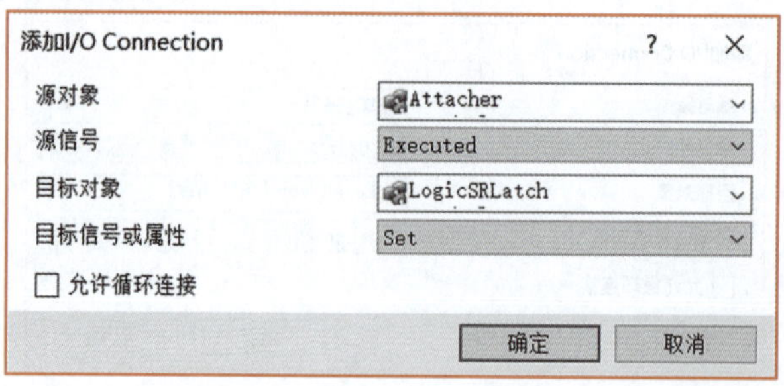

图 5-59 创建 Attacher 与 LogicSRLatch 的 I/O Connection

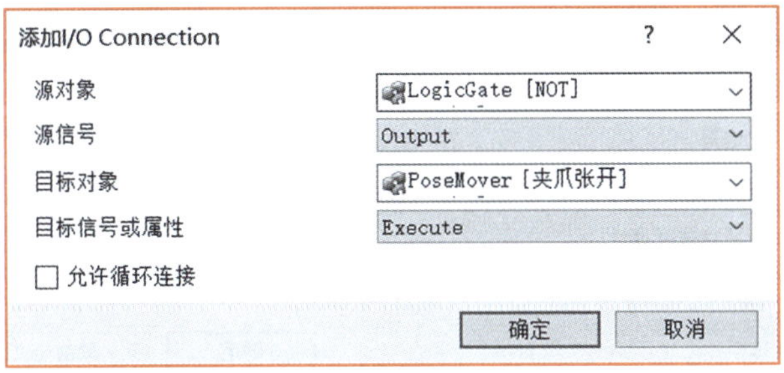

图 5-60 创建 LogicGate［NOT］与 PoseMover［夹爪张开］的 I/O Connection

⑦ 创建 LogicGate［NOT］与 Detacher 的 I/O Connection。点击“添加 I/O Connection”，在弹出的“添加 I/O Connection”对话框中，创建 LogicGate［NOT］与 Detacher 的 I/O Connection，如图 5-61 所示，然后点击“确定”按钮。

⑧ 创建 Detacher 与 LogicSRLatch 的 I/O Connection。点击“添加 I/O Connection”，在弹出的“添加 I/O Connection”对话框中，创建 Detacher 与 LogicSRLatch 的 I/O Connection，如图 5-62 所示，然后点击“确定”按钮。

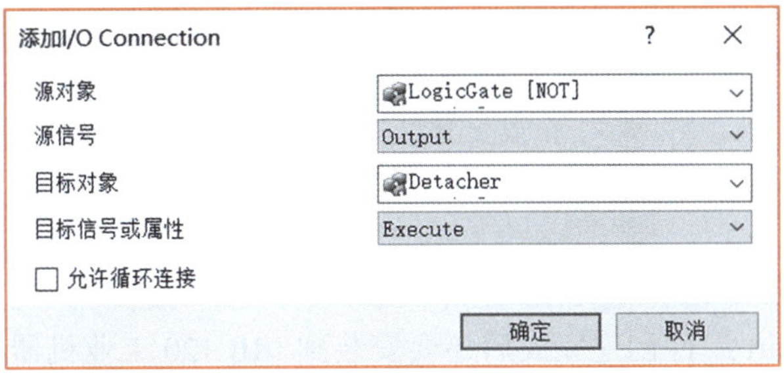

图 5-61 创建 LogicGate［NOT］与 Detacher 的 I/O Connection

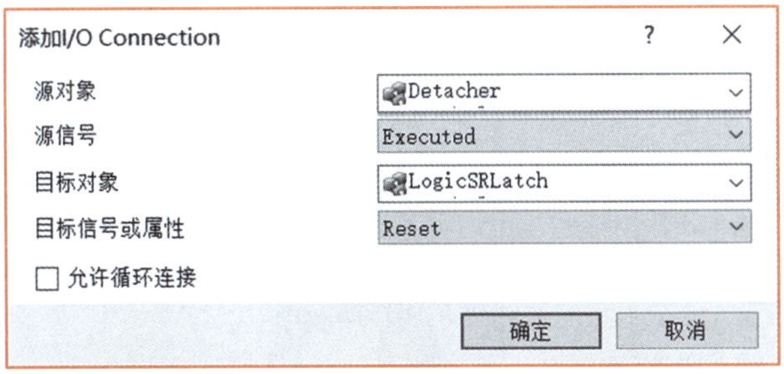

图 5-62 创建 Detacher 与 LogicSRLatch 的 I/O Connection

微课
创建 SC_夹爪 Smart 组件的信号和连接

⑨ 创建 LogicSRLatch 与 SC_夹爪的 I/O Connection。点击“添加 I/O Connection”，在弹出的“添加 I/O Connection”对话框中，创建 LogicSRLatch 与 SC_夹爪的 I/O Connection，如图 5-63 所示，然后点击“确定”按钮。

至此，SC_夹爪 Smart 组件创建基本完成。但由于其涉及的信号和连接较多，在创建的过程中非常容易出现错误，导致创建失败，在此梳理并列出了 SC_夹爪 Smart 组件的 I/O 连接关系，如图 5-64 所示，该图能够帮助读者理解和正确创建此 Smart 组件。

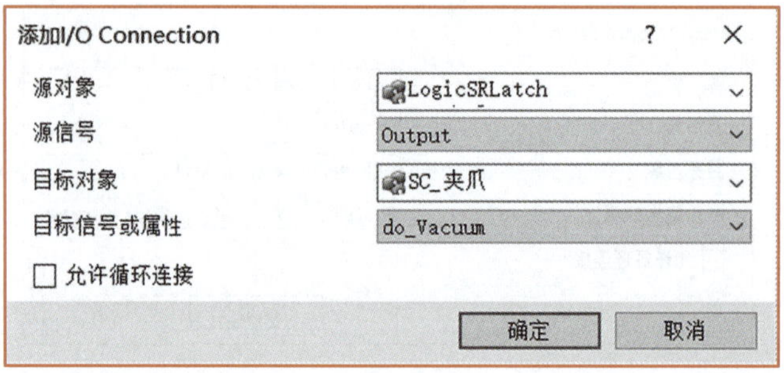

图 5-63 创建 LogicSRLatch 与 SC_ 夹爪的 I/O Connection

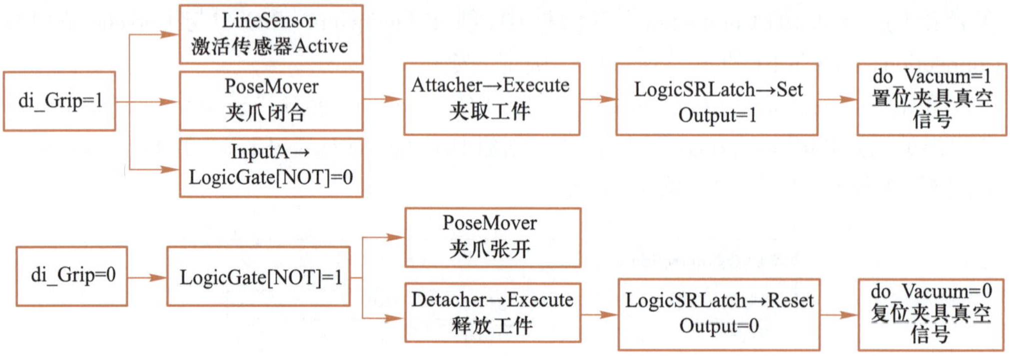

图 5-64 SC_ 夹爪 Smart 组件 I/O 连接关系

5. 安装与验证 SC_ 夹爪 Smart 组件

SC_ 夹爪 Smart 组件创建完成后还要安装到 IRB 120 工业机器人上，安装过程与普通工具的安装过程一样，左键拖动 SC_ 夹爪 Smart 组件到 IRB 120 上，在弹出的提示框中点击“Y”按钮，完成安装，如图 5-65 所示。

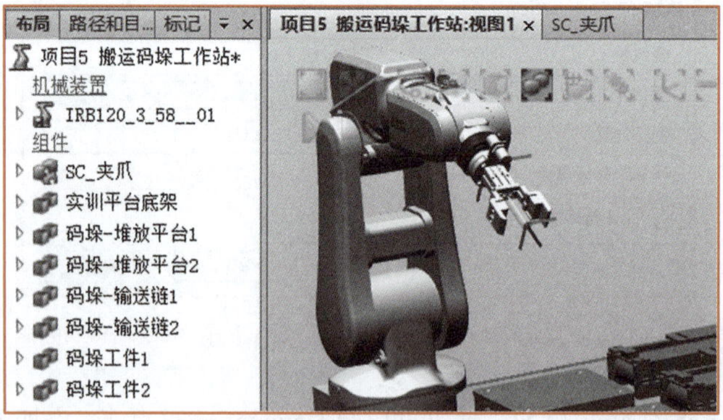

图 5-65 SC_ 夹爪 Smart 组件安装完成

适当调整工业机器人姿态，复制一个工件并放置在夹爪工作范围内，以便观察夹爪工作情况。在左侧“布局”栏中，右键点击“SC_ 夹爪”，选择快捷菜单中的“属性”命令，打开“属性:SC_ 夹爪”栏，此时 SC_ 夹爪无输入信号(di_Grip=0)，夹爪没有夹取工件，如

图 5-66 所示。点击“属性:SC_ 夹爪”栏中的 di_Grip,di_Grip 与 do_Vacuum 同时变为 1,夹爪夹取工件,如图 5-67 所示。

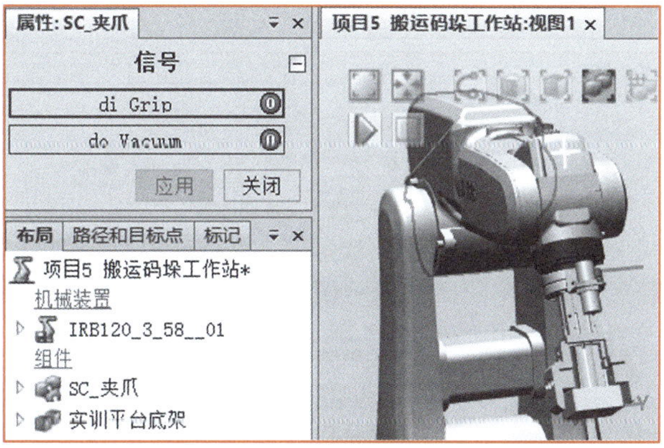

图 5-66　SC_ 夹爪无输入信号(di_Grip=0)

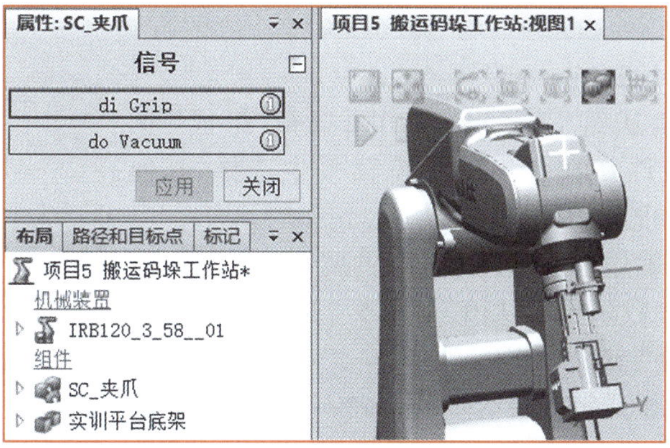

图 5-67　SC_ 夹爪有输入信号(di_Grip=1)

5.2.2　创建 SC_ 输送链 1 Smart 组件

微课
安装与验证 SC_ 夹爪 Smart 组件

1. 创建 SC_ 输送链 1 Smart 组件

在“建模”功能选项卡中,点击“Smart 组件”,并将新建的 SmartComponent_1 重命名为“SC_ 输送链 1”,如图 5-68 所示。

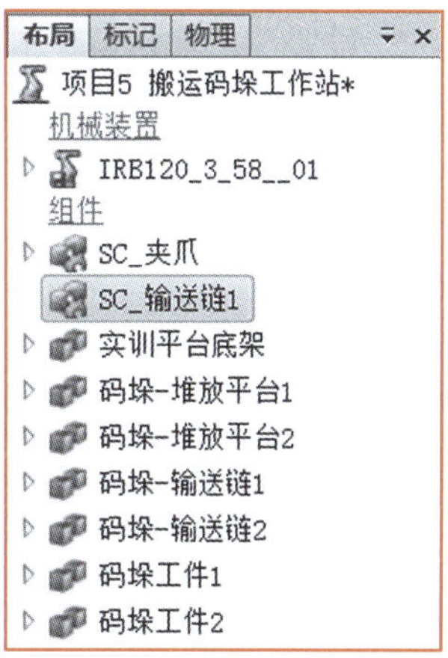

图 5-68　创建 SC_ 输送链 1 Smart 组件

2. 创建 SC_ 输送链 1 Smart 组件的子组件

(1) 创建 SC_ 输送链 1 的动作 Source

① 在左侧“布局”栏中,右键点击“SC_ 输送链 1”,选择快捷菜单中的“编辑组件”命令,打开“SC_ 输送链 1”编辑窗口,选择“组成”选项,点击“添加组件”,在弹出的下拉菜单中选择“动作→ Source”命令,如图 5-69 所示。

② 设置 SC_ 输送链 1 的动作 Source 的属性。在“属性:Source”栏中，将 Source 设为“码垛工件 1”，其余保持默认值，如图 5-70 所示，然后点击“应用”按钮，再点击“关闭”按钮。

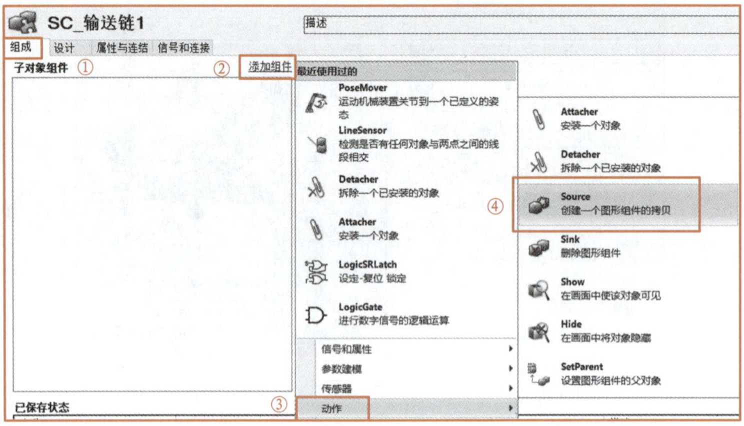

图 5-69 创建 SC_ 输送链 1 的动作 Source

(2) 创建 SC_ 输送链 1 的队列 Queue

① 在“SC_ 输送链 1”编辑窗口中，选择“组成”选项，点击“添加组件”，在弹出的下拉菜单中选择“其他→Queue”命令，如图 5-71 所示。

② 设置 SC_ 输送链 1 队列 Queue 的属性。在“属性:Queue”栏中，各参数采用默认值，如图 5-72 所示，然后点击“应用”按钮，再点击“关闭”按钮。

(3) 创建 SC_ 输送链 1 的本体 LinearMover

① 在“SC_ 输送链 1”编辑窗口中，选择“组成”选项，点击“添加组件”，在弹出的下拉菜单中选择“本体→LinearMover”命令，如图 5-73 所示。

② 设置 SC_ 输送链 1 本体 LinearMover 的属性。在“属性:LinearMover”栏中，将 Object 设为“Queue(SC_ 输送链 1)”，Direction 设为(0,-1,0)，Speed 设为 300，Reference 设为“Global”，如图 5-74 所示，然后点击“应用”按钮，再点击“关闭”按钮。

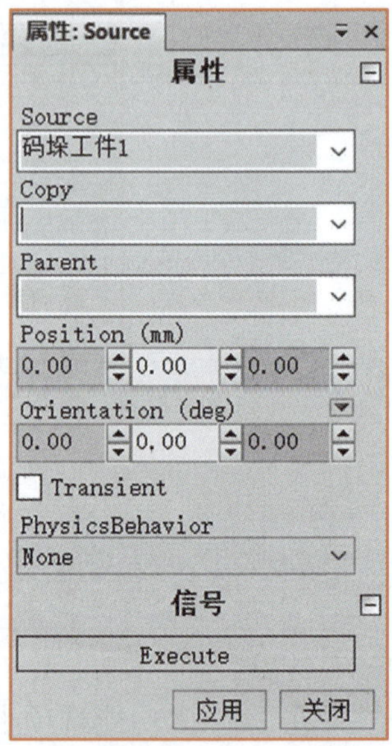

图 5-70 设置 SC_ 输送链 1 动作 Source 的属性

(4) 创建 SC_ 输送链 1 的传感器 PlaneSensor

① 在“SC_ 输送链 1”编辑窗口中，选择“组成”选项，点击“添加组件”，在弹出的下拉菜单中选择“传感器→PlaneSensor”命令，如图 5-75 所示。

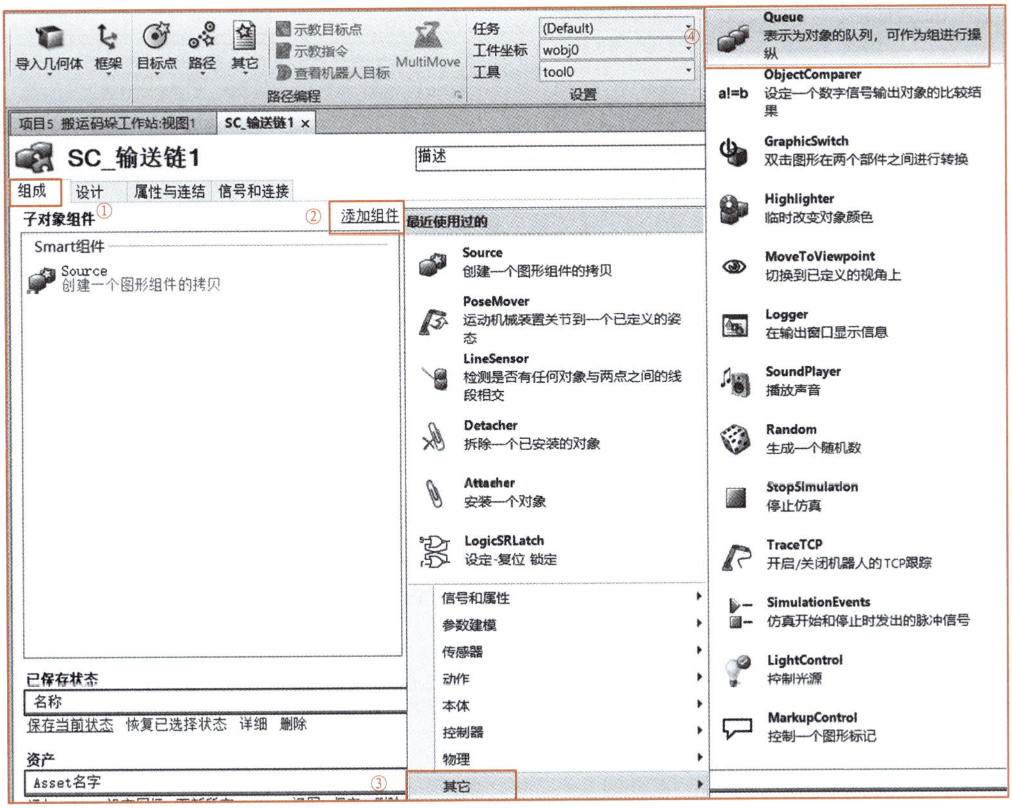

图 5-71　创建 SC_ 输送链 1 的队列 Queue

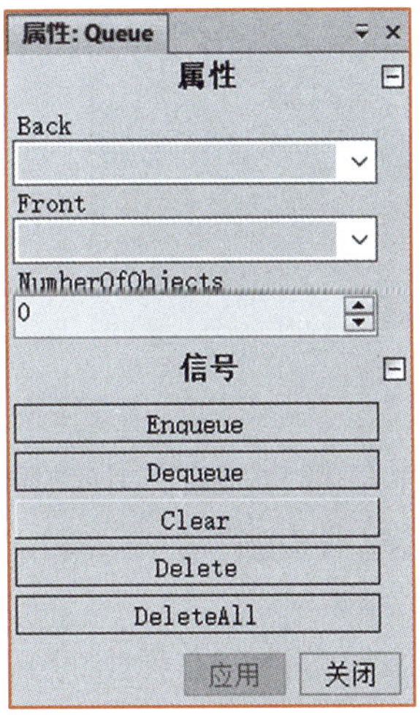

图 5-72　设置 SC_ 输送链 1 队列 Queue 的属性

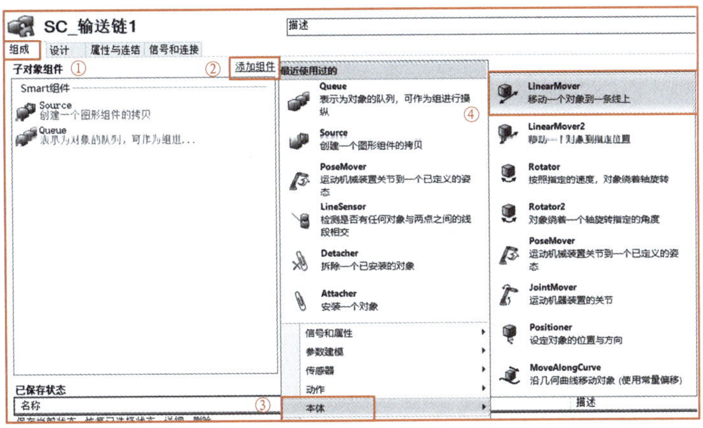

图 5-73　创建 SC_ 输送链 1 的本体 LinearMover

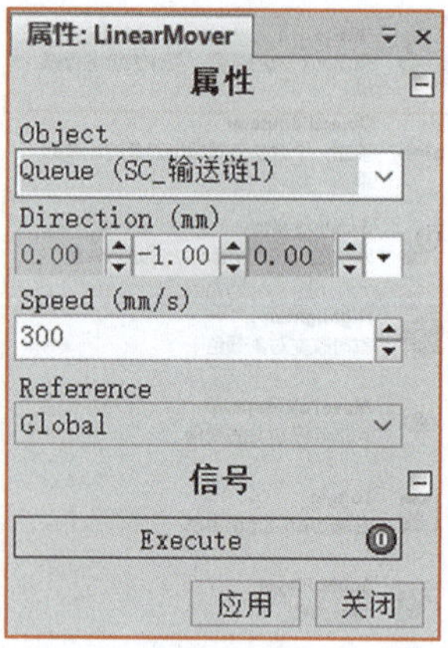

图 5-74 设置 SC_ 输送链 1 本体 LinearMover 的属性

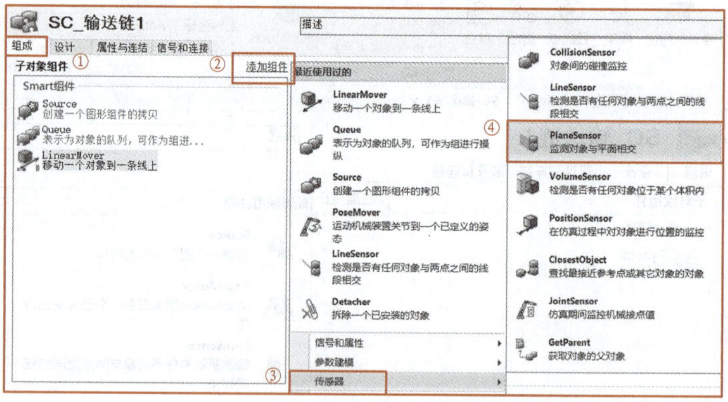

图 5-75 创建 SC_ 输送链 1 的传感器 PlaneSensor

提示

运动对象 Object 设置错误时，仿真时工件不会运动；运动方向 Direction 设置错误时，仿真时工件不会在输送带上运动。

② 设置 SC_ 输送链 1 传感器 PlaneSensor 的属性。在“属性:PlaneSensor”栏中，将 Origin 设为(10,450,932),Axis1 设为(0,0,10),Axis2 设为(-75,0,0),其余参数采用默认值，如图 5-76 所示，然后点击“应用”按钮，再点击“关闭”按钮。

提示

① 将传感器 PlaneSensor 设置在输送链 1 的末端即可，位置坐标与图 5-76 中的值可能不一致。

② 若未取消 SC_ 输送链 1 可由传感器检测，SC_ 输送链 Smart 组件仿真运行时，工件在输送链末端不会因触发传感器 PlaneSensor 而停止，会出现工件“飞出”现象。

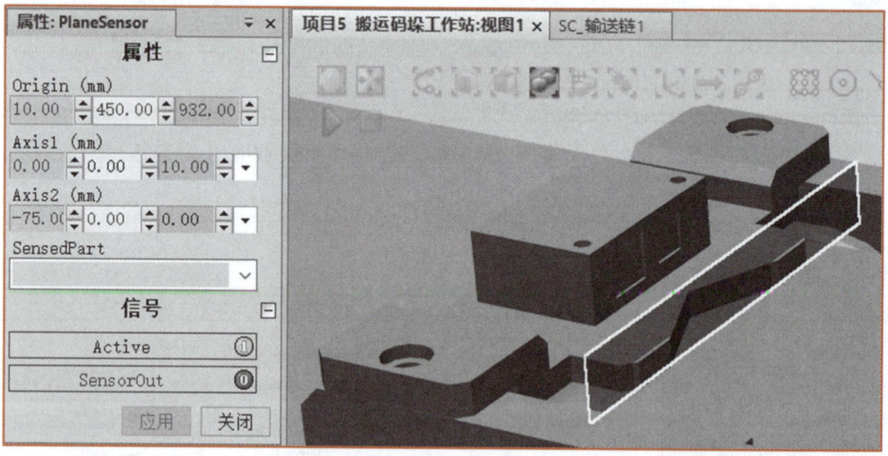

图 5-76 设置 SC_ 输送链 1 传感器 PlaneSensor 的属性

③ 设置 SC_ 输送链 1 不可由传感器 PlaneSensor 检测。在左侧“布局”栏中选择“SC_ 输送链 1”，点击右键，选择“修改”命令，取消勾选“可由传感器检测”项。

(5) 创建 SC_ 输送链 1 仿真脉冲信号 SimulationEvents

在“SC_ 输送链 1”编辑窗口中，选择“组成”选项，点击“添加组件”，在弹出的下拉菜单中选择“其他→ SimulationEvents”命令，如图 5-77 所示。

(6) 创建 SC_ 输送链 1 信号 LogicGate 并设置属性

① 创建 SC_ 输送链 1 信号 LogicGate。在“SC_ 输送链 1”编辑窗口中，选择“组成”选项，点击“添加组件”，在弹出的下拉菜单中选择“信号和属性→ LogicGate”命令，如图 5-78 所示。

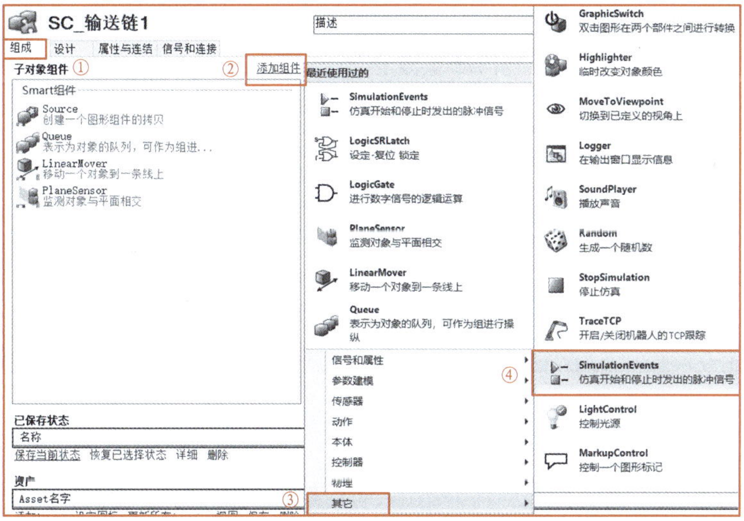

图 5-77 创建 SC_ 输送链 1 仿真脉冲信号 SimulationEvents

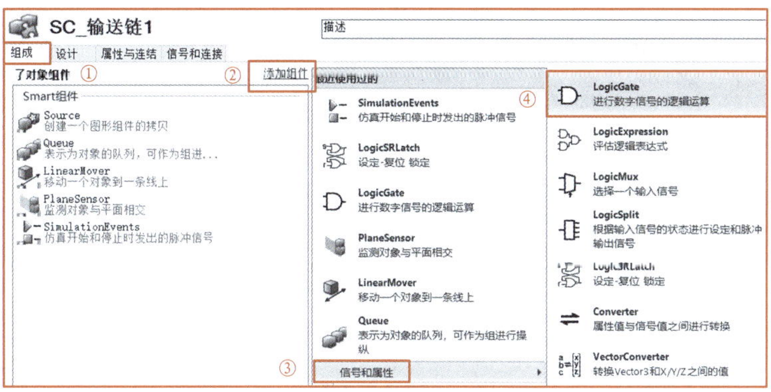

图 5-78 创建 SC_ 输送链 1 信号 LogicGate

② 设置信号 LogicGate 的属性。在“属性：LogicGate［NOT］”栏中设置相关属性，如图 5-79 所示，然后点击“应用”按钮，再点击“关闭”按钮。

(7) 创建信号 LogicSRLatch 并设置属性

在“SC_ 输送链 1”编辑窗口中，选择“组成”选项，点击“添加组件”，在弹出的下拉菜单中选择“信号和属性→LogicSRLatch”命令，如图 5-80 所示。

(8) 移动码垛 _ 输送链 1 到 SC_ 输送链 1 Smart 组件中

在左侧“布局”栏中点击“码垛 _ 输送链 1”，将其拖放到 SC_ 输送链 1 Smart 组件中去。

至此，SC_ 输送链 1 Smart 组件的子对象组件全部创建完成，如图 5-81 所示。

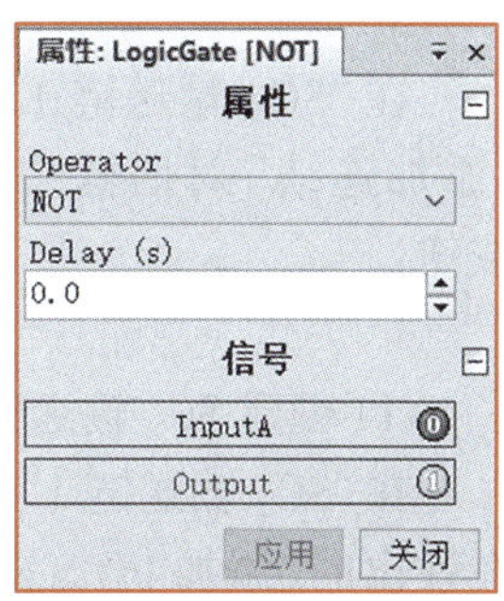

图 5-79 设置 SC_ 输送链 1 信号 LogicGate 的属性

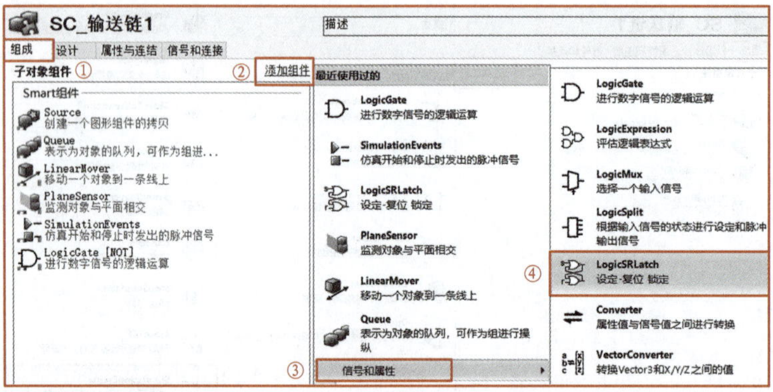

图 5-80 创建 SC_ 输送链 1 信号 LogicSRLatch

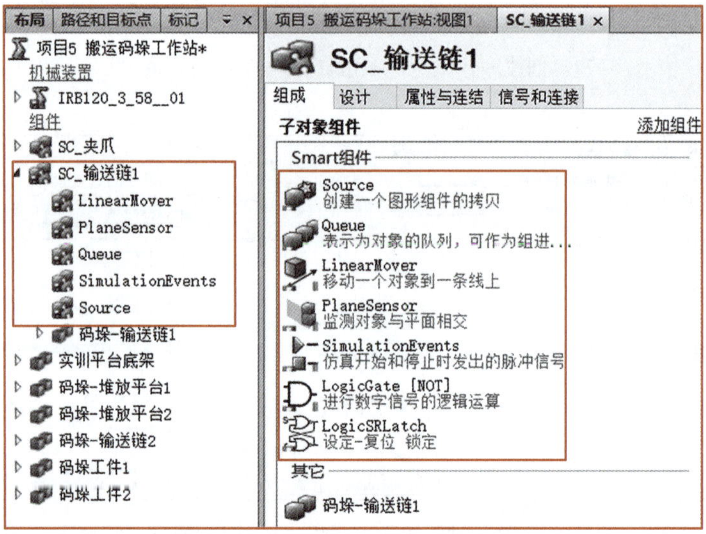

图 5-81 SC_ 输送链 1 Smart 组件的子对象组件

提示

将源属性设为“Copy”，若设置错误，SC_ 输送链 1 Smart 组件仿真运行时，工件原件会运动一次，复制的工件则不会运动。

3. 创建 SC_ 输送链 1 Smart 组件的属性与连结

在“SC_ 输送链 1”编辑窗口中，选择“属性与连结”选项，点击“添加连结”，在“添加连结”对话框中创建 Source-Queue 连结，如图 5-82 所示，然后点击“确定”按钮。

4. 创建 SC_ 输送链 1 Smart 组件的信号和连接

微课

创建 SC_ 输送链 1 Smart 组件的子组件

(1) 创建 SC_ 输送链 1 的启动信号

在“SC_ 输送链 1”编辑窗口中，选择“信号和连接”选项，点击“添加 I/O Signals”，在弹出的“添加 I/O Signals”对话框中，将信号类型设为“DigitalInput”，信号名称设为“di_Start1”，描述设为“输送链 1 启动信号”，其余采用默认值，如图 5-83 所示，然后点击“确定”按钮。

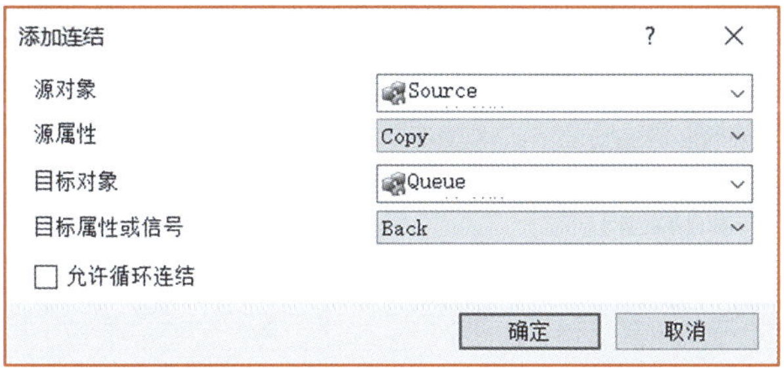

图 5-82 创建 SC_ 输送链 1 Source-Queue 连结

图 5-83 创建 SC_ 输送链 1 的启动信号 di_Start1

(2) 创建 SC_ 输送链 1 的工件到位信号

在“SC_ 输送链 1”编辑窗口中，选择“信号和连接”选项，点击“添加 I/O Signals”，在弹出的“添加 I/O Signals”对话框中，将信号类型设为“DigitalOutput”，信号名称设为“do_BoxInPos1”，描述设为“工件到位信号”，其余采用默认值，如图 5-84 所示，然后点击“确定”按钮。

(3) 创建 SC_ 输送链 1 Smart 组件的 I/O 连接

① 创建 SC_ 输送链 1 与 Source 的 I/O Connection。点击“添加 I/O Connection”，在弹出的“添加 I/O Connection”对话框中，创建 SC_ 输送链 1 与 Source 的 I/O Connection，如图 5-85 所示，然后点击“确定”按钮。

图 5-84 创建 SC_ 输送链 1 的工件到位信号 do_BoxInPos1

提示

I/O 信号类型不能设置错误，否则 SC_ 输送链 1 Smart 组件无法仿真运行。

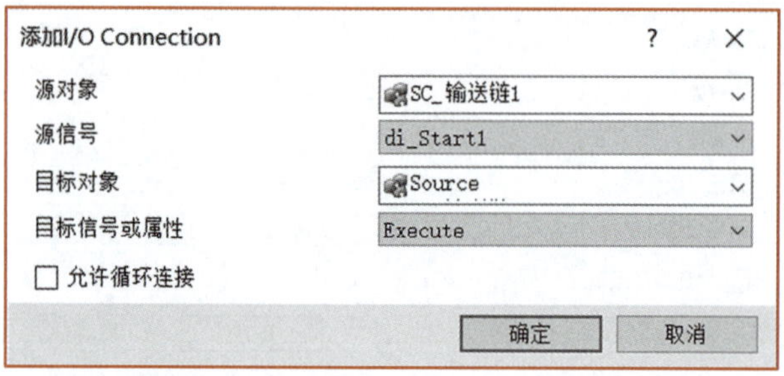

图 5-85 创建 SC_ 输送链 1 与 Source 的 I/O Connection

② 创建 Source 与 Queue 的 I/O Connection。点击“添加 I/O Connection”,在弹出的“添加 I/O Connection”对话框中,创建 Source 与 Queue 的 I/O Connection,如图 5-86 所示,然后点击“确定”按钮。

③ 创建 PlaneSensor 与 Queue 的 I/O Connection。点击“添加 I/O Connection”,在弹出的“添加 I/O Connection”对话框中,创建 PlaneSensor 与 Queue 的 I/O Connection,如图 5-87 所示,然后点击“确定”按钮。

提示

步骤②中工件复制品进入队列(Enqueue),因此步骤③中工件复制品必须退出队列,即步骤③中的目标信号或属性需设为“Dequeue”,否则会出现工件“飞出”等现象。

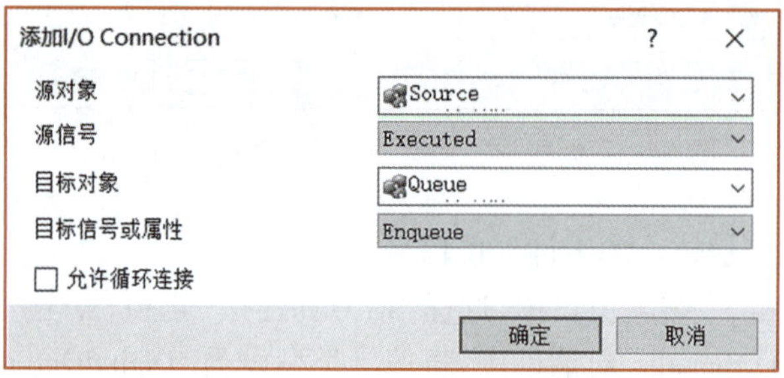

图 5-86 创建 Source 与 Queue 的 I/O Connection

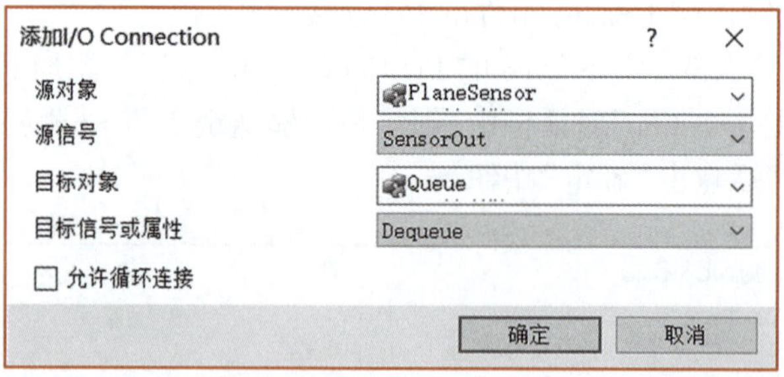

图 5-87 创建 PlaneSensor 与 Queue 的 I/O Connection

④ 创建 PlaneSensor 与 SC_ 输送链 1 的 I/O Connection。点击“添加 I/O Connection”,在弹出的“添加 I/O Connection”对话框中,创建 PlaneSensor 与 SC_ 输送链 1 的 I/O Connection,如图 5-88 所示,然后点击“确定”按钮。

⑤ 创建 PlaneSensor 与 LogicGate [NOT]的 I/O Connection。点击“添加 I/O Connection”,在弹出的“添加 I/O Connection”对话框中,创建 PlaneSensor 与 LogicGate [NOT]的 I/O

Connection，如图 5–89 所示，然后点击“确定”按钮。

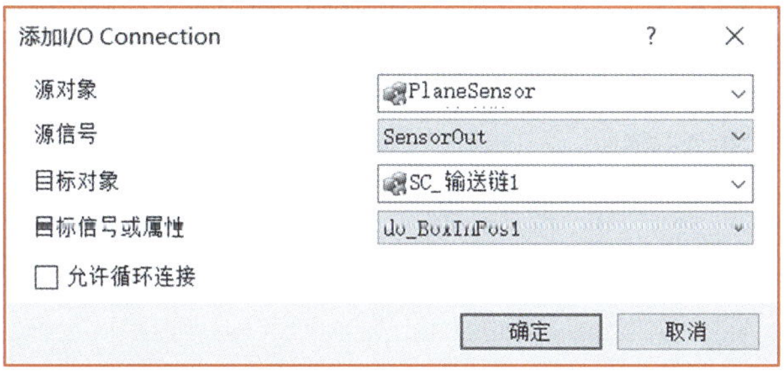

图 5–88　创建 PlaneSensor 与 SC_ 输送链 1 的 I/O Connection

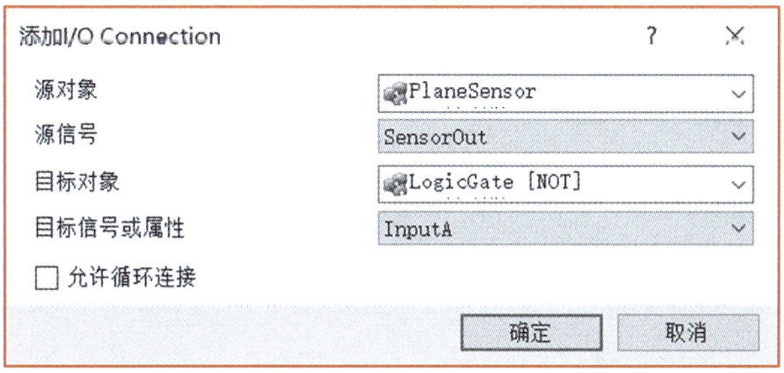

图 5–89　创建 PlaneSensor 与 LogicGate［NOT］的 I/O Connection

⑥ 创建 LogicGate［NOT］与 Source 的 I/O Connection。点击“添加 I/O Connection”，在弹出的“添加 I/O Connection”对话框中，创建 LogicGate［NOT］与 Source 的 I/O Connection，如图 5–90 所示，然后点击“确定”按钮。

⑦ 创建 SimulationEvents 与 LogicSRLatch 的 I/O Connection。单击“添加 I/O Connection”，在弹出的“添加 I/O Connection”对话框中，创建 SimulationEvents 与 LogicSRLatch 的 I/O Connection，如图 5–91 所示，然后点击“确定”按钮。

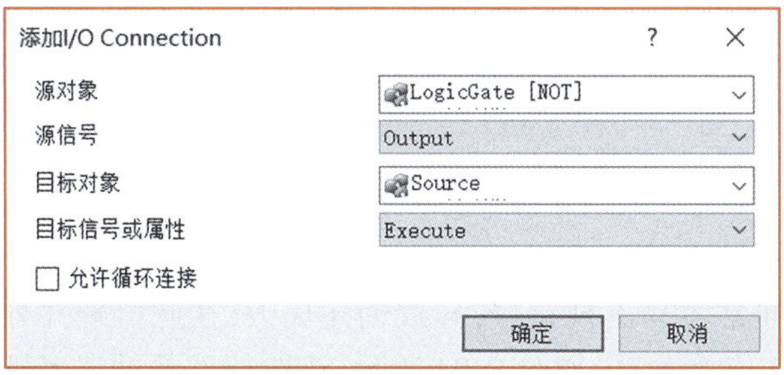

图 5–90　创建 LogicGate［NOT］与 Source 的 I/O Connection

⑧ 创建 SimulationEvents 与 LogicSRLatch 的 I/O Connection。点击“添加 I/O Connection”，在弹出的“添加 I/O Connection”对话框中，创建 SimulationEvents 与 LogicSRLatch 的 I/O Connection，如图 5–92 所示，然后点击“确定”按钮。

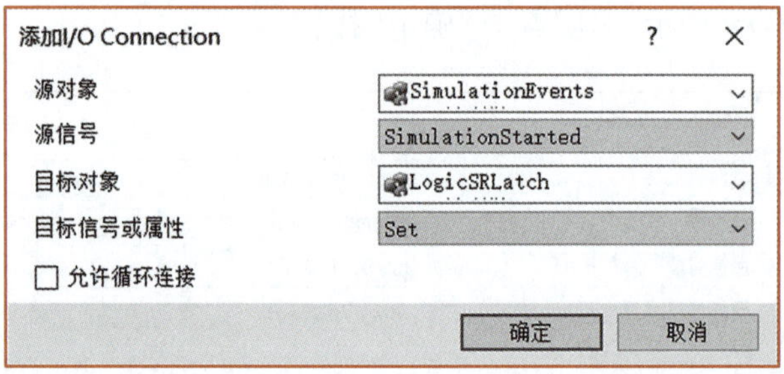

图 5-91 创建 SimulationEvents 与 LogicSRLatch 的 I/O Connection

提示

⑦⑧两步 I/O Connection 中的源信号不能设置错误，若均设为“SimulationStarted”或“SimulationStopped”，则会出现工件“飞出”等现象。

⑨ 创建 LogicSRLatch 与 PlaneSensor 的 I/O Connection。点击“添加 I/O Connection”，在弹出的“添加 I/O Connection”对话框中，创建 LogicSRLatch 与 PlaneSensor 的 I/O Connection，如图 5-93 所示，然后点击“确定”按钮。

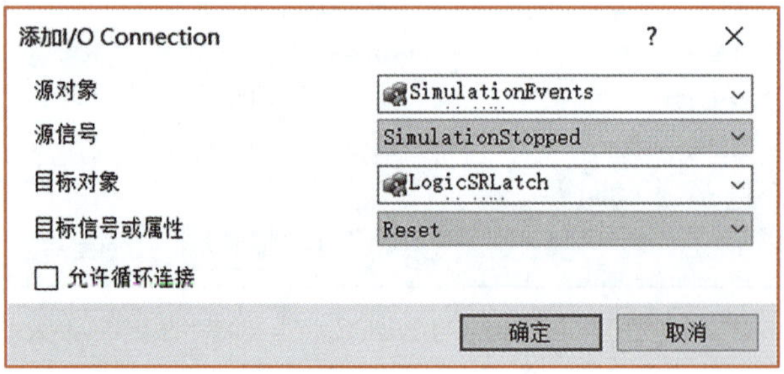

图 5-92 创建 SimulationEvents 与 LogicSRLatch 的 I/O Connection

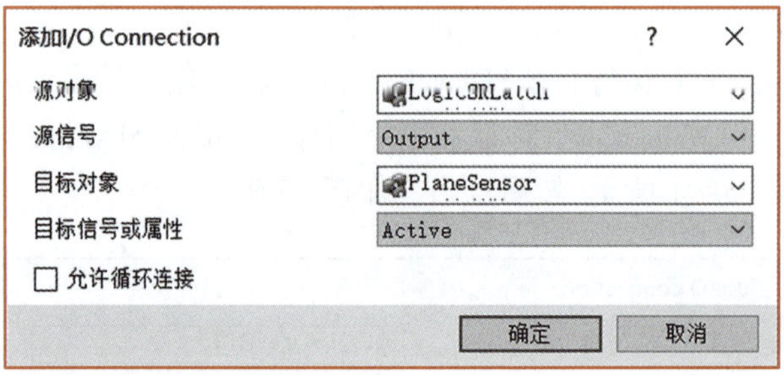

图 5-93 创建 LogicSRLatch 与 PlaneSensor 的 I/O Connection

微课

创建 SC_ 输送链 1 Smart 组件的信号和连接

至此，SC_ 输送链 1 Smart 组件创建基本完成。但由于其涉及的信号和连接较多，在创建的过程中非常容易出现错误，导致创建失败，在此梳理并列出了 SC_ 输送链 1 Smart 组件的 I/O 连接关系，如图 5-94 所示，该图能够帮助读者理解和正确创建此 Smart 组件。

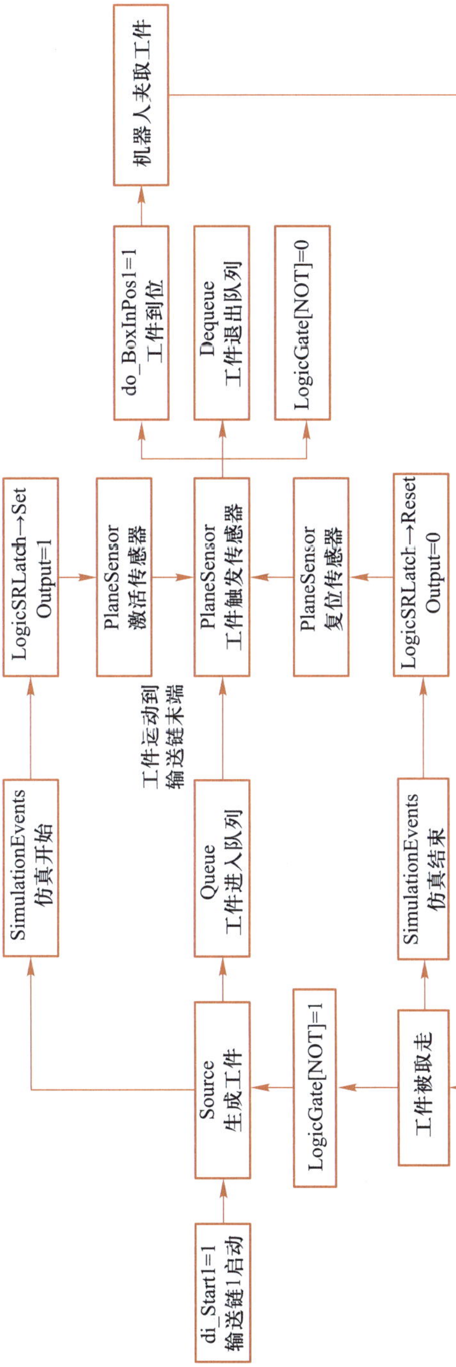

图 5-94 SC_输送链 1 Smart 组件 I/O 逻辑关系

5.2.3 创建 SC_ 输送链 2 Smart 组件

SC_ 输送链 2 Smart 组件的创建过程与 SC_ 输送链 1 Smart 组件相同，可自行完成创建。完整的 SC_ 输送链 2 Smart 组件如图 5-95 所示。

> 提示
>
> 设置 SC_ 输送链 2 Smart 组件的子对象组件 Plane-Sensor 的主要参数时，将 Origin 设为(190,450,932)，Axis1 设为(0,0,10)，Axis2 设为(-75,0,0)，其余参数采用默认值。

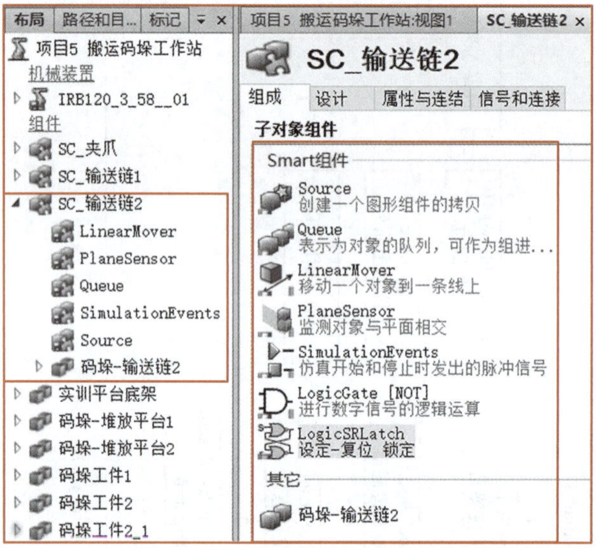

图 5-95 SC_ 输送链 2 Smart 组件

> 微课
>
> 创建 SC_ 输送链 2 Smart 组件

5.2.4 SC_ 输送链 Smart 组件的仿真验证

SC_ 输送链 Smart 组件创建完成后要进行仿真验证，检验其能否正常运动。若存在问题，需要排除问题，否则影响后续工作站整体仿真运行。具体的仿真验证方法如下。

1. 仿真验证准备工作

① 同步工作站到 RAPID。在“基本”功能选项卡中，点击“同步”，在弹出的下拉菜单中选择“同步到RAPID”命令，将工作站对象同步到RAPID程序中，为仿真做准备，如图 5-96 所示。

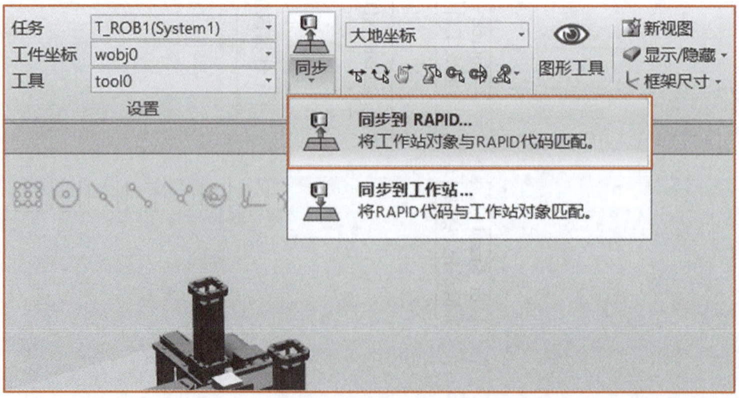

图 5-96 选择“同步到 RAPID”命令

② 设置同步选项。在弹出的“同步到 RAPID”对话框中，勾选“同步”列中的复选框，如图 5-97 所示，然后点击“确定”按钮，等待同步完成。

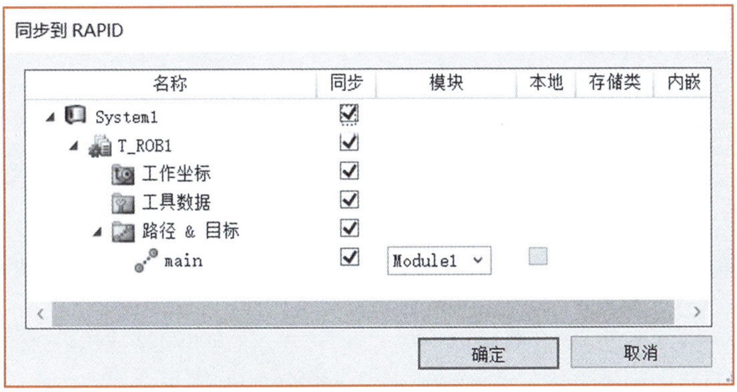

图 5-97 同步到 RAPID

③ 设置仿真对象。在“仿真”功能选项卡中，点击“仿真设定”，在“仿真设定”窗口中勾选需要仿真的对象，如图 5-98 所示。

图 5-98 设置仿真对象

2. 仿真验证

① 选择仿真系统。在“仿真”功能选项卡中，单击“I/O 仿真器”，在右侧栏中将选择系统设为“SC_ 输送链 1”，然后点击“播放”，再点击输入信号“di_Start1”，SC_ 输送链 1 Smart 组件开始运行，如图 5-99 所示。

② 仿真运行。di_Start1=1，SC_ 输送链 1 Smart 启动运行后，组件自动生成工件并运到输送链末端，如图 5-100 所示。

在此，仅对 SC_ 输送链 1 Smart 组件进行了仿真验证，SC_ 输送链 2 Smart 组件的仿真请读者实操验证。

注意：

① 本工作站工业机器人系统前期已经创建，在此未展示创建过程。

② SC_ 输送链 Smart 组件仿真时若不动或一直运动，则创建过程中肯定出现了问题。根据故障现象，分析故障原因，仔细排查 Smart 组件各子对象组件、属性与连结、信号和连接等，耐心排除故障。

③ SC_ 输送链 Smart 组件运行过程中生成的工件，在仿真结束后才能删除。

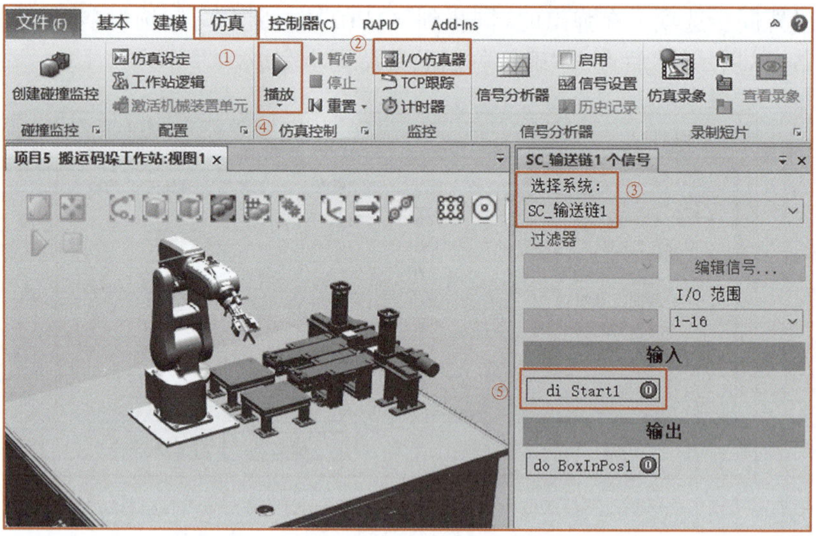

图 5-99 仿真验证

微课

验证 SC_输送链 Smart 组件

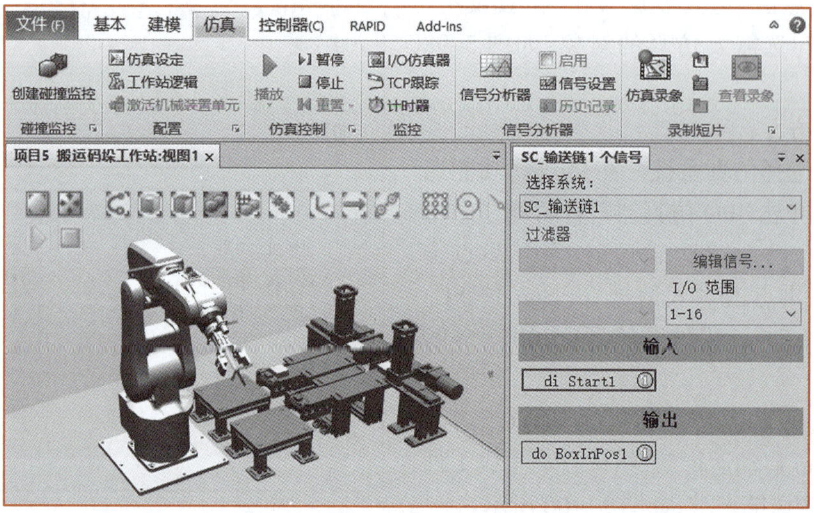

图 5-100 仿真验证结果

任务 3 工作站离线编程

任务分析

搬运码垛工作站创建完成后，可以进行工作站离线编程，也就是编写工业机器人程序并进行调试运行。本任务将完成工作站 I/O 配置、工具坐标系标定、离线程序编写、工作站目标点示教等。

任务实施

5.3.1　创建工业机器人系统备份

工作站离线编程前或工作站解包后，可以将工作进行初始化，恢复出厂设置。在初始化前，一般应先备份机器人系统，以便后续使用。

1. 创建工业机器人系统备份

① 在“控制器”功能选项卡中，点击“备份”，选择“创建备份”，如图 5-101 所示。

② 在“从 System1 创建备份”对话框中，设置系统备份名称、路径，也可以勾选“备份到 Zip 文件”，将系统打包备份，如图 5-102 所示。

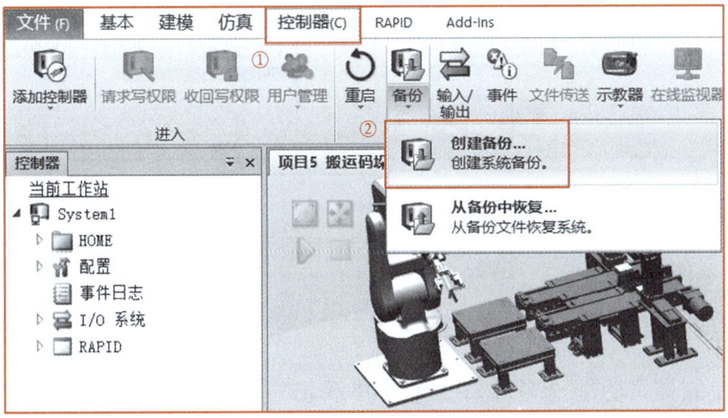

图 5-101　创建机器人系统备份

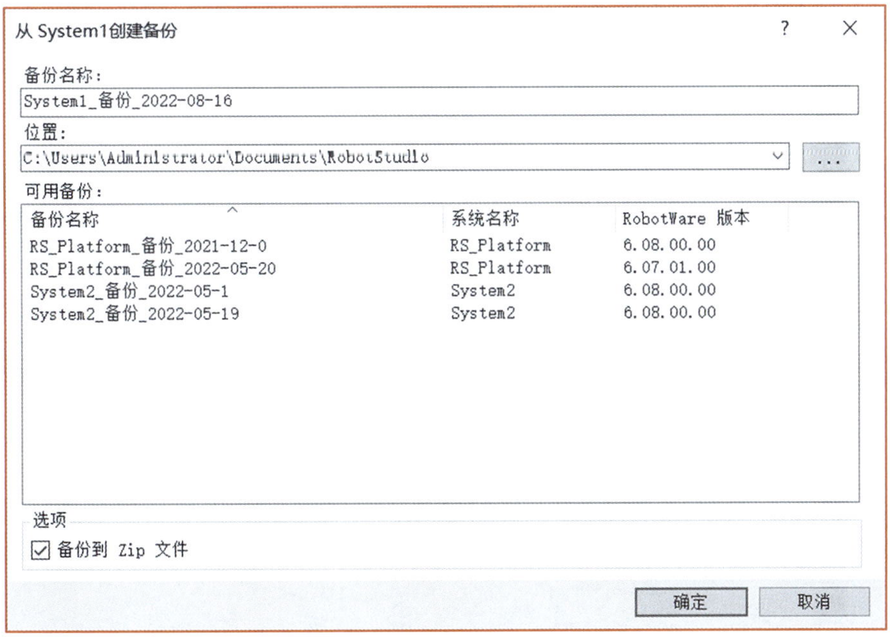

图 5-102　备份系统

提示

恢复备份系统的步骤与备份系统的步骤类似，请读者自行实践工业机器人系统恢复过程。

微课

机器人系统备份与恢复

2. 初始化工业机器人系统

① 完成工业机器人系统备份后，在“控制器”功能选项卡中点击“重启”，选择“重置系统(I启动)”，如图5-103所示。

② 在弹出的“重置系统(I启动)(S)”对话框中，点击“确定”按钮即可，等待机器人重新启动，机器人完成初始化，如图5-104所示。

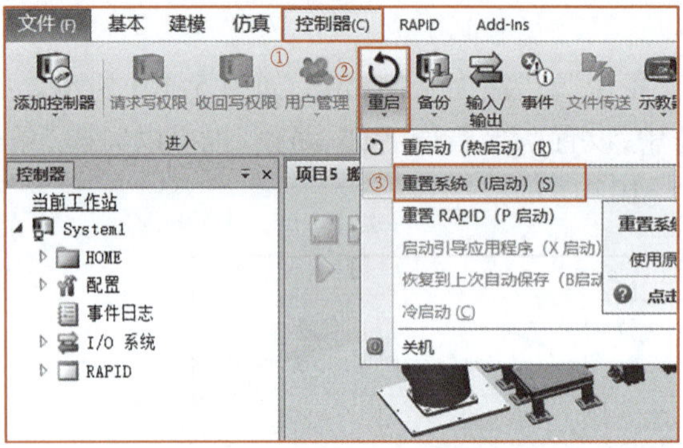

图5-103 选择重置系统

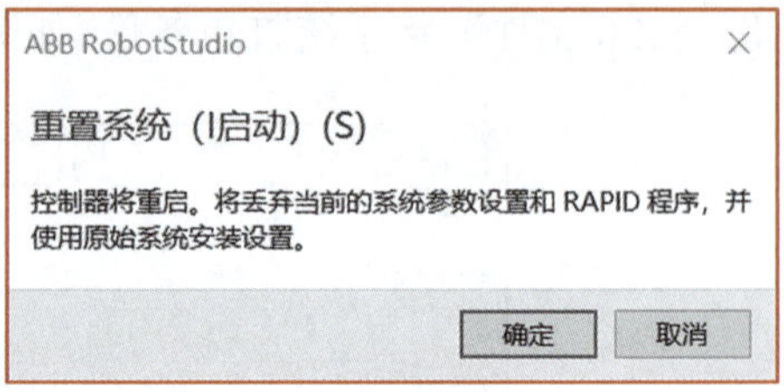

图5-104 重置系统(I启动)

5.3.2 工作站I/O配置

1. 新建DeviceNet Board10通信单元

① 在“控制器”功能选项卡中，选择并双击左侧“控制器”栏中的“I/O System”，弹出“配置-I/O System”窗口，右键点击“DeviceNet Device”，选择“新建DeviceNet Device”命令，如图5-105所示。

② 在弹出的“实例编辑器”对话框中，创建Board10通信单元，将Name设为“Board10”，Vendor Name设为“ABB Robotic”，Address设为10，其余参数采用默认值，如图5-106所示。

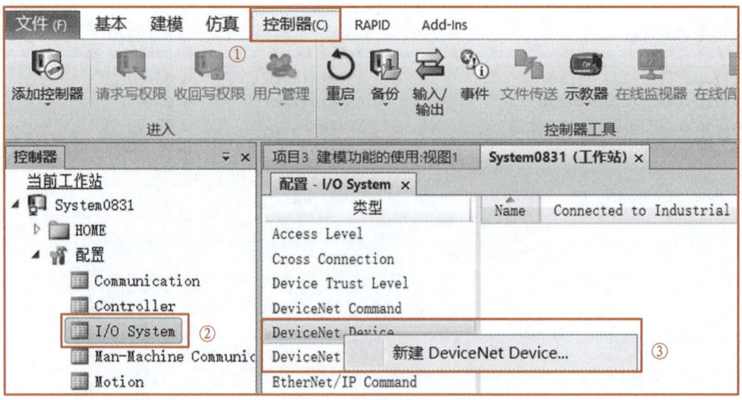

图5-105 新建DeviceNet Device

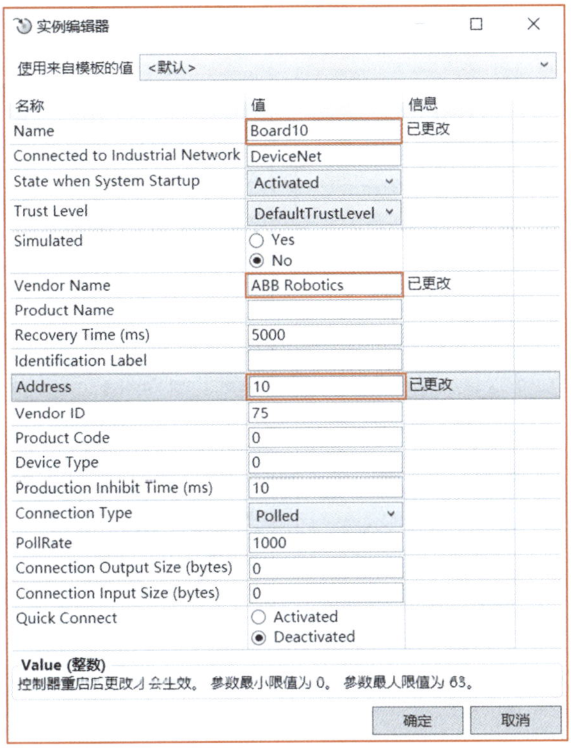

图 5-106　配置通信单元 Board10

③ 新建 DeviceNet Board10 通信单元后会弹出“控制器重启后更改才会生效”提示，如图 5-107 所示。此时需重新启动虚拟控制器才能生效，点击“确定”按钮即可重启虚拟控制器。

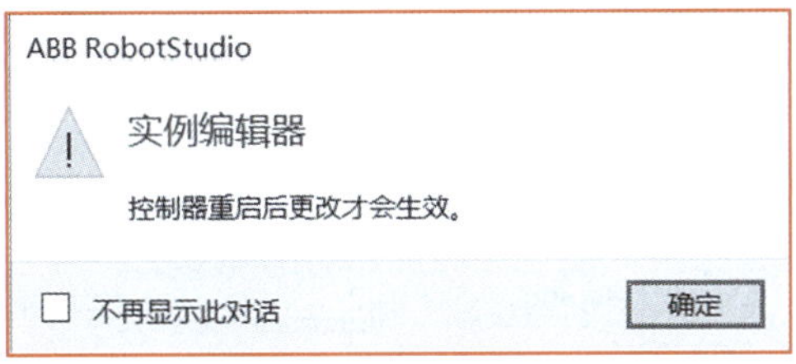

图 5-107　“控制器重启后更改才会生效”提示

2. 新建工作站系统信号

① 在“配置 -I/O System”窗口中，右键点击“Signal”，新建码垛 – 输送链 1 传感器输入信号，将 Name 设为“di_BoxInPos1”，Type of Signal 设为“Digital Input”，Assigned to Device 设为“Board10”，Device Mapping 设为 0，其余参数采用默认值，如图 5-108 所示。

② 在“配置 -I/O System”窗口中，右键点击“Signal”，新建码垛 – 输送链 2 传感器输入信号，将 Name 设为“di_BoxInPos2”，Type of Signal 设为“Digital Input”，Assigned to Device 设为“Board10”，Device Mapping 设为 1，其余参数采用默认值，如图 5-109 所示。

③ 在“配置 -I/O System”窗口中，右键点击“Signal”，新建系统启动输入信号，将 Name 设为“di_Pallet”，Type of Signal 设为“Digital Input”，Assigned to Device 设为“Board10”，Device Mapping 设为 2，其余参数采用默认值，如图 5-110 所示。

④ 在“配置 -I/O System”窗口中，右键点击“Signal”，新建工作站系统夹具输出信号，将 Name 设为“do_Grip”，Type of Signal 设为“Digital Output”，Assigned to Device 设为“Board10”，Device Mapping 设为 0，其余参数采用默认值，如图 5-111 所示。

提示

后续工作还需多次重启虚拟控制器，为避免繁琐操作，本任务在信号创建完成后再执行重启虚拟控制器的操作。

提示

为便于理解和使用，建议 I/O 信号名称与前面 Smart 组件中的信号名称对应起来；另外，同类型信号的地址 Device Mapping 不能重复。

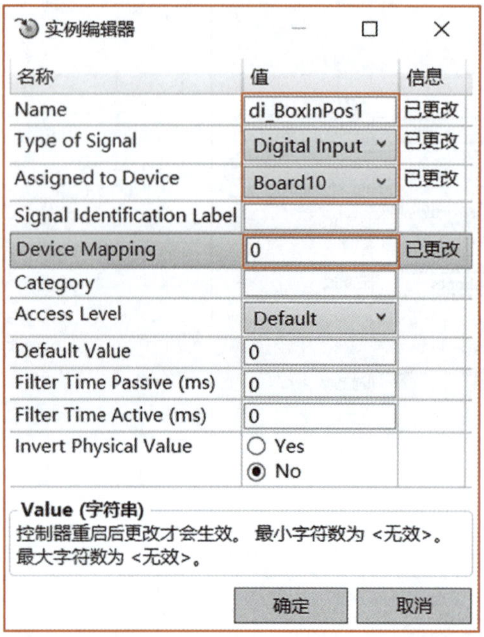

图 5-108 新建码垛－输送链 1 传感器输入信号 di_BoxInPos1

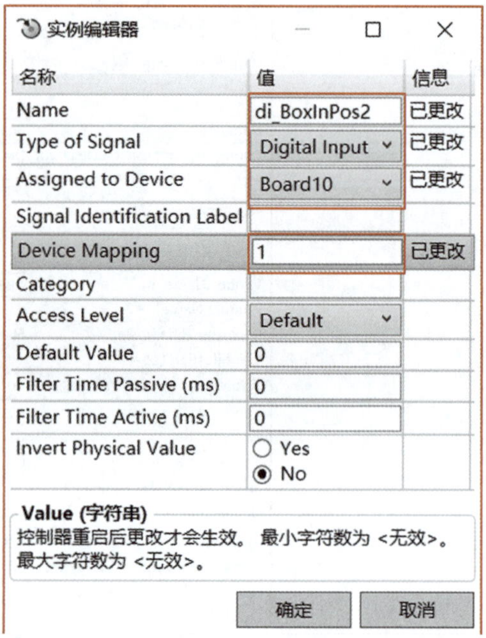

图 5-109 新建码垛－输送链 2 传感器输入信号 di_BoxInPos2

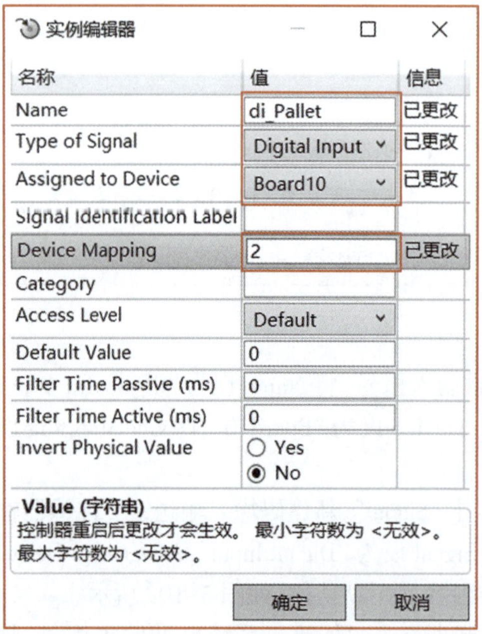

图 5-110 新建系统启动输入信号 di_Pallet

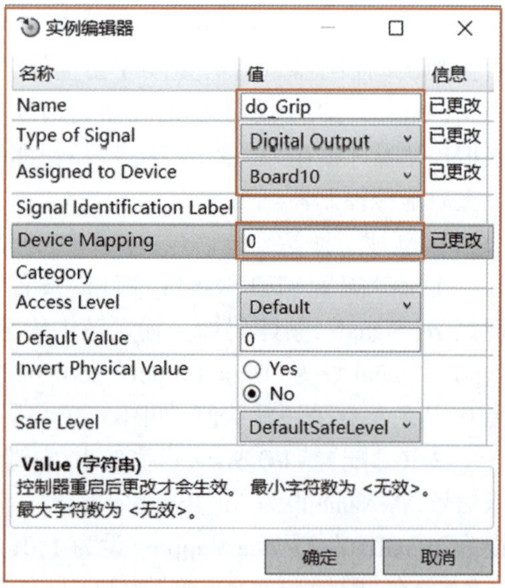

图 5-111 新建系统夹具输出信号 do_Grip

微课
工作站 I/O 信号配置

至此，工业机器人搬运码垛工作站共创建了 3 个系统输入信号 di_BoxInPos1、di_BoxInPos2、di_Pallet，1 个系统输出信号 do_Grip。

5.3.3 工具坐标系标定

1. 创建工具数据

搬运码垛工作站需要标定工业机器人所用夹爪的工具数据。在“基本”功能选项卡中点击“其他”，选择“创建工具数据”，如图 5–112 所示。

“创建工具数据”对话框中的工具坐标参数可以参照表 5–1 进行设置。

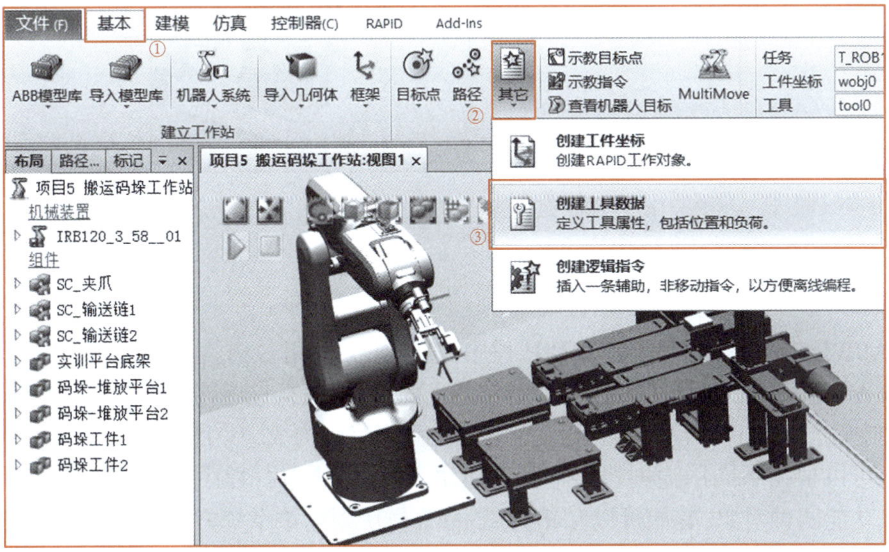

图 5–112 创建工具数据

表 5–1 工具坐标系 Grip 参数设置

Misc 数据		工具坐标框架	
名称	Grip	位置 X、Y、Z	0,0,135
机器人握住工具	True	旋转 RX、RY、RZ（四元数）	1,0,0,0
加载数据		**同步属性**	
重量	1	存储类型	TASK PERS
重心 X、Y、Z	0,0,1	任务	T_ROB1
惯性	0,0,0	模块名称	MainMoudle

2. 工具坐标系标定

工具坐标系 Grip 创建完成，如图 5–113 所示，夹爪末端的坐标系框架即为工具坐标系 Grip。

提示

① 在 RAPID 程序中需要使用工具坐标系 Grip，若无此坐标系将影响工业机器人正常搬运码垛。

② 工具坐标系 Grip 创建完成后，要执行“同步到 RAPID”命令才能使用。

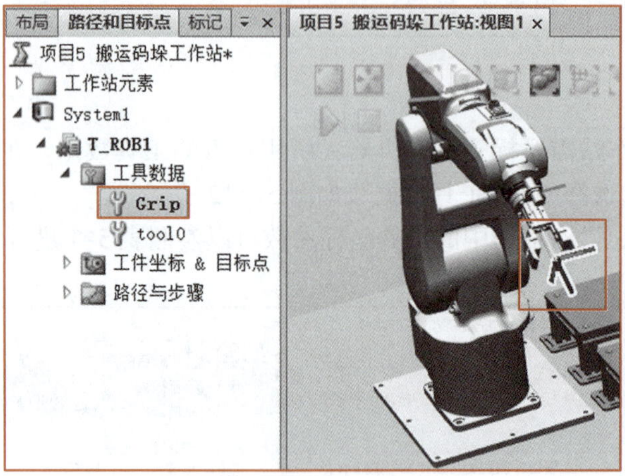

图 5-113 工具坐标系 Grip

5.3.4 编写工业机器人离线程序

ABB 机器人程序也称为 RAPID 程序，其形式类似用 C 语言等高级语言编写的程序。RAPID 程序中包含了一连串控制机器人的指令，执行这些指令可以实现对机器人的控制操作。RAPID 程序由若干程序模块、系统模块构成，其中程序模块一般由用户编写，可以根据不同用途创建多个程序模块，程序模块包含程序数据、例行程序、中断程序、功能四种对象，它们可以互相调用；系统模块则用于系统方面的控制。需要注意的是，RAPID 程序有且只有一个主程序 main，是 RAPID 程序执行的起点。RAPID 程序结构见表 5-2。

表 5-2 RAPID 程序结构

程序模块 1	程序模块 2	程序模块 3	系统模块
程序数据	程序数据	……	程序数据
主程序 main	例行程序	……	例行程序
例行程序	中断程序	……	中断程序
中断程序	功能	……	功能
功能		……	

ABB 机器人 RAPID 程序的主程序 main 一般都在 MainMoudle 程序模块中，因此首先创建该模块，然后再编写主程序及其他例行程序。编写 RAPID 程序可以通过 RAPID 程序编辑器进行，也可以使用虚拟示教器进行。实践证明，使用虚拟示教器编写程序效率高且不易出错，而且现场调试时也更多使用示教器编程。因此本任务中的程序均使用虚拟示教器进行编写。

1. 切换示教器工作语言

① 在“控制器”功能选项卡中，点击“示教器”，选择下拉菜单中的“虚拟示教器”命令，如图 5-114 所示。

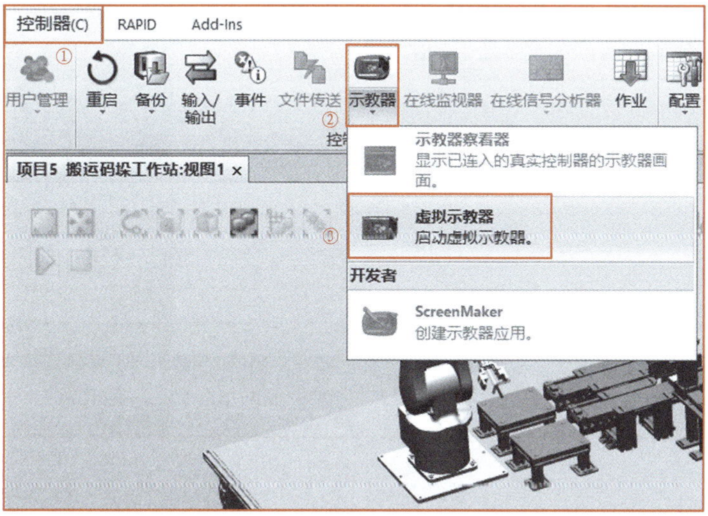

图 5-114　启动虚拟示教器

② 虚拟示教器启动后的界面如图 5-115 所示，一般情况下默认为英文，可根据需要切换成中文。

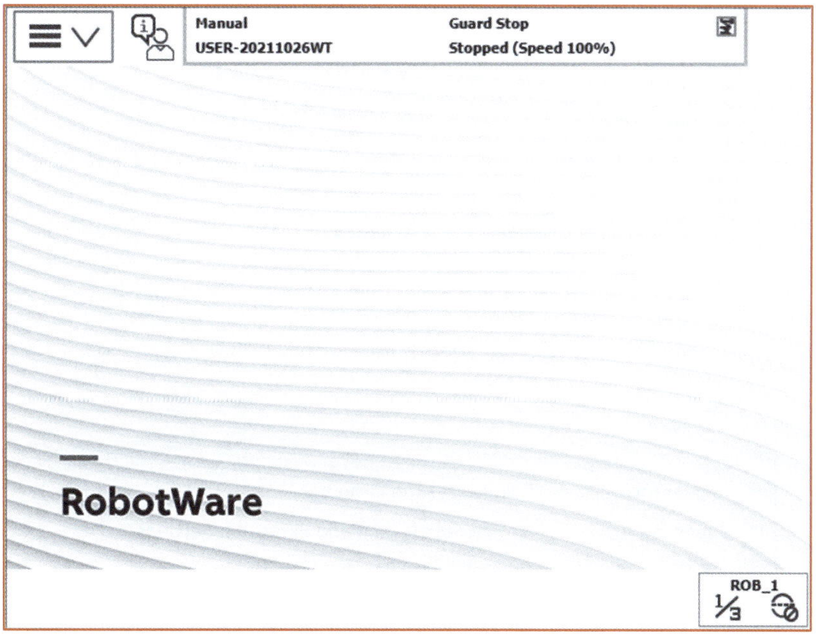

图 5-115　虚拟示教器启动后的界面

③ 从英文切换到中文的具体方法如下：单击虚拟示教器操作区的模式切换按钮，选择“手动”模式，如图 5-116 所示。

④ 单击默认界面左上角的图标，在弹出的新窗口中选择“Control Panel”，打开控制面板，如图 5-117 所示。

⑤ 在“Control Panel”窗口中，选择“Language”，如图 5-118 所示。

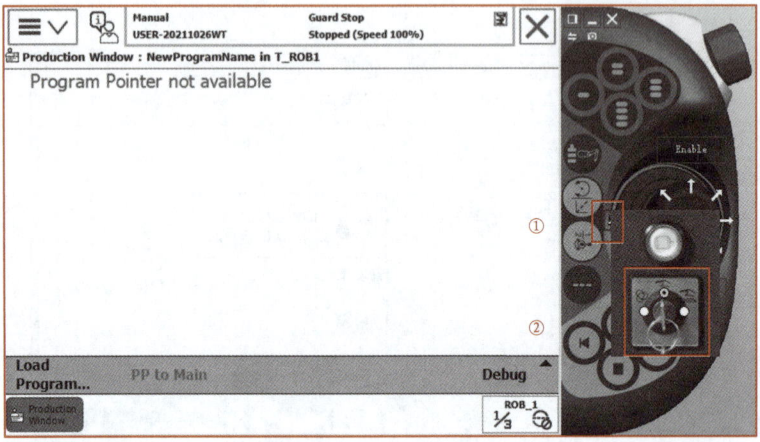

图 5-116 选择手动模式

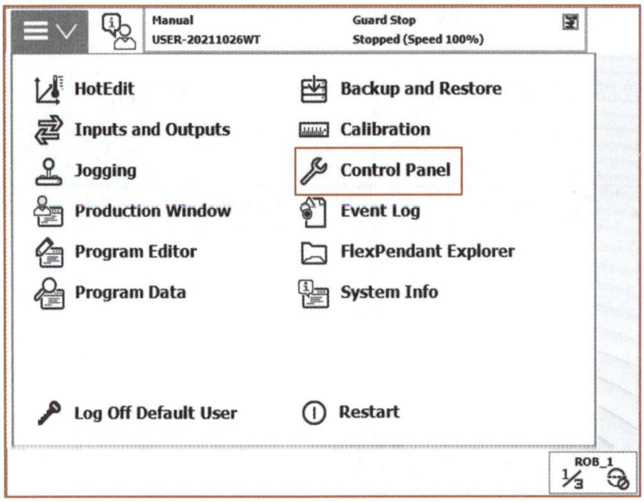

图 5-117 选择“Control Panel”

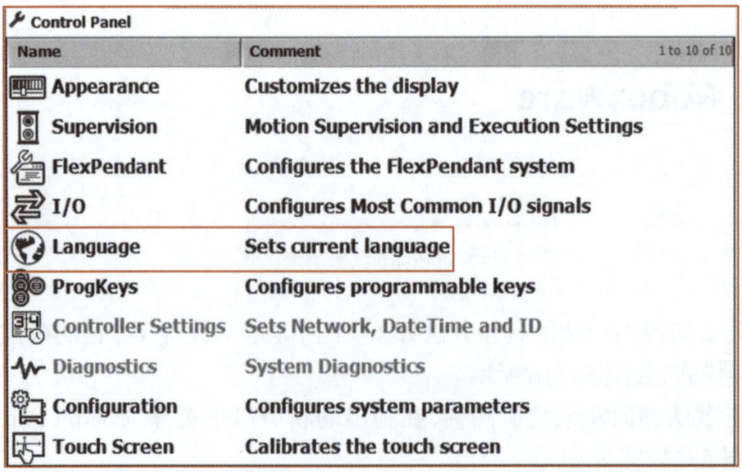

图 5-118 选择“Language”选项

⑥ 在新弹出的“Control Panel–Language”窗口中选择“Chinese”，然后点击“OK”按钮，如图 5–119 所示。

⑦ 点击“Restart FlexPendant”对话框中的“Yes”按钮，等待虚拟示教器重启后完成语言切换，如图 5–120 所示。

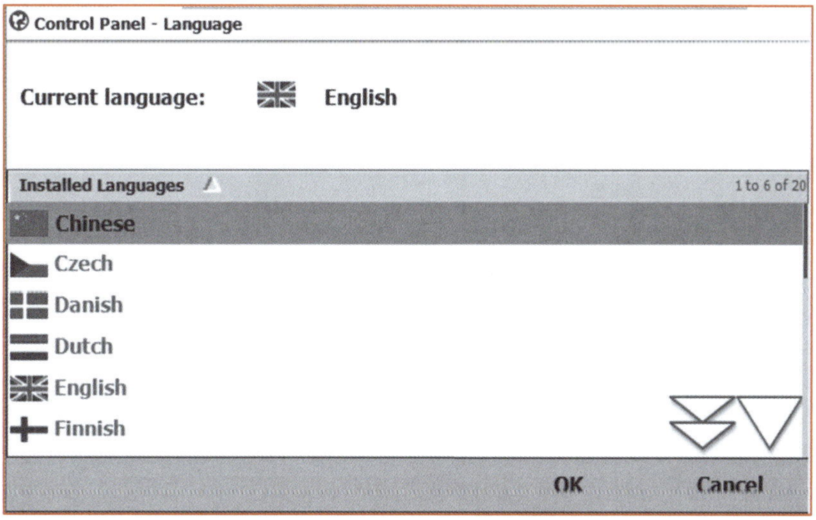

图 5–119　选择“Chinese”选项

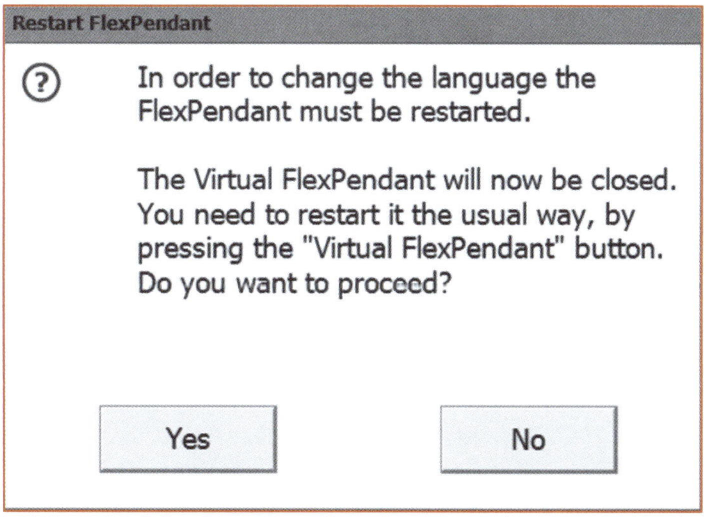

图 5–120　重启虚拟示教器

2. 编写工业机器人离线程序

(1) 创建 MainMoudle 程序模块

① 单击默认界面左上角的图标，在弹出的新窗口中选择“程序编辑器”，如图 5–121 所示。

② 打开“程序编辑器”，弹出“新建或加载程序”对话框。因工作站原本没有程序，

提示

① 示教器中文切换回英文或其他语言的过程与上述过程相同。
② 在示教器界面查找语言或程序等内容时，若在当前页没有找到，可以点击窗口右下角的黄色箭头翻页，双箭头翻一屏，单箭头翻一行。

微课

示教器工作语言切换

因此选择“新建”，进入程序编辑窗口。此时，MainMoudle程序模块及主程序Main框架自动创建完成，如图5-122所示。

提示

点击窗口中的“+”“-”按钮可以缩放窗口的显示内容，图5-122所示显示内容为缩小后的全部内容。

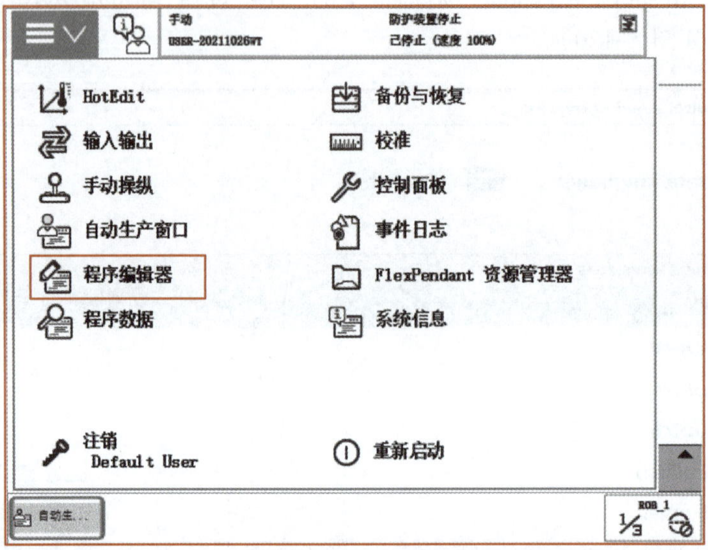

图5-121 选择“程序编辑器”

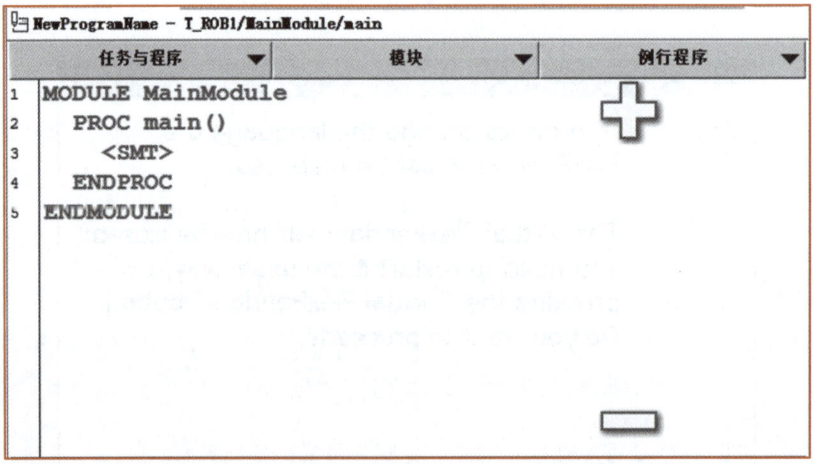

图5-122 程序编辑窗口

(2) 创建各例行程序

根据实际情况，可将工业机器人的工作任务细分为初始化、目标点示教、码垛预判、拾取放置等若干子任务，并将子任务转化为初始化rInitAll、目标点示教PalletTeach、码垛预判rPallet、输送链1拾取放置rPickPlace1、输送链2拾取放置rPickPlace2等例行程序。

① 点击程序编辑窗口中的“例行程序”，在“例行程序”窗口中点击左下角的“文件”，选择下拉菜单中的“新建例行程序”命令，如图5-123所示。

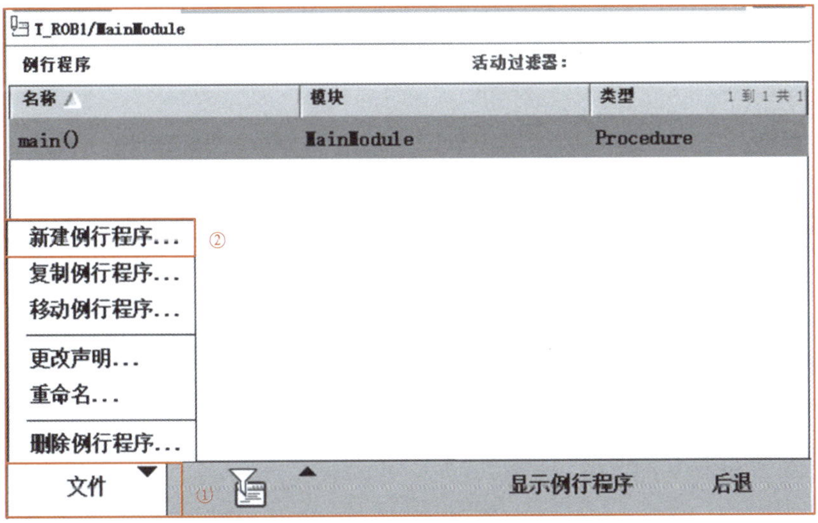

图 5-123　新建例行程序

② 在“新例行程序”窗口中设置程序名称为“rInitAll”，类型为“程序”，参数为“无”，其余参数采用默认值，如图 5-124 所示，然后点击“确定”按钮。

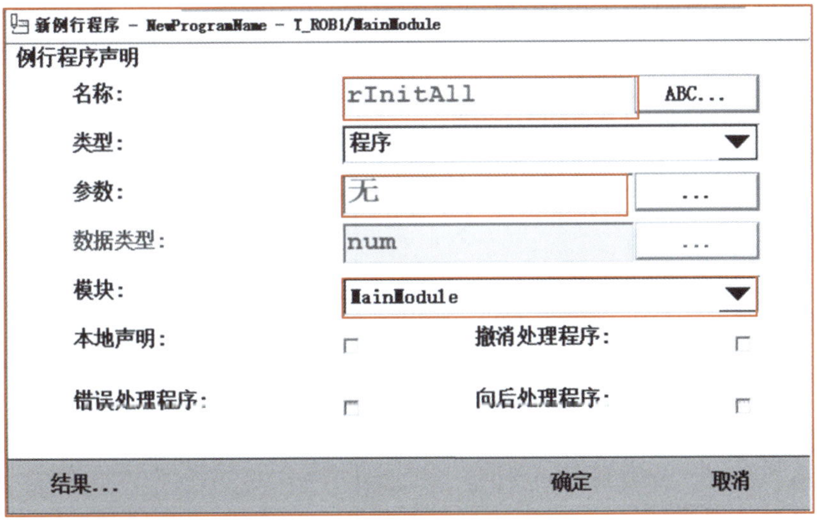

图 5-124　创建初始化例行程序 rInitAll

微课
创建机器人主程序 main 及例行程序

③ 重复上述过程，完成目标点示教 PalletTeach、码垛预判 rPallet、输送链 1 拾取放置 rPickPlace1、输送链 2 拾取放置 rPickPlace2 等例行程序的创建，如图 5-125 所示。

注意：

① 编写程序时工业机器人要切换到手动运行模式。

② 除主程序 main 外，其余各例行程序的名称可根据需要自行命名。

③ 为提高程序执行效率，RAPID 程序采用模块化结构编程，通常会根据工作站实际情况，将工业机器人的任务进行细分，不同编写者细分的情况不一定相同，因此程序也不尽相同。程序不存在好坏之分，只要能完成工作站任务就可以。

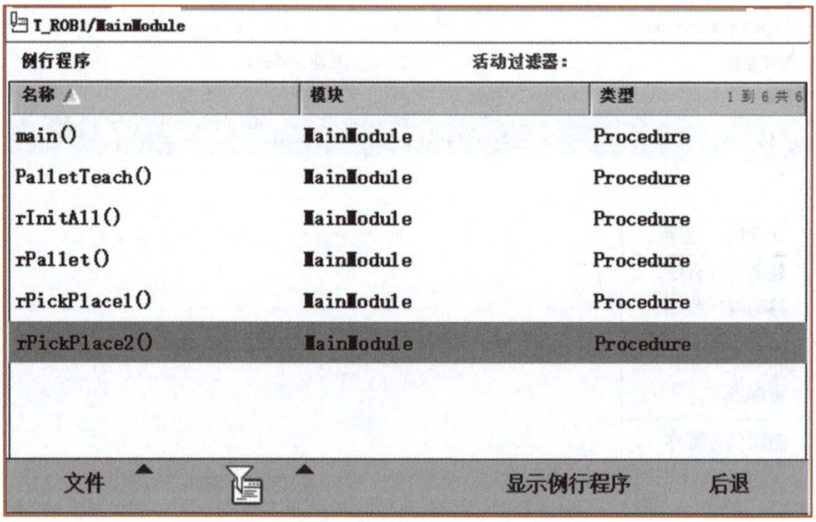

图 5-125 完成各例行程序的创建

(3) 编写程序

① 编写主程序 main。

a. 返回程序编辑窗口，点击窗口左下角的“添加指令”，选择主程序 main 中的“<SMT>”行，然后点击窗口右侧 Common 指令集中的“ProcCall”，如图 5-126 所示。

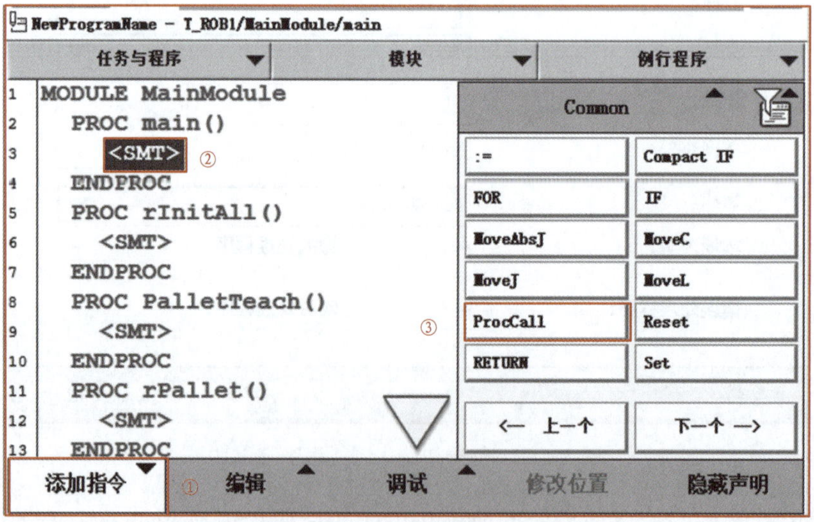

图 5-126 编写主程序

b. 在子程序调用窗口中选择“rInitAll”例行程序，然后点击“确定”按钮，如图 5-127 所示。

c. 在程序编辑窗口中点击右侧 Common 指令集中的“下一个”按钮，然后点击“WHILE”指令，如图 5-128 所示，在弹出的“添加指令”对话框中点击“下方”按钮。

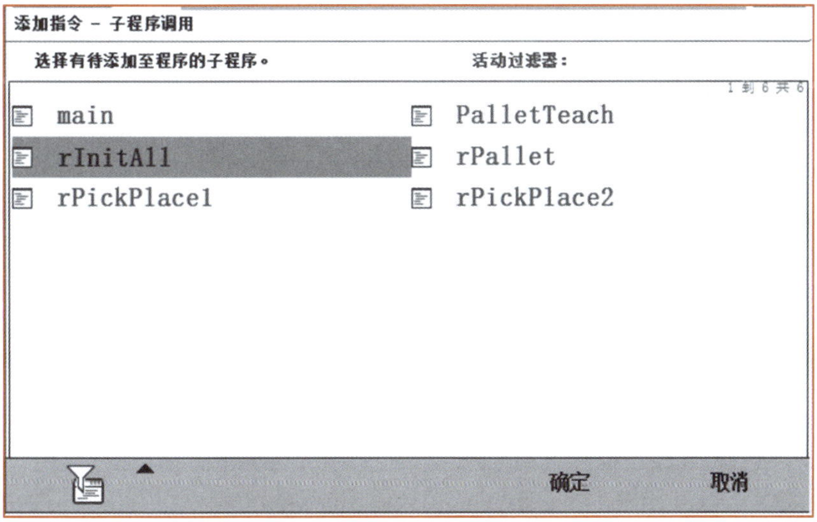

图 5-127　调用 rInitAll 子程序

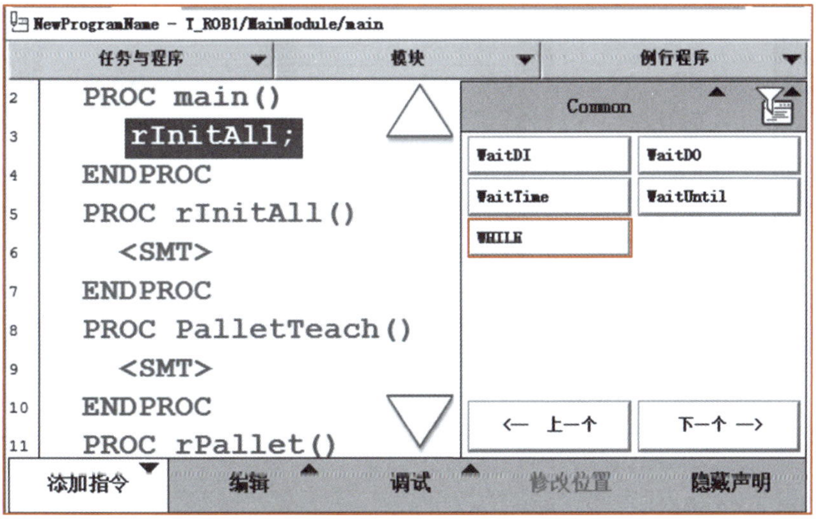

图 5-128　插入 WHILE 指令

d. 选中 WHILE 指令中的 <EXP> 并双击，在弹出的“插入表达式”窗口中，选择“TRUE”，然后点击“确定”按钮，如图 5-129 所示。

e. 选中 WHILE 指令中的 <SMT>，点击窗口右侧 Common 指令集中的“IF”，在弹出的“插入表达式”窗口中点击“新建”按钮，在弹出的“新数据声明”窗口中创建 bPallet 变量，然后点击“确定”按钮，如图 5-130 所示。

f. 选中 IF 指令中的 <SMT>，点击窗口右侧 Common 指令集中的“下一个”按钮，然后点击“WaitTime”指令，在弹出的“更改选择”窗口中点击最下方的“123...”按钮，输入数据 0.5，然后点击“确定”按钮，如图 5-131 所示。

至此，主程序 main 就创建完了，如图 5-132 所示。

提示

程序中所使用的 bPallet、Pallet_Count1、Pallet_Count2、Pallet_Full1、Pallet_Full2、PalletPos{4,2}、vMinSpeed、vMidSpeed、vMaxSpeed 等数据，可以提前创建，也可以在编程时创建。

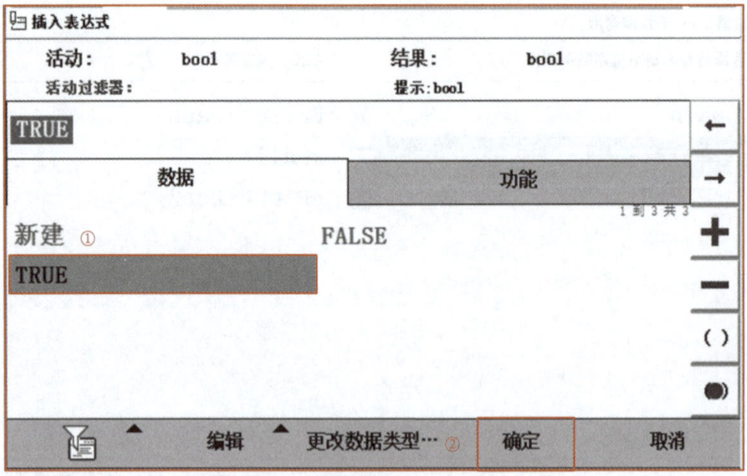

图 5-129 修改 WHILE 指令中的 EXP 表达式

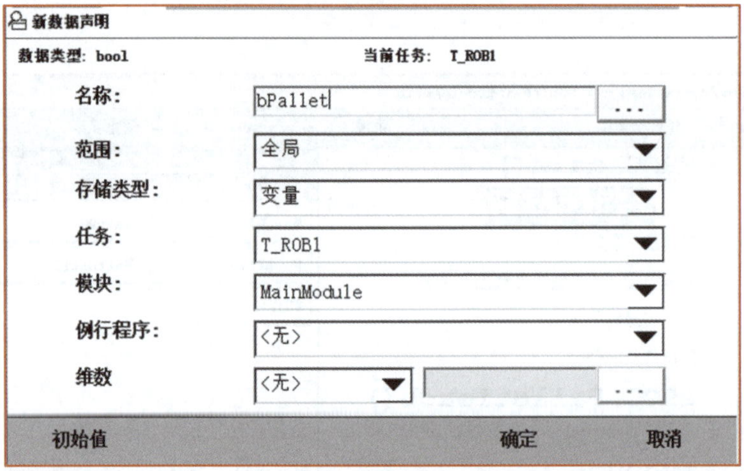

图 5-130 新建 bPallet 变量

微课

编写机器人主程序 main

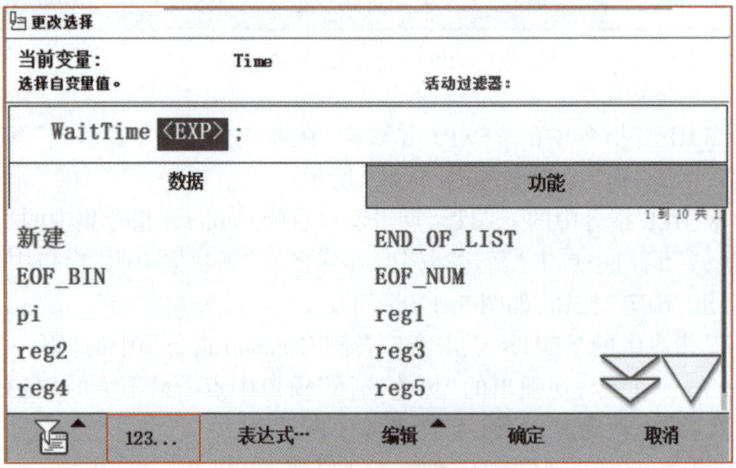

图 5-131 插入 WaitTime 指令

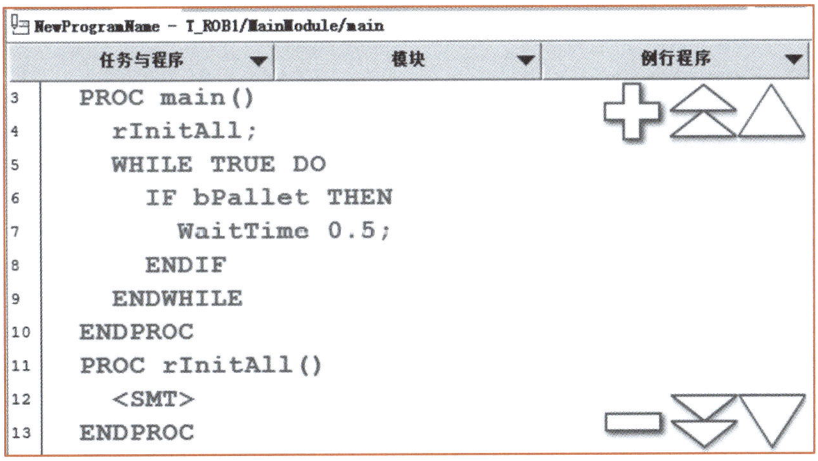

图 5-132 完整的主程序 main

② 编写其他例行程序

除主程序 main 外，还需要编写初始化 rInitAll、目标点示教 PalletTeach、码垛预判 rPallet、输送链 1 拾取放置 rPickPlace1、输送链 2 拾取放置 rPickPlace2 等例行程序。其他例行程序的编写方法与上述主程序 main 的编写方法相同，请扫码观看教材配套视频或自行编写。

微课 编写各例行程序

(4) 工作站完整程序

工作站完整程序如下：

```
  MODULE MainModule
  TASK PERS tooldata
Grip:=[TRUE,[[0,0,135],[1,0,0,0]],[1,[0,0,1],[1,0,0,0],0,0,0]];
  VAR bool bPallet:=FALSE;
  VAR num Pallet_Count1:=0;
  VAR num Pallet_Count2:=0;
  PERS robtarget
pHome:=[[56.89,421.32,445.16],[0.245504,-0.678782,0.668469,
0.179254],[0,-1,-1,0],[9E+09,9E+09,9E+09,9E+09,9E+09,9E+09]];
  PERS speeddata vMidSpeed:=[300,50,5000,1000];
  VAR bool Pallet_Full1:=FALSE;
  VAR bool Pallet_Full2:=FALSE;
  PERS robtarget
pPallet_Flyby:=[[56.01,432.26,168.23],[0.00206739,0.710589,
-0.703603,0.0011708],[0,0,-1,0],[9E+09,9E+09,9E+09,9E+09,9E
+09,9E+09]];
  PERS speeddata vMinSpeed:=[1000,300,5000,1000];
  PERS speeddata vMaxSpeed:=[1000,500,5000,1000];
```

```
  PERS robtarget
pPallet_Pick1:=[[-26.58,473.43,142.22],[0.00206749,0.710589,
-0.703603,0.00117088],[1,0,0,0],[9E+09,9E+09,9E+09,9E+09,9E+
09,9E+09]];
  PERS robtarget
pPallet_Place1:=[[-95.136060982,262.881293539,104.238839863],
[0.010268,-0.700436978,0.713632977,-0.00325299],[1,-1,0,0],
[9E+09,9E+09,9E+09,9E+09,9E+09,9E+09]];
  PERS robtarget
pPallet_Pick2:=[[152.65,473.61,148.72],[0.00206734,0.710589,
-0.703603,0.00117076],[0,-1,-1,0],[9E+09,9E+09,9E+09,9E+09,
9E+09,9E+09]];
  PERS robtarget
pPallet_Place2:=[[155.422452728,260.945855741,109.239887108],
[0.00206733,0.710589159,-0.703603157,0.00117078],[0,-1,-1,0],
[9E+09,9E+09,9E+09,9E+09,9E+09,9E+09]];
  PERS num PalletPos{4,2}:=[[0,0],[80,0],[0,80],[80,80]];
  PROC main()
     rInitAll;
     WHILE TRUE DO
        IF bPallet THEN
           rPallet;
           WaitTime 2;
        ENDIF
     ENDWHILE
  ENDPROC
  PROC rInitAll()
     VelSet 70,1000;
     AccSet 70,70;
     Reset do_Grip;
     bPallet:= TRUE;
     Pallet_Count1:= 1;
     Pallet_Count2:= 1;
     MoveJ pHome,vMidSpeed,fine,Grip\WObj:=wobj0;
  ENDPROC
  PROC PalletTeach()
     MoveJ pHome,vMinSpeed,fine,Grip\WObj:=wobj0;
     MoveJ pPallet_Flyby,vMinSpeed,fine,Grip\WObj:=wobj0;
```

```
    MoveJ pPallet_Pick1,vMinSpeed,fine,Grip\WObj:=wobj0;
    MoveJ pPallet_Pick2,vMinSpeed,fine,Grip\WObj:=wobj0;
    MoveJ pPallet_Place1,vMinSpeed,fine,Grip\WObj:=wobj0;
    MoveJ pPallet_Place2,vMinSpeed,fine,Grip\WObj:=wobj0;
  ENDPROC
  PROC rPallet()
    IF di_BoxInPos1 = 1 AND Pallet_Full1 = FALSE rPickPlace1;
    IF di_BoxInPos2 = 1 AND Pallet_Full2 = FALSE rPickPlace2;
    IF Pallet_Full1 = TRUE AND Pallet_Full2 = TRUE THEN
        bPallet:= FALSE;
        MoveJ pPallet_Flyby,vMidSpeed,z100,Grip\WObj:=wobj0;
        MoveJ pHome,vMidSpeed,fine,Grip\WObj:=wobj0;
    ENDIF
  ENDPROC
  PROC rPickPlace1()
    MoveJ Offs(pPallet_Pick1,0,0,100),vMidSpeed,z10,Grip\WObj:
    =wobj0;
    MoveL pPallet_Pick1,vMinSpeed,fine,Grip\WObj:=wobj0;
    Set do_Grip;
    WaitTime 3;
    MoveL Offs(pPallet_Pick1,0,0,100),vMinSpeed,z10,Grip\WObj:
    =wobj0;
    MoveJ
Offs(pPallet_Place1,PalletPos{Pallet_Count1,1},PalletPos
{Pallet_Count1,2},100),vMidSpeed,z10,Grip\WObj:=wobj0;
    MoveL
Offs(pPallet_Place1,PalletPos{Pallet_Count1,1},PalletPos
{Pallet_Count1,2},0),vMinSpeed,fine,Grip\WObj:=wobj0;
    Reset do_Grip;
    WaitTime 2;
    MoveL
Offs(pPallet_Place1,PalletPos{Pallet_Count1,1},PalletPos{Pallet_
Count1,2},100),vMinSpeed,z10,Grip\WObj:=wobj0;
    MoveJ Offs(pPallet_Pick1,0,0,100),vMidSpeed,z10,Grip\WObj:
    =wobj0;
    Incr Pallet_Count1;
    IF Pallet_Count1 > 4 Pallet_Full1:= TRUE;
  ENDPROC
```

```
PROC rPickPlace2()
    MoveJ Offs(pPallet_Pick2,0,0,100),vMidSpeed,z10,Grip\WObj:
    =wobj0;
    MoveL pPallet_Pick2,vMinSpeed,fine,Grip\WObj:=wobj0;
    Set do_Grip;
    WaitTime 3;
    MoveL Offs(pPallet_Pick2,0,0,100),vMinSpeed,z10,Grip\WObj:
    =wobj0;
    MoveJ
Offs(pPallet_Place2,PalletPos{Pallet_Count2,1},PalletPos
{Pallet_Count2,2},100),vMidSpeed,z10,Grip\WObj:=wobj0;
    MoveL
Offs(pPallet_Place2,PalletPos{Pallet_Count2,1},PalletPos
{Pallet_Count2,2},0),vMinSpeed,fine,Grip\WObj:=wobj0;
    Reset do_Grip;
    WaitTime 2;
    MoveL
Offs(pPallet_Place2,PalletPos{Pallet_Count2,1},PalletPos
{Pallet_Count2,2},100),vMinSpeed,z10,Grip\WObj:=wobj0;
    MoveJ Offs(pPallet_Pick2,0,0,100),vMidSpeed,z10,Grip\WObj:
    =wobj0;
    Incr Pallet_Count2;
    IF Pallet_Count2 > 4 Pallet_Full2:= TRUE;
ENDPROC
ENDMODULE
```

5.3.5 示教工作站目标点

1. 示教工作站目标点

本任务需要示教工业机器人安全点 pHome，搬运过渡点 pPallet_Flyby，输送链 1、2 上拾取工件的点 pPallet_Pick1、pPallet_Pick2，码垛堆放平台 1、2 上放置工件的基准点 pPallet_Place1、pPallet_Place2 等目标点。示教目标点前，在手动操作模式中将工具坐标设为 Grip、工件坐标设为 Wobj0。

(1) 示教安全点 pHome

① 在“基本”功能选项卡中，选择手动线性、手动关节、机械装置手动线性、机械装置手动关节等运动方式，将工业机器人运动到合适的安全位置，如图 5-133 所示。

② 打开虚拟示教器，进入程序编辑窗口，打开目标点示教例行程序 PalletTeach，选择程序中的“pHome”，点击“修改位置”按钮，如图 5-134 所示，然后点击弹出的“确认修改位置”对话框中的“确认”按钮，完成安全点 pHome 的示教。

提示

若在步骤②中点击“修改位置”按钮，弹出“修改位置错误”对话框，则应根据错误提示，在手动操作模式中将工具坐标切换为 Grip。

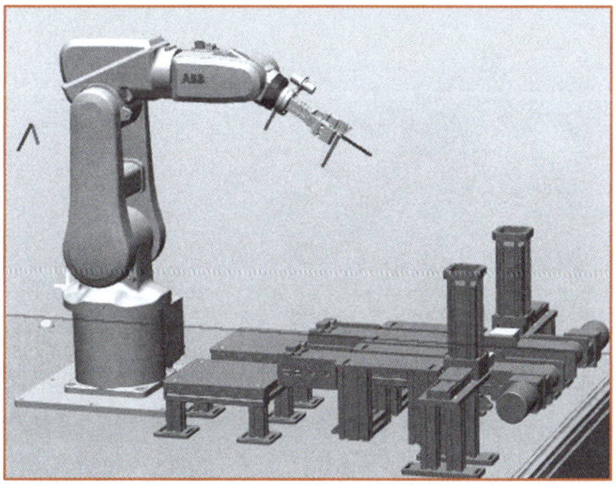

图 5-133　设置工业机器人安全点 pHome

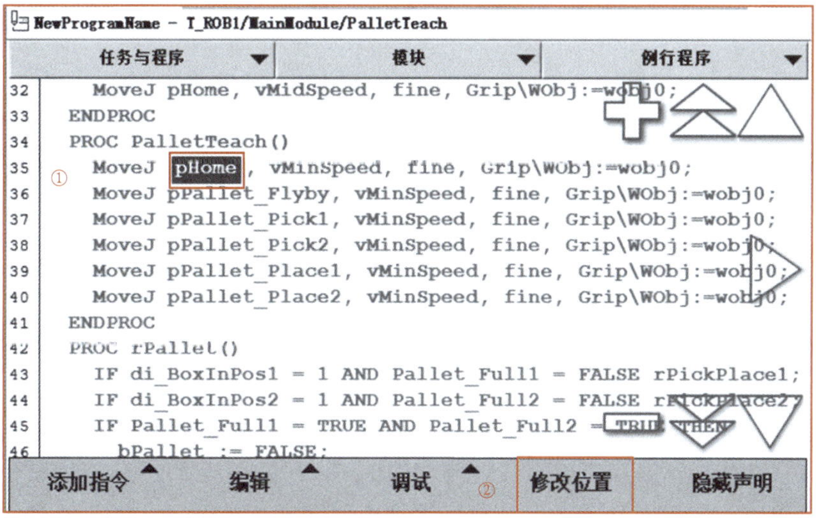

图 5-134　在 PalletTeach 例行程序中修改 pHome

微课

示教安全点 pHome

(2) 示教搬运过渡点 pPallet_Flyby

① 在“基本”功能选项卡中，选择手动线性、手动关节、机械装置手动线性、机械装置手动关节等运动方式，将工业机器人运动到合适的位置（如输送链 1、2 末端中间上方 300~500 mm 处），如图 5-135 所示。

② 在程序编辑窗口中，打开目标点示教例行程序 PalletTeach，选择程序中的“pPallet_Flyby”，点击“修改位置”按钮，如图 5-136 所示，然后点击弹出的“确认修改位置”对话框中的“确认”按钮，完成搬运过渡点 pPallet_Flyby 的示教。

(3) 示教拾取工件的点 pPallet_Pick1、pPallet_Pick2

① 为便于示教输送链 1 末端上拾取工件的点 pPallet_Pick1，导入示教工件 1，然后将其沿 Y 轴负方向平移 332 mm（确保其能正常触发输送链 1 上面的传感器 PlaneSensor）。

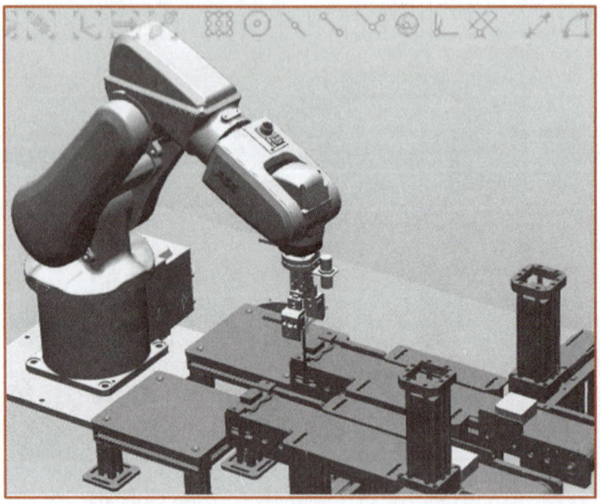

图 5-135 设置工业机器人搬运过渡点 pPallet_Flyby

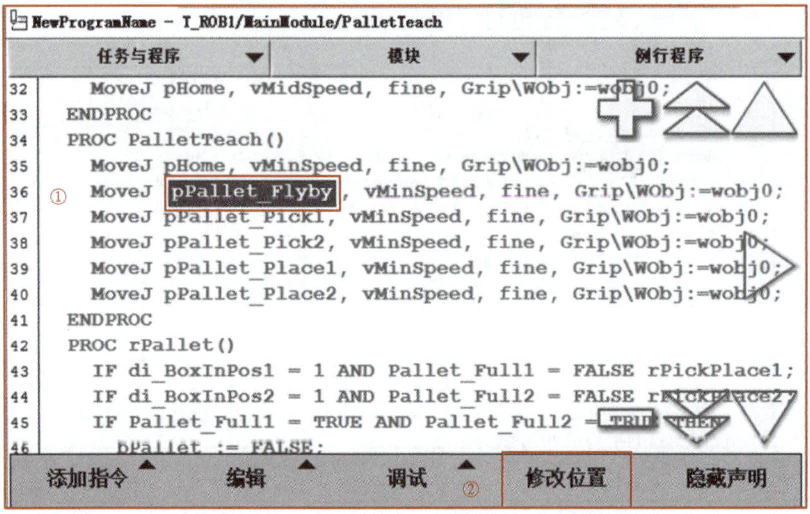

图 5-136 在 PalletTeach 例行程序中修改 pPallet_Flyby

微课
示教搬运过渡点 pPallet_Flyby

② 在“基本”功能选项卡中，选择手动线性、手动关节、机械装置手动线性、机械装置手动关节等运动方式，将工业机器人运动到输送链 1 末端上方合适的位置，确保夹爪工作时既能准确拾取工件，又不会与其他部件发生干涉，如图 5-137 所示。

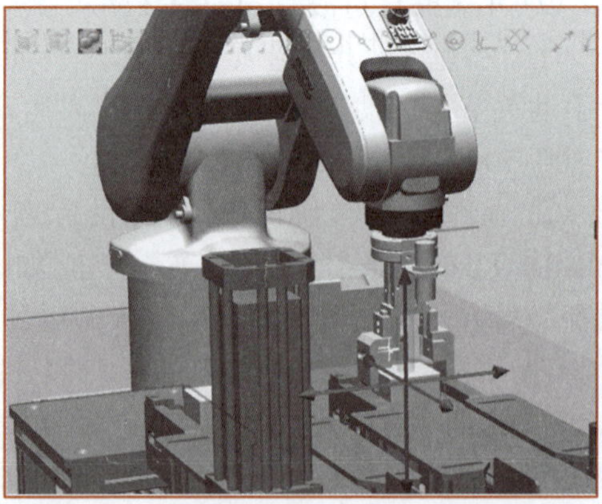

图 5-137 设置工业机器人拾取工件的点 pPallet_Pick1

③ 在程序编辑窗口中，打开目标点示教例行程序 PalletTeach，选择程序中的“pPallet_Pick1”，点击“修改位置”按钮，如图 5-138 所示，然后点击弹出的“确认修改位置”对话框中的“确认”按钮，完成

拾取工件点 pPallet_Pick1 的示教。

④ 重复上述步骤完成拾取工件点 pPallet_Pick2 的示教。

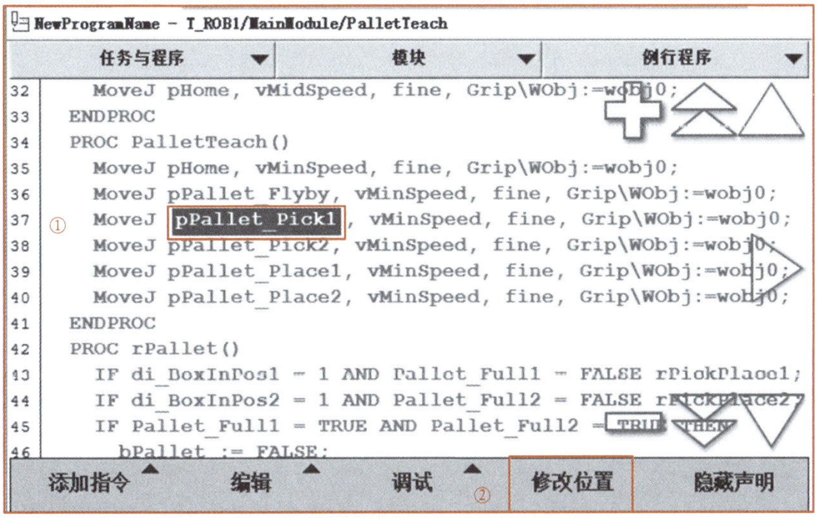

图 5-138　在 PalletTeach 例行程序中修改 pPallet_Pick1

(4) 示教放置工件基准点 pPallet_Place1、pPallet_Place2

① 为便于示教码垛堆放平台 1 放置工件基准点 pPallet_Place1，打开 SC_夹爪（使 di_Grip=1）拾取示教工件 1，然后以手动线性方式将工业机器人移动到码垛堆放平台 1 上合适的位置，如图 5-139 所示。

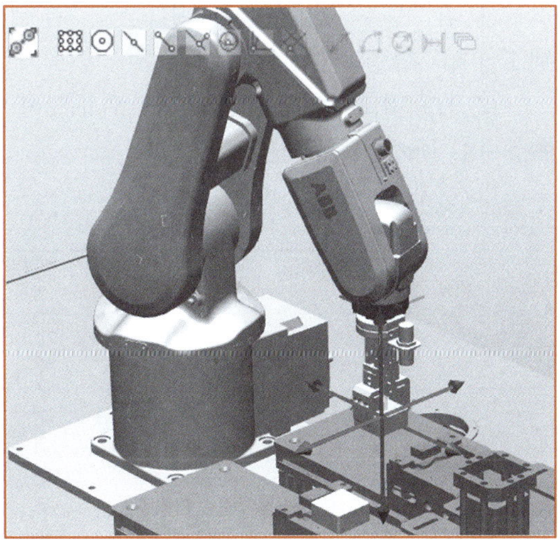

图 5-139　设置工业机器人放置工件基准点 pPallet_Place1

② 在程序编辑窗口中，打开目标点示教例行程序 PalletTeach，选择程序中的“pPallet_Place1”，点击“修改位置”按钮，如图 5-140 所示，然后点击弹出的“确认修改位置”对话框中的“确认”按钮，完成放置工件基准点 pPallet_Place1 的示教。

③ 重复上述步骤，完成放置工件基准点 pPallet_Place2 的示教。示教完成后删除示教工件 1、示教工件 2 即可。

注意：

① 为便于示教放置工件基准点，防止工件嵌入码垛堆放平台，可以创建碰撞检测对象，监测示教工件与平台之间的距离是否合适。

提示

使用手动线性模式将工业机器人拖动到输送链 2 末端，适当精细调整位置即可进行示教。

微课

示教拾取工件点

微课

示教放置工件基准点

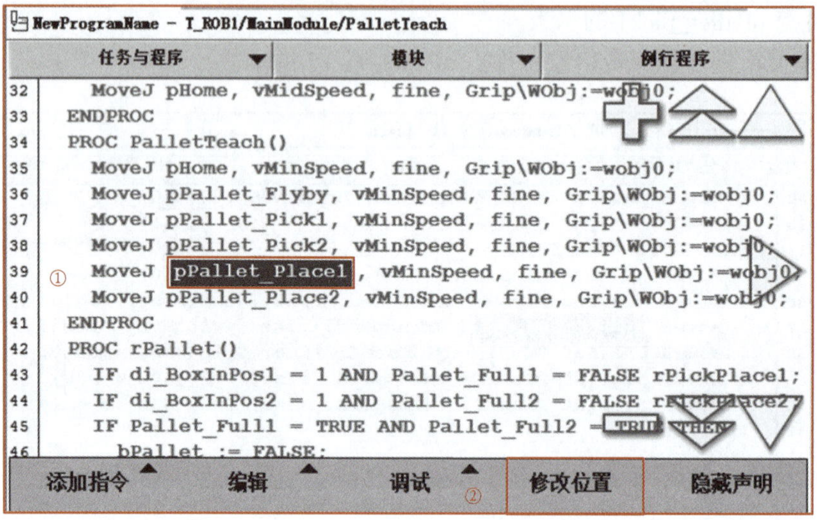

图 5-140 在 PalletTeach 例行程序中修改 pPallet_Place1

② 若示教的目标点不合适，导致工件嵌入桌面或离桌面较远，不需要删除已示教的目标点，可以在“路径和目标点”栏中找到目标点，然后通过偏移的方式修改，调整到合适的位置。

2. 同步 RAPID 程序到工作站

微课 同步 RAPID 程序到工作站

① 在“基本”功能选项卡中，点击“控制器”中的“同步”，在下拉菜单中选择“同步到工作站”命令。

② 在弹出的“同步到工作站”对话框中，勾选全部内容，然后点击“确定”按钮，如图 5-141 所示，等待同步完成。

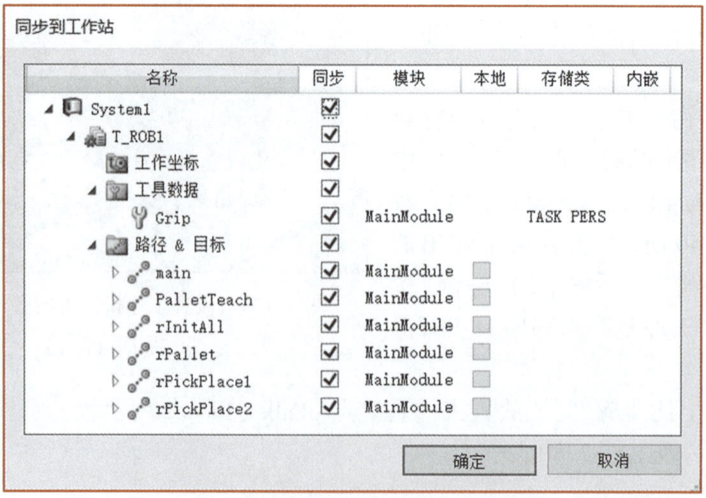

图 5-141 同步 RAPID 程序到工作站

任务 4 工作站运行调试

任务分析

因为工作站没有逻辑信号，所以工业机器人搬运码垛工作站离线程序编辑完成后，还不能进行仿真运行。本任务将创建工作站逻辑，并进行仿真运行调试。

任务实施

5.4.1 创建工作站逻辑

① 在“仿真”功能选项卡中，点击“工作站逻辑”，选择“工作站逻辑”窗口中的“信号和连接”选项，然后点击“添加 I/O Siganls”，如图 5-142 所示。

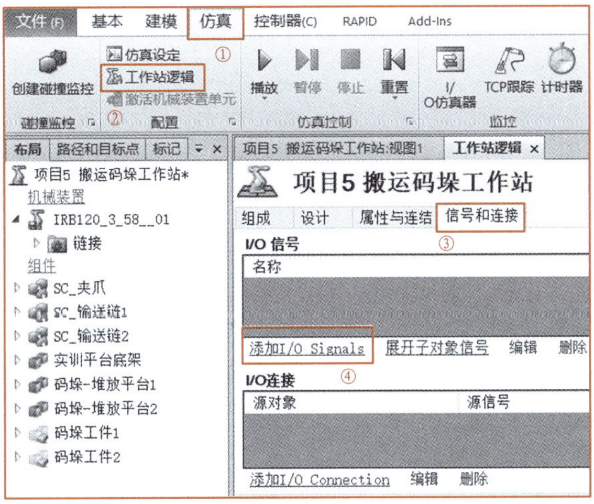

图 5-142 创建工作站逻辑

② 在“添加 I/O Signals”对话框中，将信号类型设为“DigitalInput”，信号名称设为“Palletizing”，其余采用默认值，如图 5-143 所示，然后点击“确定”按钮。

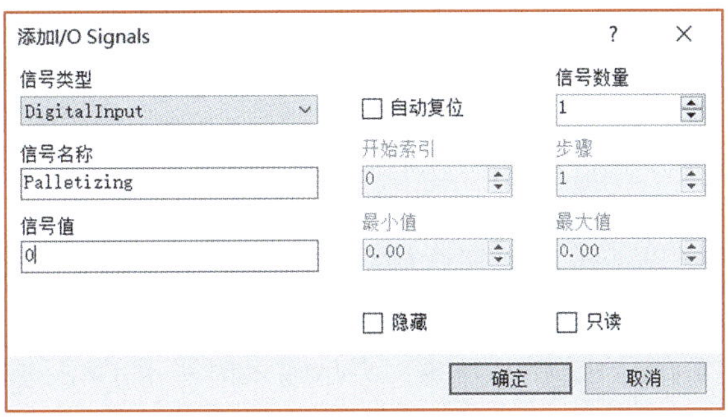

图 5-143 创建工作站启动信号 Palletizing

③ 点击“信号和连接”选项下方的“添加 I/O Connection”，在弹出的“添加 I/O Connection”对话框中，创建工作站与 SC_ 输送链 1 的 I/O Connection，如图 5-144 所示。

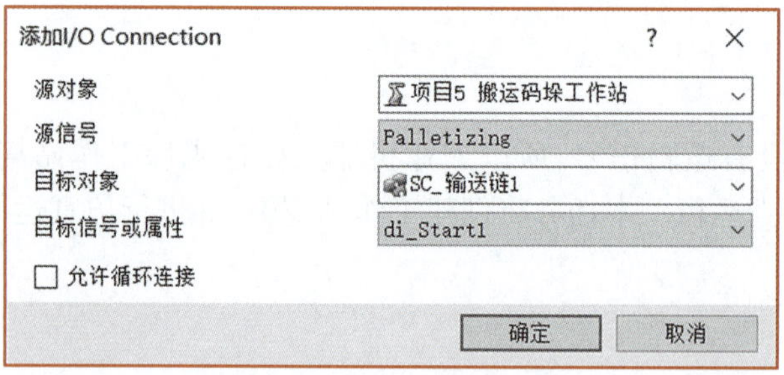

图 5-144 创建工作站与 SC_ 输送链 1 的 I/O Connection

④ 创建工作站与 SC_ 输送链 2 的 I/O Connection，如图 5-145 所示。

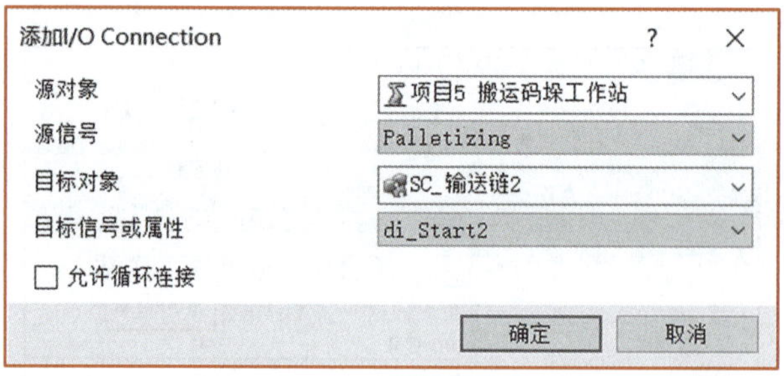

图 5-145 创建工作站与 SC_ 输送链 2 的 I/O Connection

⑤ 创建工作站与系统启动信号 di_Pallet 的 I/O Connection，如图 5-146 所示。

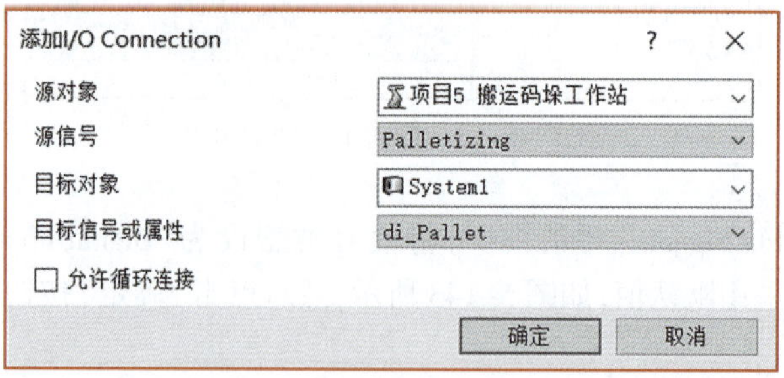

图 5-146 创建工作站与系统启动信号 di_Pallet 的 I/O Connection

⑥ 创建 SC_ 输送链 1 传感器到位信号 do_BoxInPos1 与系统传感器输入信号 di_BoxInPos1 的 I/O Connection，如图 5-147 所示。

⑦ 创建 SC_ 输送链 2 传感器到位信号 do_BoxInPos2 与系统传感器输入信号 di_BoxInPos2 的 I/O Connection，如图 5-148 所示。

⑧ 创建系统夹爪信号 do_Grip 与 SC_ 夹爪输入信号 di_Grip 的 I/O Connection，如图 5-149 所示。

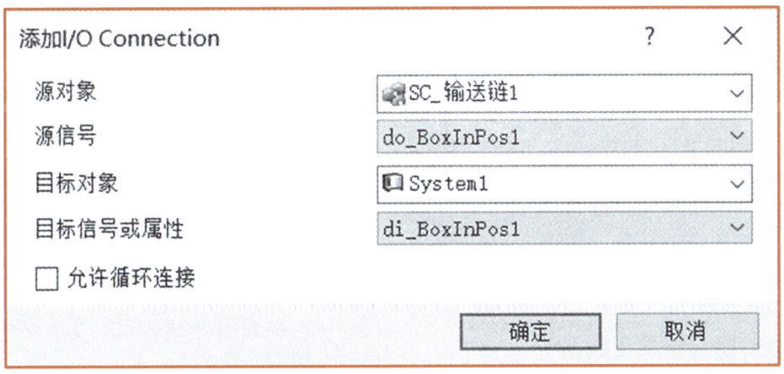

图 5-147 创建 SC_输送链 1 与系统传感器输入信号的 I/O Connection

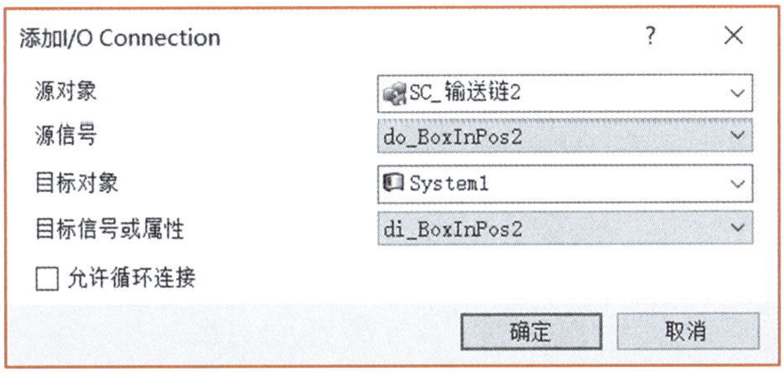

图 5-148 创建 SC_输送链 2 与系统传感器输入信号的 I/O Connection

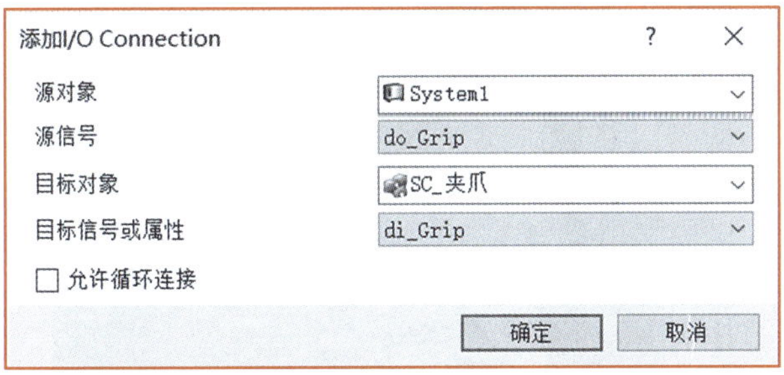

图 5-149 创建系统与 SC_夹爪的 I/O Connection

微课

创建工作站逻辑

5.4.2 工作站运行调试

1. 设置仿真对象

在“仿真”功能选项卡中，点击“仿真设定”，然后在“仿真设定”窗口中勾选所有的 Smart 组件、控制器选项，如图 5-150 所示，完成系统仿真对象的设置。

2. 仿真运行

在“仿真”功能选项卡中，点击“I/O 仿真器”，将“选择系统”设为“工作站信号”。点击“输入”列表中的工作站启动信号 Palletizing，输送链 1、输送链 2 同时启动，工作站仿真运行开始，如图 5-151 所示。

若要启动其中一条输送链，可将“选择系统”设为相应的输送链，然后点击相应的启动信号即可。

提示

运行模式可以选择单个周期，也可以选择连续模式。若选择连续模式，则需清除工作站码垛堆放平台上已放置的工件，否则会重复放置。不建议将本任务的仿真运行模式设为连续模式。

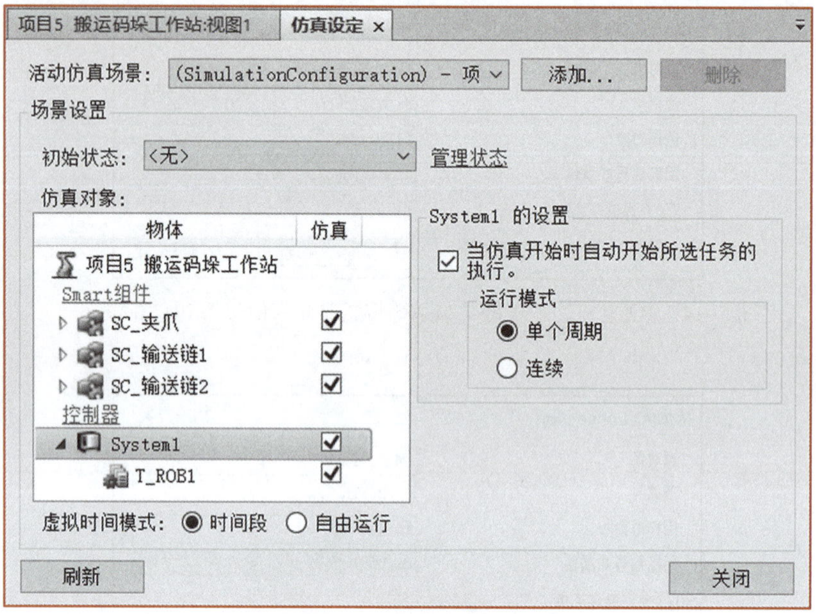

图 5-150 设置系统仿真对象

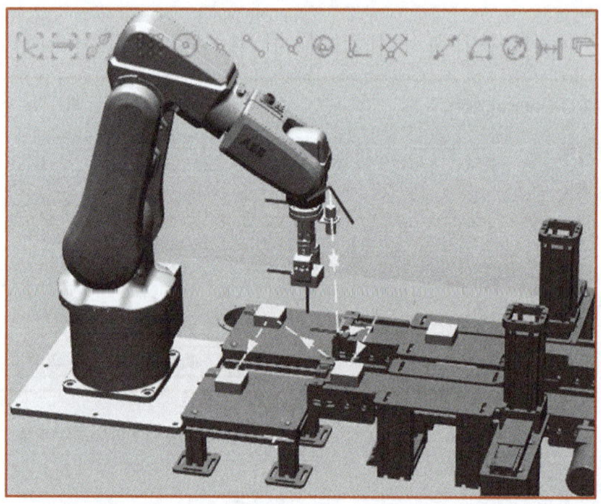

图 5-151 搬运码垛工作站仿真运行中

微课

搬运码垛工作站整体仿真运行调试

总 结

本项目以双输送链产品码垛为例,创建了工业机器人搬运码垛工作站。通过搬运码垛工作站的创建与调试,展示了工作站 I/O 配置、程序数据创建、目标点示教、程序编写及调试等重要内容,有助于读者自行创建各类机器人工作站。

延伸阅读

由“世界工厂”迈向“智造强国”

习　题

一、填空题

1. 创建搬运码垛工作站时，需根据工作站的要求创建相应的机械装置，常见的机械装置类型有工业机器人、________、________、________等。

2. 创建机械装置时，可以根据需要创建多个链接，但必须有一个链接被设置为________链接。

3. RobotStudio 6.08 中机械装置的关节命名一般由________和________组成。

4. RobotStudio 6.08 中创建机械装置时的关节限制类型主要有______和______。

5. RobotStudio 6.08 中创建机械装置的姿态时，根据工作站需要可以将创建的其中一个姿态设置为________姿态。

6. ________的功能是在 RobotStudio 中实现动画效果。

7. 搬运码垛工作站中 Smart 夹爪的动态效果包括：在输送链末端________、在放置位置________、自动置位复位真空反馈信号。

8. Smart 组件的动作子对象组件主要有________、________、________、________、Show、Hide、SetParent。

9. 创建夹爪 Smart 组件时，若夹爪释放工件后需保持工件的位置不变，可以勾选相应的________参数。

10. 创建工作站时，为避免不相关的部件触发传感器，导致工作站不能正常运行，通常可将工作站设置为________。

二、判断题

(　　)1. 解包“* 工作站 .rspag”压缩包时，可以根据工作站选择相应的 RobotWare 进行解压。

(　　)2. 解包“* 工作站 .rspag”压缩包时，目标文件夹的路径中不能有中文字符，否则会报错，无法完成解压。

(　　)3. 解包“* 工作站 .rspag”压缩包时，低版本的工作站可以在高版本软件中完成解压，并正常使用。

(　　)4. “* 工作站 .rspag”压缩包解压完成后，工作站系统参数配置与打包前一致，不用进行二次设置。

(　　)5. 创建机械装置时，可以根据需要创建多个链接，至少要有一个链接被设置为基础链接。

(　　)6. RobotStudio 6.08 中机械装置的关节类型主要有旋转型和回转型。

(　　)7. 创建夹爪 Smart 组件时，可以设置 Transition 参数，实现夹爪释放产品后，产品的位置保持不变。

(　　)8. 工作站中不同的部件均可被同一传感器检测到，不会对工作站的运行带来影响。

(　　)9. Smart 组件的信号和属性子对象组件中，LogicGate 只有 AND 和 NOT 两个操作数。

(　　)10. Smart 组件的属性与连结中的源对象、源属性与目标对象、目标属性要一一对应。

三、选择题

1. 工作站中的目标点示教完成,需进行(　　)的同步操作(多选题)。

A. Smart 组件　B. 机器人系统　C. 工作站　D. RAPID

2. 创建夹爪 Smart 组件时,若夹爪释放工件后需保持工件的位置不变,可以勾选动作 Detacher 中的(　　)参数。

A. Transition　B. KeepPosition　C. Active　D. SensorOut

3. 在实际的工业机器人工作站中,机器人路径中的(　　)根据需要可以设置在机械原点处。

A. 原始点　B. 路径起始接近点

C. 路径结束离开点　D. 安全点

4. Smart 组件的信号和属性子对象组件中,LogicGate 的操作数有(　　)(多选题)。

A. AND、OR　B. XOR　C. NOT　D. NOP

5. RobotStudio 6.08 中信号类型主要有(　　)等类型(多选题)。

A. DigitalInput、DigitalOutput

B. AnalogInput、AnalogOutput

C. DigitalgGroupInput、DigitalGroupOutput

D. Input、Output

6. RAPID 程序中的用户程序必须包含(　　)模块(多选题)。

A. MAIN　B. MainMoudle　C. BASE　D. user

7. 搬运码垛工作站 RAPID 程序中新建了 VAR bool Pallet_Full2 变量,其初值可以赋值为(　　)(多选题)。

A. FALSE　B. TRUE　C. 1　D. 0

8. RAPID 程序中的程序数据有(　　)类型(多选题)。

A. FALSE　B. PERS　C. VAR　D. CONT

9. 搬运码垛工作站 RAPID 程序中有一组数据需定义为可变量型四行两列二维数组,以下表达方式正确的是(　　)。

A. CONT num PalletPos{4,2}　B. VAR num PalletPos{4,2}

C. PERS num PalletPos{2,4}　D. PERS num PalletPos{4,2}

10. 项目 5 的搬运码垛工作站 RAPID 程序中,若 Pallet_Count1=1,那么 Incr Pallet_Count1 指令执行结束后,Pallet_Count1 的结果为(　　)。

A. 1　B. 2　C. 3　D. 4

11. 项目 5 的搬运码垛工作站 RAPID 程序中,若 Pallet_Count1=1,那么程序执行结束后,Pallet_Count1 的结果为(　　)。

A. 2　B. 3　C. 4　D. 5

12. ABB 机器人 RAPID 程序有且仅有(　　)个 main 程序。

A. 1　B. 2　C. 3　D. 4

13. ABB 机器人 RAPID 程序模块包含(　　)等模块,它们可以互相调用(多选题)。

A. 程序数据　　B. 例行程序　　C. 中断程序　　D. 功能

14. ABB 机器人 RAPID 程序可以有很多个模块，(　　)不是必须有的。

A. main 模块　　B. BASE 模块

C. MainMoudle 模块　　D. user 模块

15. ABB 机器人 RAPID 程序 MoveJ pPallet_Pick2,vMinSpeed,fine,Grip\WObj:=wobj0 中,机器人转弯半径数据是(　　)。

A. z0　　B. fine　　C. z1　　D. line

16. ABB 机器人 RAPID 程序 MoveJ Offs(pPallet_Pick1,0,0,100),vMidSpeed,z10,Grip\WObj:=wobj0 中使用了偏移指令,其偏移基准点是______,偏移方向是______,偏移距离是______。(　　)

A. pPallet_Pick1、X、0　　B. pPallet_Pick1、Y、0

C. pPallet_Pick1、Z、0　　D. pPallet_Pick1、Z、100

17. ABB 机器人 RAPID 程序中与运动相关的指令主要有(　　)等类型(多选题)。

A. MoveAbsJ　　B. MoveL　　C. MoveJ　　D. MoveC

18. ABB 机器人 RAPID 程序中调用例行程序的指令是(　　)。

A. WHILE　　B. FOR　　C. ProcCall　　D. IF

19. ABB 机器人 RAPID 程序中打开有效载荷的指令是(　　)。

A. Load　　B. GripLoad　　C. ProLoad　　D. IfLoad

20. ABB 机器人 RAPID 程序中变量自动加 1 的指令是(　　)。

A. Add　　B. Clear　　C. Decr　　D. Incr

四、设计题

1. 根据给定的产品 ProductSource(ProductTeach)模型,吸盘工具 tGripper 库文件,左右垛板 PalletL、PalletR 库文件,产品输送链 InFeeder,机器人底座 RobotFoot 模型,自行创建图 5-152 所示的双边搬运码垛工作站,编写完整的程序,进行仿真调试并录制仿真视图(机器人型号为 IRB 460)。

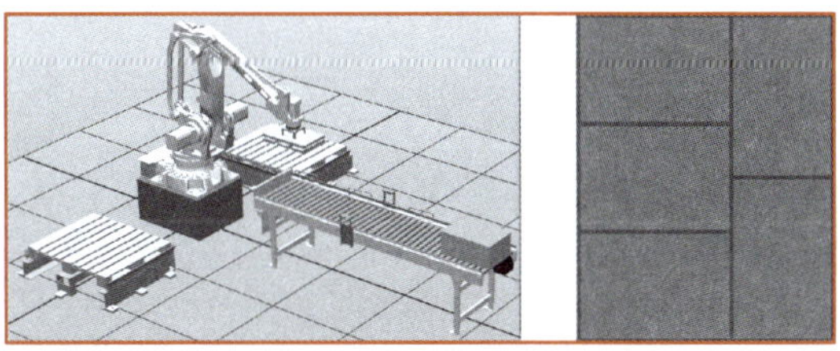

图 5-152　双边搬运码垛工作站及垛型

2. 根据给定的 TCP 训练平台、压铸机定模、压铸机动模、压铸工件、压铸工件检测模型、压铸工件检测光束及实训平台底架模型,在项目 5 工作站的基础上搭建如图 5-153 所示的综合实训工作站平台,并完成 TCP 轨迹训练、压铸机取件、搬运码垛三个任务模块。

(1) 各主要模型位置(若位置不合适可自行调整):

TCP 训练平台位置为(-270,-380,787);

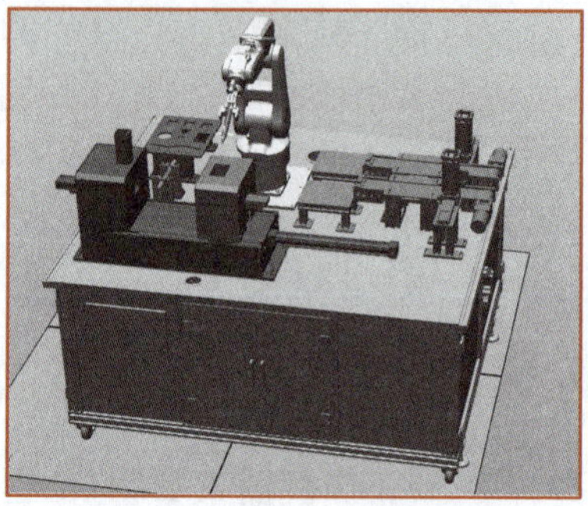

图 5-153 综合实训工作站平台

顶尖工具模型位置为(447,0,1346),方向为(180,60,180);

压铸机定模位置为(800,250,824),方向为(0,0,-180);

压铸机动模位置为(800,250,830),方向为(0,0,180);

压铸工件检测模型位置为(100,-380,787);

压铸工件检测光束模型位置为(172,-343,913),方向为(0,90,0);

吸盘模型位置为(457,0,1341),方向为(180,60,180)。

(2) 码垛的垛型要求与项目 5 相同。

(3) 压铸机使用夹爪和吸盘拾取工件,需完成 3 个工件并进行检测(其中良品 2 个、次品 1 个),合格产品放在 TCP 训练平台正方形方格区的前两个位置,次品放在最后一个位置。

(4) TCP 路径训练使用夹爪和顶尖工具,完成长方形、三角形、圆形及曲线路径程序。

(5) 为确保动画动作顺畅合理,压铸机动定模应生成相应的机械装置。

参考答案

项目 5 习题

参考文献

[1] 叶晖．工业机器人工程应用虚拟仿真教程[M].2版．北京：机械工业出版社，2021.
[2] 叶晖．工业机器人典型应用案例精析[M].2版．北京：机械工业出版社，2022.
[3] 胡伟．工业机器人行业应用实训教程[M]．北京：机械工业出版社，2015.
[4] 管小清．工业机器人产品包装典型应用精析[M]．北京：机械工业出版社，2016.
[5] 叶晖．工业机器人实操与应用技巧[M].2版．北京：机械工业出版社，2017.
[6] 陈南江，郭炳宇，林燕文．工业机器人离线编程与仿真(ROBOGUIDE)[M]．北京：人民邮电出版社，2018.
[7] 黄维，余攀峰．FANUC工业机器人离线编程与应用[M]．北京：机械工业出版社，2020.
[8] 孟庆波．工业机器人应用系统建模(Tecnomatix)[M]．北京：机械工业出版社，2021.
[9] 何彩颖．工业机器人离线编程[M]．北京：机械工业出版社，2020.
[10] 周国烛，常青，管小清．工业机器人产品应用实战[M]．北京：机械工业出版社，2019.
[11] 王志强．工业机器人应用编程(ABB)中级[M]．北京：高等教育出版社，2020.
[12] 宋立博．工业机器人离线编程与仿真技术[M]．北京：机械工业出版社，2022.

读者意见反馈

为收集对教材的意见建议，进一步完善教材编写并做好服务工作，读者可将对本教材的意见建议通过如下渠道反馈至我社。

咨询电话　400-810-0598

反馈邮箱　gjdzfwb@pub.hep.cn

通信地址　北京市朝阳区惠新东街 4 号富盛大厦 1 座
高等教育出版社总编辑办公室

邮政编码　100029